C言語による プログラミング 基礎編 第3版

内田智史 監修
株式会社システム計画研究所 編

■ 執筆者一覧 ■

株式会社 システム計画研究所／ISP
Research Institute of Systems Planning, Inc.

在間　淑美（ざいま　よしみ）
1989年　山口大学理学部物理学科卒業
同年　株式会社システム計画研究所入所

山本　真司（やまもと　しんじ）
1987年　東京大学教養学部基礎科学科第一卒業
同年　化学メーカー入社
1990年　機械メーカー入社
1992年　株式会社システム計画研究所入所

稲荷　和典（いなり　かずのり）
1997年　青山学院大学大学院理工学研究科物理学専攻修了
同年　株式会社システム計画研究所入所

廣嶋　友継（ひろしま　ともつぐ）
2000年　東京工業大学大学院理工学研究科地球惑星科学専攻修了
同年　株式会社システム計画研究所入所

久野　祐輔（くの　ゆうすけ）
2004年　九州大学大学院工学府都市環境システム工学専攻修了
同年　株式会社システム計画研究所入所

小杉　聡一郎（こすぎ　そういちろう）
2008年　法政大学大学院情報科学研究科情報科学専攻修了
同年　株式会社システム計画研究所入所

多賀　圭嗣（たが　けいし）
2010年　東京工業大学工学部情報工学科卒業
2014年　株式会社システム計画研究所入所

第2版の執筆者

窪田　明宏（くぼた　あきひろ）
稲荷　和典（いなり　かずのり）
服部　健太（はっとり　けんた）
坪井健太郎（つぼい　けんたろう）
星　　峰生（ほし　みねお）
金子　　努（かねこ　つとむ）
杉浦　英史（すぎうら　えいじ）

第1版の執筆者

寺田　　孝（てらだ　たかし）
秋元　　勝（あきもと　まさる）
田中　和彦（たなか　かずひこ）
中村　英一（なかむら　えいいち）
堀　　格人（ほり　かくと）
染野　和昭（そめの　かずあき）
望月　　誠（もちづき　まこと）
西田　紀夫（にしだ　のりお）
北川　雅巳（きたがわ　まさみ）
先崎　良美（せんざき　りょうみ）
中村恵理子（なかむら　えりこ）
杉田　真哉（すぎた　しんや）
望月　純一（もちづき　じゅんいち）
内田　智史（うちだ　さとし）

まえがき

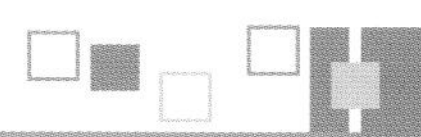

1991 年 11 月に本書の第 1 版を発行し、2001 年に第 2 版を発行させていただきました。初版から数えると 29 年の間、多くの読者に恵まれました。しかし、第 2 版の出版年数も 19 年にわたり、この間に C 言語の仕様も新しいものに変わっております。この度、第 2 版が新しい時代の印刷システムに対応できないため、これを機に第 3 版を発行することにいたしました。

編集方針としては、第 1 版、第 2 版と同じようにプログラミングの初心者の方を対象に、プログラミングの前提知識を仮定せずに、 C 言語のもつ多様で複雑な文法を、平易に可能なかぎり親切に解説するように心がけました。また、第 2 版以降、新しく追加された項目についても第 3 版では説明を加えております。

第 3 版の執筆は、第 1 版、第 2 版と同じく株式会社システム計画研究所の有志所員 7 名の方に担当していただきました。株式会社システム計画研究所（https://www.isp.co.jp/）は、東京の渋谷区桜丘町に本社とラボラトリをもつ独立系のソフトウェアハウスで、1977 年に設立されました。2020 年現在、人工知能、医療情報、画像処理、宇宙・制御、通信・ネットワークの諸分野を中心としたシステムプランニング、設計、開発およびコンサルテーション／サービスを主な業務としています。

執筆に当たっては、第 2 版の基礎編の内容構成を改めて見直し、第 3 版の構成を検討するところから始めました。前述のように、第 2 版の良い点、たとえば、落し穴などは、株式会社システム計画研究所でのさまざまな教訓が紹介されており、熟練した技術者でも読む価値があると評価されておりましたので、ほとんどそのまま残しています。しかし、本書の解説の多くは、現在の開発環境やフログラミングスタイルに合うように書き直しており、第 2 版と同様に長い間多くの方に読んでいただける書籍になったのではないかと思っております。

第 1 版、第 2 版と同じように、第 3 版の執筆に当たっては、株式会社システム計画研究所の全面的な協力を得ることができました。このご配慮に対し、株式会社システム計画研究所の皆様に感謝いたします。最後に、本書の出版に際しご尽力いただいた、オーム社の方々に感謝いたします。

2020 年 10 月 21 日

監修者しるす

目　次

第6章　配列　221

第7章　文字列　267

第8章 ポインタ 285

第9章 構造体とユーザ定義型 313

プログラミングの基礎知識

本書は、初めてコンピュータとCを学ぶ方に、プログラミングに必要な知識を身につけていただくことを目的にしています。
まず、1章では、Cを勉強するための心構えについて説明し、次にプログラミング言語としてのCの位置付けと歴史について簡単に説明します。その後、Cを学習する上で必要な、ハードウェアとソフトウェアの知識について説明します。これらの知識はCの習得に必ずしも必要ではありませんが、知っておくとCの理解が深まります。最後に、Cを学習する際のさまざまなことがらについて説明します。

1.1 はじめに

本書は C[*1]を用いてプログラミングを習得したいと考えている方の入門書です。

プログラミング（programming）とは、コンピュータがきちんと計算を行えるように命令の手順を考える作業のことで、とても知的な活動の 1 つです。

この命令の手順を記述したものを**プログラム**（program）とよび、プログラムを作ることをプログラミングといいます。

プログラミングは、プラモデルを作成したり、日曜大工で犬小屋を作ったりするように、もの作りの楽しさを十分に味わうことができます。さらに、自分で作ったプログラムは手もとにコンピュータさえあれば、すぐに動かしてみることができます。自分で作ったプログラムが実際にコンピュータ上で動作し、テキパキと仕事をこなしていく様を眺めることは、プログラマにとってこの上ない喜びです。

コンピュータになにか仕事をさせるためには、そのためのプログラムを作成する必要があります[*2]。とくに初心者のプログラマにとって、プログラムは魔法の呪文のように見えるかもしれません。実際、プログラムと魔法の呪文は似た部分があります。魔法使いは魔法の呪文を唱えて精霊たちを呼び起こし、かぼちゃを馬車に変えたり、ときには人間を懲らしめるために洪水を起こしたりします。プログラマはプログラムを書くことによってコンピュータに指示を与え、自分の仕事を成し遂げます。複数の呪文を組み合わせてより高度な魔法が使えるのと同様に、プログラムをいろいろと組み合わせていけば、より複雑な仕事ができるようになります。

プログラムは**プログラミング言語**（programming language）を用いて記述します。プログラミング言語はコンピュータが処理しやすいように設計された人工的な言語で、C も数あるプログラミング言語の中の 1 つです。日本語や英語などのような自然言語と同じように、C にも**文法**（grammer）があります。そして、プログラムは必ずこの文法に従って書かれていなければなりません。ですから、私たちはまず C の文法規則について勉強していく必要があります。もちろん、本書では C の文法に関する詳しい説明がなされています。

さて、日本語の文法を習得したからといって誰もが小説を書けるようになるとは限らないように、C の文法の知識だけでプログラムを書くことはできません。すなわち、どのようにコンピュータに仕事をさせるか、その方法についての知識が不可欠です。コンピュータに仕事をさせるには、対象となる問題の解決方法を明確にして指示を与えてやらなくてはなりません。この問題解決の方法のことを**アルゴリズム**（algorithm：**算法**[*3]）とよびます。たとえば、2 次方程式の解法、2038 年 1 月 19 日の曜日の求め方、与えられたデータを大きい順に並べ替える方法、暗号の作り方などなど、各問題に対応して実にさまざまなアルゴリズムが存在します。本書では、文法規則を学びながら、プログラミングに必要な各種のアルゴリズムも習得できるように構成されています。

---

*1　本書では、基本的に C 言語のことを C とよぶことにします。

*2　もちろん、できあいのプログラム（**ソフトウェア**）を買ってきて動かすこともできますが、それでは本書を買う意味がありません。本書はプログラムを作る人のための本です。

*3　プログラミング言語は**アルゴリズム**を記述するための言語でもあります。ですから、プログラムはコンピュータに計算を行わせるという実際的な面と、問題解決の方法を表現するための手段という二面性をもっています。

ところで、よく「Cを学ぶのは難しい」とか、「初心者には向いていない」という噂を耳にします。しかし、きちんと学べば決してそのようなことはありません。むしろ、Cはほかの汎用的なプログラミング言語に比べて、簡潔で扱いやすい言語といえます。Cの文法自体はとてもシンプルで自由度が高く、いろいろなことができてしまうことが、逆に難しく感じられているのかもしれません。とくにメモリの取り扱いについて知識が十分でないと、自分のプログラムが摩訶不思議な動作をしているように思えることがよくあります。このようなとき、最も悪い方法は、わけもわからないままにプログラムの適当な部分を変更してみて、望みの結果が得られるまで何度も試してしまうことです[*4]。この方法は一時的にはうまくいくかもしれませんが、いつかは底なし沼に足を取られてしまい、最後にはまったく動かない謎だらけのプログラムが残ることになります。

コンピュータはプログラムに書かれたとおりの動作しかしない、つまり、人間に指示されたとおりにしか動きませんから、不可思議に思える動作には必ず原因があります。そして、そのほとんどはプログラマが書いたプログラムの誤り、すなわち**バグ**（bug：虫）[*5]によるものです。頭と目を使ってじっくりと自分の作ったプログラムを眺めてみましょう。必ずや誤りが見つかるはずです。誤りを正しく見つけトラブルに対処するためにも、Cやコンピュータの原理をしっかりと身につけてください。とくに、Cで正しいプログラムを書くためには、常にメモリについて意識しておく必要があります。そこで本書では、Cの習得に必要なコンピュータの内部構造に関する知識や、メモリ内部の状態についてもそのつど説明していくことにします。

そのほかに、Cを習得するためには、Cで記述したプログラムをコンピュータに入力し、実行させる知識が必要になります。本章は、Cのプログラムを実際のコンピュータで動作させるために必要なさまざまな知識を得ることを目的としています。Cの勉強を一刻も早く始めたい方は、2章以降から読み始め、必要に応じて本章に戻ってください。

図1.1は、Cを学ぶために必要な知識をまとめたものです。

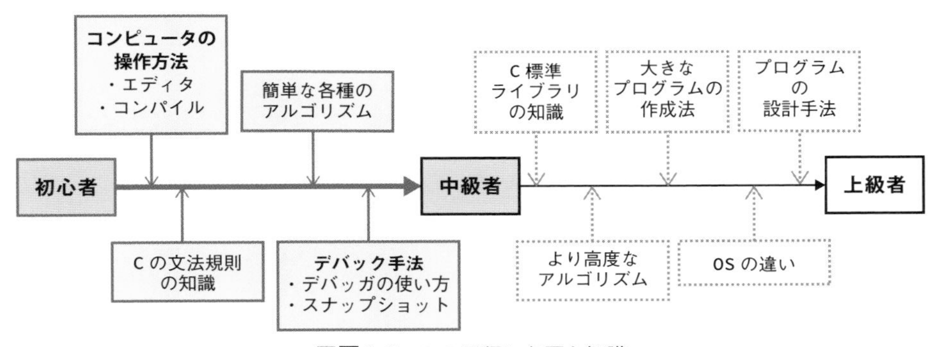

■**図1.1　Cの習得に必要な知識**

本書（基礎編）は、図1.1の初心者から中級者に相当する部分（青背景）を担当しています。本書と対になっている『C言語によるプログラミング 応用編（以後、応用編）』が、中級者以降の部分を担当します。

---

*4　もちろん、目的をもってプログラムの内容を変更し結果を確認する試行錯誤が、学習する上で有効な方法であることは、いうまでもありません。

*5　**Coffee Break 1.1**（p.4）を参照してください。

本書では、プログラミングの学習の際に発生する多くのトラブルを回避できるような知識を身につけていただけるよう配慮しています。そのために、多少記述が冗長な部分もありますが、ぜひ最後まで読み終えて、C を使いこなしていただきたいと思います。

Coffee Break 1.1　バグ（虫の語源）

プログラムコードの間違い部分のことを**バグ**（bug）といい、その間違いを修正することを**デバッグ**（debug）といいます。

1940 年代の初期に最初のコンピュータが作られると、そこで働く技術者たちはそのマシンのハードウェアとプログラムの両方にバグを見つけました。

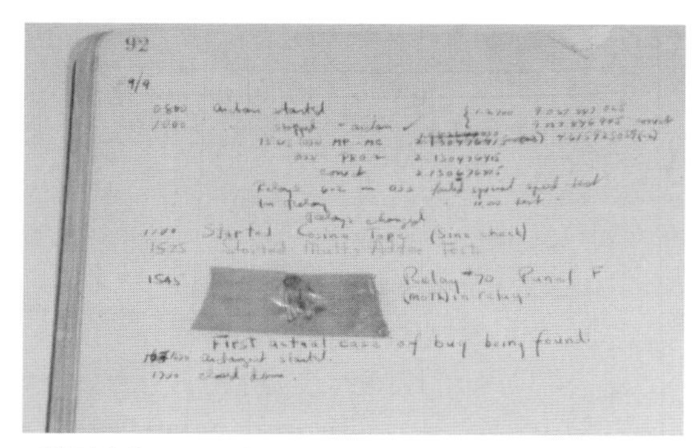

■図 1.2　コンピュータから見つかった「最初の虫」

- **National museum of american history**：https://americanhistory.si.edu/collections/search/object/nmah_334663 より引用

1947 年にハーバード大学で Mark II コンピュータを使っていた技術者たちが、コンピュータの部品の１つに、蛾がひっかかっているのを見つけました。彼らはその虫を自分たちのノートに貼り付けて「最初に発見された虫の実際の事例」と書き記（しる）しました。以来、「バグ」や「デバッグ」といった言葉はコンピュータプログラマのあいだで急速に広まっていきました。ちなみに、この「最初の虫」は、アメリカのスミソニアン博物館に保管されています。

1.2 プログラミング言語としてのC

1.2.1 Cの位置づけ

C は数あるプログラミング言語の中の 1 つにすぎません。C 以外にも実にさまざまなプログラミング言語が利用されています。最近では、C++、Java、C#、Python などといったプログラミング言語について耳にしたことがある人もいるかと思います。プログラミング言語にはそれぞれ特徴があり、作成するプログラムの用途や分野によって向き不向きがあります。代表的なプログラミング言語を用途によって大ざっぱに分類してみると、**表 1.1** のようになります。

■**表 1.1** 代表的なプログラミング言語とその適用例

用途	代表的なプログラミング言語	適用例
事務計算	COBOL、PL/I	給与計算、税金計算、銀行のオンラインバンキングシステム、座席予約システム
科学技術計算	Fortran、C	数値計算、微分積分などの計算、ビルの耐震設計、気象予報、人工衛星の軌道計算
システム記述	C、C++	オペレーティングシステム、コンパイラ、ハードウェアのドライバ
アプリケーション	C、C++、Java、Visual Basic、C#	ビジネスアプリ、スマートフォンのアプリ、インターネット上のプログラム、画像編集
機械学習・統計処理	Python、C、C++、R	統計処理、機械学習、深層学習
研究・教育	C、Pascal、Lisp、Prolog、その他多くの言語	アルゴリズムの開発・比較研究、人工知能の研究、新言語の開発、定理証明システム

これはおおまかな用途を示すもので、この分類がすべてというわけではありません。たとえば、Basic[*6]はもともとプログラミングの初心者のために開発された教育用の言語でした。そして、そこから発展した Visual Basic は、Microsoft 社の Windows 上で、アプリケーション開発言語の主流の 1 つとなりました。Visual Basic がこのような成功を収めた理由の 1 つは、**グラフィカルユーザインタフェース**（Graphical User Interface：GUI[*7]）を備えたアプリケーションを簡単に作成できる**開発環境**[*8]が提供されたからです。

*6 **BASIC** は、Beginner's All purpose Symbolic Instruction Code の略で、1964 年、米国ダートマス大学で開発された言語です。その後、普及するパソコンで利用できるようになり、初期のパソコンマニアにとっては、重要なプログラミング言語でした。
*7 ユーザがマウスなどを使って、画面上にグラフィカルに表示されたボタンやウィンドウなどを操作できることを指します。
*8 **エディタ**（p.21）、**コンパイラ**（p.7）、**デバッガ**（p.26）など、プログラミングに必要な道具一式をまとめて**開発環境**とよびます。

C#は、CやC++、そしてJavaを参考に開発された言語です。現在では、Visual C#がWindows上の主要な開発ツールとなっています。

もちろん、Cを用いて給与計算のプログラムを作成することも可能です。しかし、表1.1が示すように、Cはどちらかというと科学技術計算やシステム記述[*9]のプログラムに向いています。システム記述では、プログラムを高速に動作させたり、コンピュータのハードウェアを直接操作したりすることが要求されますが、Cはこれらの処理を効率的に記述することができます。

ここでCが事務計算にはあまり向いていない理由の1つを紹介しましょう。実はCでは、**0.1という数値を10回加えても、1.0にならない**のです。Cでは、0.1という数値を2進数に変換して計算に用いますが、0.1を2進数に変換すると、

```
0.1（10進数） = 0.000110011001100110011001100 …（2進数）
```

というように、2進数では循環小数になってしまい、コンピュータの内部では正確には0.1を表現できません[*10]。

一般に、科学技術計算ではある一定の有効桁数が確保できれば、計算上の問題はありません[*11]。しかし、事務計算ではそうはいきません。「手計算」で行った計算と完全に同じ結果でなければ、事務担当者は納得してくれません。コンピュータ化したら従来の手による計算と違う結果になってしまったのでは、トラブルの原因になるはずです。そこで事務計算では、単に0.1を10回加えたらきちんと1.0になるだけではなく、たとえば手で計算するのと同じように、小数点以下3桁目を四捨五入したりする必要があります。このような理由から、事務計算向けの言語であるCOBOLやPL/Iには、0.1を正しく表現して計算できる**10進演算機能**があります。

このように、各プログラミング言語は、それぞれの特徴をもっています。それでは、Cの特徴を以下に挙げてみます。

- 科学技術計算のための機能
- 大規模なプログラムをモジュール化して記述する機能
- コンピュータのメモリを効率よく使う機能
- 多くのコンピュータ上で利用できる汎用性

これらの特徴については、本書を読み進めていくことでじっくりと学習していただきたいと思います。

*9　**システム記述**とは、コンピュータの**オペレーティングシステム**（p.7）やコンパイラなどのプログラムを書くことを意味します。
*10　数学的には、循環小数になっても同値であることが証明できます。しかしコンピュータの内部では、決められたある有効桁でしかデータを保持できないため、残りの部分が切り捨て、あるいは切り上げられ、正確な値にはならないのです。
*11　もちろん、まったくないというわけではありません。**計算誤差**という問題があり、そのために**数値計算**という研究分野があります。

1.2.2 Cの簡単な歴史

Cの歴史は、1970年代初頭のアメリカのAT&Tベル研究所から始まります。当時、ベル研究所では、**UNIXオペレーティングシステム**を作成していました。この**オペレーティングシステム**（**Operating System：OS**）[*12]は**PDP-11**[*13]とよばれるコンピュータ上に作成され、その第3版までは、アセンブリ言語[*14]で書かれていました。Cは、UNIX上で動作するツールを開発する言語として**Dennis M.Ritchie**によって設計され[*15]、ツールの開発に使用されていましたが、第4版にてUNIX自体がCによって記述され直すことになりました。

さらにCは、**Brian W.Kernighan**らによってベル研究所内部で使われ、実際のさまざまな応用プログラムが作成されました。これらの経験をベースにして、言語の**仕様**[*16]が改良されていったのです。その後UNIXは非常に低価格（ほぼ実費のみ）で、アメリカはもちろんのこと、世界中にそのソースファイルとともに配布されました。これに伴って、Cも普及していきました。

CはもともとPDP-11というコンピュータのために設計された言語でありますが、そこで開発された**Cコンパイラ**[*17]は**移植性**[*18]に優れていたので、多くの異なるコンピュータ上でそのコンパイラを動作させることができたのです。現在では、**パソコン**[*19]からスーパーコンピュータに至るまで、多くのコンピュータでCを使うことができます。また、UNIXのシステム記述に使用されたという経緯からも想像できるように、Linux[*20]に代表されるパソコン上で動くフリーのUNIX系オペレーティングシステムも，大部分がCで記述されています。皆さんの使われているスマートフォンのAndroid OSもLinuxをもとに開発されているので、Cで記述されていることになります。

さて、前述のようにCはUNIXのシステム記述言語として世の中に知られるようになり、多くの人々に使われるようになりました。しかし、たくさんのCコンパイラが開発されるにつれて、それらのコンパイラのあいだで微妙な仕様の違いが問題になってくるようになりました。これでは、せっかくCでプログラムを作成しても、別のコンパイラではコンパイルできなかったり、動かなかったりしてしまい、移植性が低くなってしまいます。

そこで、1983年に米国規格協会（ANSI）に技術委員会X3J11が作られ、ここでCの標準言語案を検討しました。このとき、C言語のもつ欠点の克服についても同時に検討されました。この標準化案は、**ANSI C**とよばれ、1988年末に承認され、**C89**とよばれています。日本でも同じも

---

*12 **オペレーティングシステム**とは、コンピュータの基本動作を司る最も重要なプログラムです。ワークステーションではUNIXが、パソコンではWindowsやmacOSが、スマートフォンではAndroid OSやiOSが使われることが多いようです。

*13 DEC社製のミニコンピュータで、全世界で50万台以上出荷された名機です。DEC社自体はCompaq Computer社に買収されてしまったため、現在は存在しません。さらに、そのCompaq Computer社も、現在ではHewlett-Packard社に吸収されてしまいました。

*14 1.3.3項で詳しく説明しますが、**アセンブリ言語**はコンピュータが理解する命令に1対1で対応付けられたものです。アセンブリ言語でプログラムを作るのは大変な作業なので、最近ではほとんどの人がCのような**高級言語**（p.17）を使ってプログラミングを行っています。

*15 Cはいきなり発明されたのではなく、それ以前にKen Thompsonが開発したB言語のアイデアを多く受け継いでいます。また、C自身もC++やJavaといった比較的新しい言語に多くの影響を与えています。

*16 文法規則や機能の詳細定義のことを**仕様**（**specification**）といいます。

*17 1.5.1項で詳しく説明しますが、**コンパイラ**は、プログラム言語で書かれたプログラムをコンピュータで実行できるように変換するツールです。プログラミング言語ごと、コンピュータの機種ごとに作成する必要があります。

*18 ある特定のコンピュータのために書かれたプログラムをほかのコンピュータでも動作するようにプログラムを変更することを、**移植**とよびます。このとき、変更点が少なくてすむプログラムのことを**移植性が高い**といいます。逆にたくさん変更しなければならないプログラムは**移植性が低い**といいます。

*19 **パーソナルコンピュータ**（Personal Computer）の略です。本書では**パソコン**や**PC**と呼称します。

*20 Linuxはフィンランドの大学生Linus Torvaldsが最初のコードを書いたUnix系のOSです。無償で入手できます。

のがJIS規格（X3010）として定義されています。その後もCの仕様は世界標準化機構（ISO）によって継続して改訂され、C95、C99などを経て、2020年現在、最新の**メジャーアップデート**[*21]は**C11**になっています。本書では、このC11に準拠してCの説明を行っていきます。

1.3 コンピュータ入門

正しいプログラムを作成するためには、コンピュータがどのように動作するかを理解する必要があります。そこで、本節ではプログラミングを学習する際に、前もって必要とされるコンピュータの知識について説明します。

1.3.1 コンピュータの中身

■図1.3　デスクトップPCの例（提供：日本電気株式会社）

ひとくちにコンピュータといってもいろいろな種類のものがありますが、ここでは一般的なデスクトップPCの中身を調べてみることにしましょう。

図1.3の写真は、典型的なPC構成の例です。PC本体・液晶ディスプレイ・キーボード・マウスで構成されています。

ディスプレイは、以前はブラウン管（もしくはCRT[*22]）が主流でした。しかし現在は、家庭用のテレビがそうであるように、液晶ディスプレイに切り替わっています。ブラウン管では電子線が画面を走査（スキャン）して画像を表示していましたが、液晶ディスプレイでは、画像は独立した点（**ピクセル**）の並び（マトリクス）を一つひとつ光らせて画像を表示します。ディスプレイの**解像度**は、表示画面のマトリクスの横縦のサイズ（＝ピクセルの数）を表しています。PCが普及し始めたころは640 × 480ほどのサイズでしたが、近年では、フルHDまたは2K[*23]よばれる1980 × 1080や、4Kとよばれる3960 × 2160のサイズのディスプレイも入手できるようになっています。

*21　大きな変化がある場合を**メジャーアップデート**とよびます。規格の誤りや文言の修正など小さな修正の場合を**マイナーアップデート**とよび、2020年6月現在の最新のマイナーアップデートは**C18**です。
*22　**CRT**とは、**Cathode Ray Tube**の略です。
*23　Android OSなどのタブレットでは2560 × 1440の解像度のことを2Kとよぶことがあるので注意が必要です。

本書で説明するプログラミングは、**キーボード** から文字（テキスト）を入力して操作することを基本としています。キーボードは右手および左手の指でキーを押しますが、左手の人差し指はFキーの上、右手の人差し指はJキーの上というように、基本的に各キーに対応する指が決まっています。

必ずしも決められたとおりでなければいけないわけではありませんが、できるだけ正しくタイピングしましょう。当初はかえって時間がかかるかもしれませんが、普段から上記を意識してキーボードを操作するようにしていれば、次第にキーボードを見ずにタイピングすることができるようになり、プログラミングの学習も効率的に進められるようになるでしょう。

マウス は画面上の場所をポイント（指示）するための装置で、PCの画面の操作には必須の装置です。画面に表示されたウィンドウを移動させたり、アイコンとよばれる画面上の小さい絵をクリック[*24]してプログラムを起動したりします。マウスには機械的なボールの回転数やその方向を検出してマウスの位置を算出するボールマウスや、光の反射を利用する光学マウスがあります。また、PCとの接続方法にも、有線接続や無線接続などの種類があります。

ノートPCをご利用の方は、タッチパッド（あるいはスライドパッド、トラックパッドなど）とよばれる、指でなぞって画面を操作するタイプの装置を使っているかもしれません。この場合、タッチパッドの近くにスイッチがあればそれを押すことで、またはパッドの部分を指で軽く叩く[*25]ことで、マウスのクリックに代えることができます。

次に、コンピュータ本体の箱の中身を覗いてみましょう。箱を開けてみると、**マザーボード**[*26]とよばれるプラスチックのボードが設置されているのが見えます（**図1.4**）。マザーボードの表面には長方形の小さな部品がたくさん載っています。この小さな部品の多くは半導体の集積回路、すなわちチップです。円筒形の部品はコンデンサです。マザーボードの裏側や内部[*27]には、これらのチップを結ぶ回路が張り巡らされています。

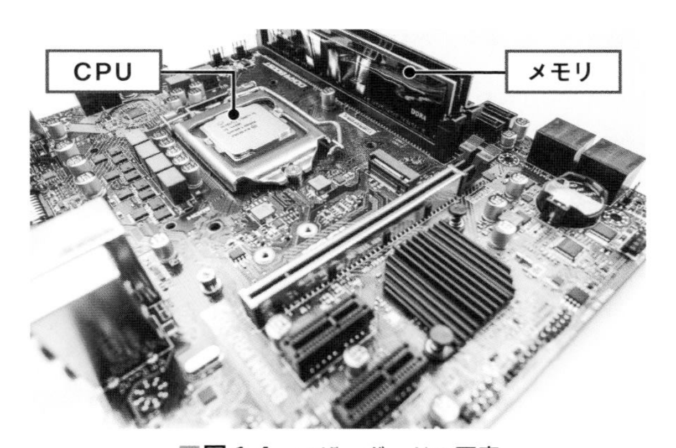

■**図1.4　マザーボードの写真**

*24　マウスについているボタンを「カチッ」と押すことを**クリック**（click）とよびます。
*25　この操作を**タップ**（tap）するといいます。
*26　**メインボード**とよぶ場合もあります。
*27　1枚の板のように見えますが、実際には回路が張り巡らされた基板が何層も重ねられたものです。

たくさんあるチップの中で、大きめのものが **CPU**（**Central Processing Unit**）で、**中央演算装置** や**プロセッサ** ともよばれています。プロセッサはプログラムの命令に忠実に従って動く電子回路であり、四則演算などの処理やコンピュータ全体の制御を行う重要な部分です。最近のプロセッサでは多くの電力を必要とし、かなりの熱を出すので CPU の上にファンを装着して冷却します。CPU は、4bit CPU から始まり、8bit・16bit・ 32bit を経て、いまでは 64bit CPU が主流となっています。この「32bit」や「64bit」などは、CPU が 1 回の命令で扱えるデータの量のことです。

マザーボードの端に垂直に取り付けられた小さなボードは**メモリ**です。このボードには **DRAM**[*28]とよばれるチップが多数搭載されています。DRAM は、電気の ON/OFF の状態、すなわち `1` と `0` の情報をたくさん記憶しておくことができます。実行中のプログラムとデータは、すべてこのメモリに格納されます。このため、メモリのことを**主記憶装置** とよぶこともあります。

DRAM に記憶させておくには電力の供給が必要なので、コンピュータの電源を切ってしまうと DRAM に記憶された情報はすべて消えてしまいます。ここで、PC のスリープやスタンバイ機能、あるいはハイバネーション機能（Windows では休止状態）を利用すると、次回の使用時にメモリの状態を復元することができます[*29]。

電源を切っても消えないようなデータの記憶場所のことを**補助記憶装置** といいます。**磁気ハードディスク** は代表的な補助記憶装置の 1 つで、プログラムやデータを長期間保存しておくことができます。**ハードディスク**（**HDD**：Hard Disk Drive）の中にはいくつかの円盤が入っていて、その表面には磁性体が塗られています。つまり、磁石の向きによって情報を記憶しておくのです。

補助記憶装置には、ほかにも、フラッシュメモリ[*30]に記憶する**ソリッドステートドライブ**（**SSD**：Solid State Drive）や SD カードメモリ、USB メモリがあります。また、CD-ROM や DVD、Blu-Ray などの光学ディスクも利用されています。

コンピュータにはネットワーク装置が付いています。ネットワーク装置には職場内や家庭内のコンピュータを接続する **LAN(Local Area Network)** を構成するためのものや、遠隔地にあるコンピュータと通信する **WAN**（**Wide Area Network**）に接続するための装置があります。LAN に接続するための装置には、有線接続のイーサネットや無線接続の Wi-Fi が利用されており、ほとんどの PC ではいずれかあるいは両方が内蔵されています。家庭から WAN に接続するには、インターネットプロバイダから提供された装置から光回線に接続したり、携帯電話の電波を利用したりして接続します。企業では、このほかに専用線を利用することもあります。

---

*28　Dynamic RAM の略です。RAM については 1.3.2 項で説明します。

*29　**スリープ**や**スタンバイ機能**は、DRAM の内容を維持するのに必要な電力を供給することで実現されているので、PC がスリープ状態のときには微量ですがバッテリーを消費します。**ハイバネーション機能**は DRAM の内容を補助記憶装置に退避し、次回起動時に読み込むことで実現されバッテリーは消費しませんが、休止状態になるときと復帰するときに少し時間がかかります。

*30　1.3.2 項で説明します。

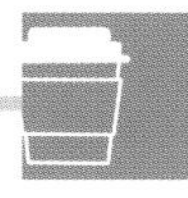

Coffee Break 1.2　ビットとバイト

0 と 1、または ON と OFF の組を、**ビット**（**bit**：binary digit からの造語）という単位で表します。1 ビットは 0 か 1 の 2 とおりを、2 ビットは 00、01、10、11 の 4 とおりを表すことができます。ビット数が増えると表現できる可能性も爆発的に増えていきます。

```
1ビット → 0 } 2¹=2とおり   2ビット → 00 }            3ビット → 000 100 }
          1 }                        01 } 2²=4とおり            001 101 } 2³=8とおり…
                                     10 }                       010 110 }
                                     11 }                       011 111 }
```

図 1.5　ビットと表現の可能性

また、8 ビットを 1 **バイト**（**byte**）、2^{10}（=1,024）バイトを 1 **キロバイト**（**Kbyte**）、2^{10}（=1,024）キロバイトを 1 **メガバイト**（**Mbyte**）といいます。K や M のような記号は SI 単位系の接頭辞であり、さらに大きな単位として G（ギガ）、T（テラ）、P（ペタ）、E（エクサ）、Z（ゼタ）、Y（ヨタ）と続きます。

たとえば、1 メガバイトは、1（Mbyte）$= 2^{10}$（Kbyte）$= 2^{20}$（byte）$= 8 \times 2^{20}$（bit）$= 8,388,608$（bit）、つまり、8,388,608 組からなる 0/1 の情報であり、$2^{8,388,608}$ とおりの可能性があることになります。これは文字でいうと約 100 万文字表現できることになります。

さて、単位の表記法ですが、バイトは **byte** や **B**、キロバイトは **Kbyte** や **KB**、メガバイトは **Mbyte** や **MB** と表現されます。プログラミングするときは、KB や MB を使うことが多いです。

ここで、1 キロバイトは 1,024 バイトでした。普段、私たちが使っている 10 進数の世界では、ある単位の 1,000 倍を補助単位キロで表し、1,000,000 倍をメガで表します。バイトの世界のキロは正確には 1,024 倍ですが、普段は、1,000 倍、1,000,000 倍として考えてもとくに問題はありません。

上記の混乱を避けるために、IEC（国際電気標準会議）は 1998 年に 2 進接頭辞を承認し、MB は MiB、GB は GiB と表現するように定めましたが、あまり普及していないようです。

1.3.2　コンピュータの構成

さて、前項ではパソコンの中身について調べてみました。コンピュータの動作について勉強する前に、ここではより一般的なコンピュータの構成について説明していきます。

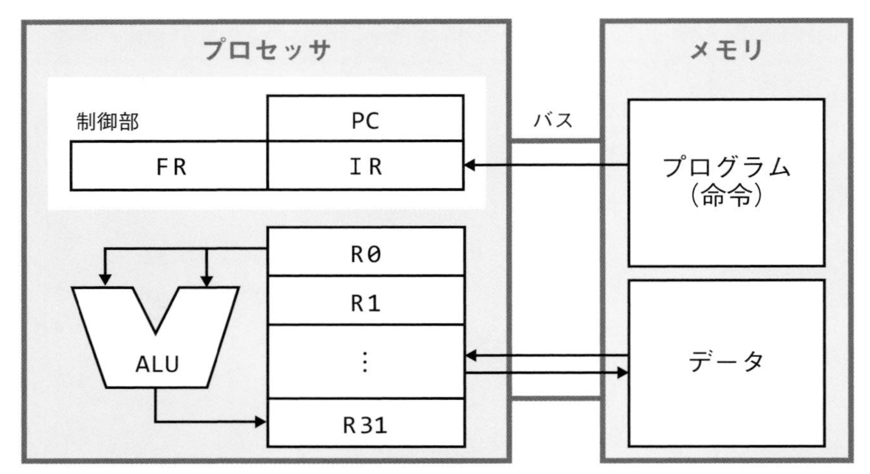

■図 1.6　コンピュータの基本的な構成

図 1.6 は、コンピュータの概念的な構成図[*31]です。プログラムとデータは、ともにメモリ上に記憶されています。プロセッサはメモリから一つひとつ命令を取り出し、その命令に応じて処理を実行します。このようなコンピュータの構成を**フォン・ノイマン型アーキテクチャ** とよびます。現在のほとんどのコンピュータは、このような構成です。

プロセッサ

プロセッサはコンピュータの中心となる処理装置で、数センチ四方の**ダイ**（Die）[*32]とよばれるチップの上に数億超のトランジスタが組み込まれています。 図 1.6 は模式図として単純化していますが、実際には **図 1.7** の右の写真のように、非常に複雑な構成になっています。

■図 1.7　プロセッサとチップ

以下にプロセッサを構成する各部について説明していきます。

*31　この図は非常に単純化してあります。実際のコンピュータにはディスプレイやキーボード、磁気ディスクなどのさまざまな装置が付属しています。

*32　CPU を製造する際にシリコンの円盤（Wafer）から矩形に切り出した半導体チップのこと。

■ プログラムカウンタ（PC）

プログラムカウンタ は、次に読み込む[*33]命令のメモリ上の位置、すなわち**アドレス**（p.14）を示しています。プロセッサは、PC に示されたアドレスの位置にある命令をメモリから読み込みます。

■ 命令レジスタ（IR）

命令レジスタ は、メモリから読み込んだ命令を置いておくところです。プロセッサはここに置かれた命令を解読（デコード）して、それに応じた処理を行います。

■ フラグレジスタ（FR）

フラグレジスタ は、命令の処理結果の状態を保持するためのレジスタです。その後の命令は、フラグレジスタの状態によって処理の内容を変更します。

■ 算術論理演算ユニット（ALU）

ALU[*34]は、加算や減算などの算術演算や、AND や OR などの論理演算を行う回路です。レジスタから取り出されたデータが ALU の中を通ると適切な演算が施され、その結果が再びレジスタに戻されます。

■ データレジスタ（R0 から R31）

データレジスタ[*35]は、メモリから取り出したデータをプロセッサ内部で記憶しておくための場所です。レジスタ[*36]はメモリより高速にデータの読み書きができるので、一時的な値はレジスタに記憶しておくことで、計算を素早く行うことができます。

メモリ

前述したとおり、メモリは実行中のプログラムとプログラムが使用するデータを記憶しておくための装置です。**図 1.8** はメモリの概念図です。

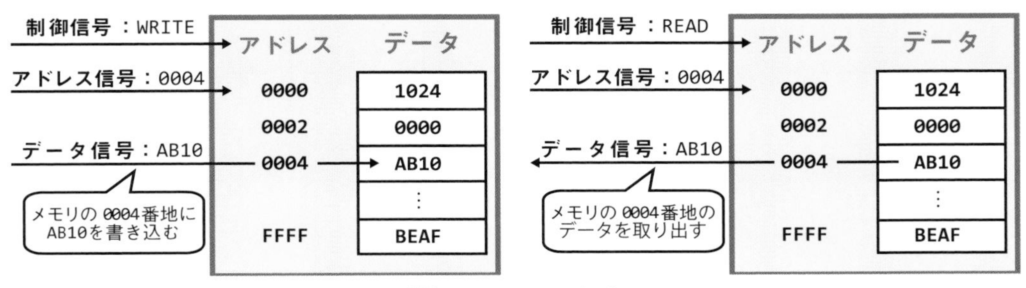

■**図 1.8　メモリの概念図**

---

*33　メモリから命令を読み込むことを**命令フェッチ**（instruction fetch）といいます。
*34　**Arithmetic Logic Unit** の略です。
*35　データレジスタの数はプロセッサの種類によって異なります。
*36　ここでは 4 種のレジスタ（プログラムカウンタもレジスタの一種）を紹介しましたが、プロセッサの種類によってレジスタの構成は異なります。

メモリ上のデータの格納場所には、それぞれ**アドレス**（**番地**）が割り振られています。たとえば 32bit CPU では、一度に扱えるデータ量が $2^{32} = 4{,}294{,}967{,}296 = 4\text{GByte}$ ほどで、すなわち区別して認識できるアドレスの数（**メモリ空間**）は 4GByte までです。そのため、4GByte 以上のメモリを搭載してもすべてを活用することができません。一方、64bit CPU を搭載した PC では、$2^{64} = 16\text{EByte}$[*37]ものメモリ空間があるので、8GByte や 16GByte、あるいはそれ以上のメモリの搭載も十分に可能です。

メモリにデータを書き込むときは、書き込み信号とともに、アドレスとデータを一斉にメモリに送ります。すると、アドレスで指定されたメモリ上の場所にデータが記憶されます。逆にメモリからデータを読み込むときは、読み込み信号とアドレスをメモリに送ります。すると、指定されたアドレスに記憶されたデータがメモリから出力されます。

このように、アドレスを指定することで、メモリ上のどの位置のデータでも自由に読み書きすることができます。このことから、メモリのことを **RAM**（**Random Access Memory**）とよぶこともあります。

実際の RAM には、**SRAM**（**Static RAM**）と前述の **DRAM**（**Dynamic RAM**）の 2 種類があります。SRAM はトランジスタによって構成されたフリップフロップとよばれる回路で実現されていて、高速に読み書きできることが特徴です。一方、DRAM はコンデンサに蓄えられた電荷によって情報を記憶します。DRAM のアクセス速度[*38]は SRAM に比べて低速ですが、その代わり安価です。

先に述べたとおり、DRAM（SRAM も）は電力を供給しないと情報の記憶を維持できないメモリですが、電源がなくても情報の記憶を維持できるメモリとして、**ROM**（**Read Only Memory**）があります。SSD や SD カードに利用されているメモリは、フラッシュ ROM[*39]という種類です。フラッシュメモリとよばれることもあります。ランダムなアクセスではなく、一定サイズのブロック単位で読み書きするのが特徴です。

バス

バス は、いってみればデータの通り道のことで、信号線の束からできています。メモリとプロセッサ間でやりとりされるデータや命令は、必ずバスを経由します。実際のコンピュータでは、メモリやプロセッサ以外の装置からのデータも流れています[*40]。このようなバスを**外部バス**とよびます。また、実はプロセッサの中にもバスがあり、ALU やレジスタなどを結んでいます。こちらは**内部バス** とよびます。

---

*37　EByte はエクサバイトのことです（**Coffee Break 1.2**（p.11））。

*38　データの読み込みに要する時間のことを**アクセス速度**とよびます。

*39　読み書きできるメモリなのに ROM とよばれているのは少し変な気がしますが、RAM に対する対義語としてランダムアクセスでないメモリについて ROM とよぶことが慣習になっています。本来の意味での ROM の例としては、**マスク ROM** というものがあります。

*40　バスは一度に 1 つのデータしか流すことができません。もし、2 つのデータを同時にバスに流そうとした場合は、どちらか一方のデータに待ってもらいます。これを**バス調停**といいます。

クロック

これまで説明してきたプロセッサやメモリ、バスは雑然と動いているわけではありません。すべて**クロック**とよばれる信号に合わせて（同期して）動いています。このようにクロック信号に合わせて動作する回路のことを、**同期回路**[*41]とよびます。プロセッサの実行サイクルやメモリへのデータアクセスは、このクロック信号に合わせて動作しています。そのため、クロックの周波数を高くすれば、コンピュータの動作はそれだけ高速[*42]になります。

1.3.3 コンピュータの動作原理

さて、コンピュータがどのように構成されているか理解したところで、いよいよコンピュータがどのように動作するのかを見ていきましょう。

コンピュータの実行サイクル

コンピュータは1つの命令を実行する際に、その命令をいくつかのステップに分けて処理していきます。この一連の処理ステップを**実行サイクル**とよびます。コンピュータは、この実行サイクルを1秒間に数億回というものすごい速さで繰り返していきます。以下に、実行サイクルの各ステップについて説明していきます。

1. 命令フェッチ

プログラムカウンタ（PC）の値を用いて、命令をメモリから命令レジスタ（IR）に読み込みます。

2. 命令デコードとレジスタ読み出し

命令をデコード（解釈）します。その次にレジスタにアクセスして値を取り出します。さらに次の命令フェッチに備えて、次の命令を指すようにPCの値を更新します。

3. 命令の実行または実効アドレス生成

前のデコード結果に従って、ALUが演算を行います。命令がメモリアクセスの場合は、アクセスするアドレスを計算します。分岐命令の場合は、分岐先のアドレスを計算します。

4. メモリアクセスまたは分岐完了

メモリアクセスの場合は、前に求めたアドレスに対してメモリアクセスを行い、データを**ロード／ストア**[*43]します。分岐命令の場合は、計算した分岐先アドレスをPCにセットします。

---

*41 **非同期回路**というのも世の中にはありますが、設計するのが非常に難しいようです。

*42 クロック数を高くするとそれだけCPUが発生する熱も大きくなりますので無制限にクロック数を高くできるわけではありません。あまり温度が高くなり過ぎるとCPUは暴走してしまいます。

*43 メモリからデータを読み込むことを**ロード**（load）、書き込むことを**ストア**（store）とよびます。

■ 5. レジスタ書き込み

ALU の出力結果をレジスタに書き込みます。ロード命令の場合は、ロード結果をレジスタに書き込みます。

コンピュータの理解する言葉（機械語）

コンピュータはプログラムに従って動作します。プログラムとは、見かたを変えれば、メモリ上の命令の並びのことです。コンピュータが直接理解できる命令は、たとえばメモリからレジスタにデータを読み込んだり、レジスタ上の 2 つの値を足したりするといった、どれも単純なものばかりです。

命令の一つひとつは 0 と 1 のビット列で表現されていて、コンピュータはこの 0 と 1 のビット列をメモリから読み込んで、処理を実行していきます。たとえば、0011 1100 は乗算命令、1100 1100 はメモリに値を書き込む命令、というような処理を実行していきます。これらの 01 の命令列のことを**機械語**（**machine language**：**マシン語**）とよびます。コンピュータが処理できるのは機械語だけですが、人間が直接機械語でプログラムを書くのはとても大変です。

そこで、0011 1100 は乗算命令なので MUL、1100 1100 はストア命令なので ST というように、01 から構成される機械語に 1 対 1 で対応するシンボル[*44]を割り当てて、人間が理解しやすくした言語を作りました。これを**アセンブリ言語**（**assembly language**）とよび、アセンブリ言語で記述されたプログラムを**アセンブリプログラム**（**assembly program**）とよびます。アセンブリプログラムの各命令は機械語と 1 対 1 で対応しているので、**アセンブラ**（**assembler**）とよばれるプログラムによって簡単に機械語に変換できます。

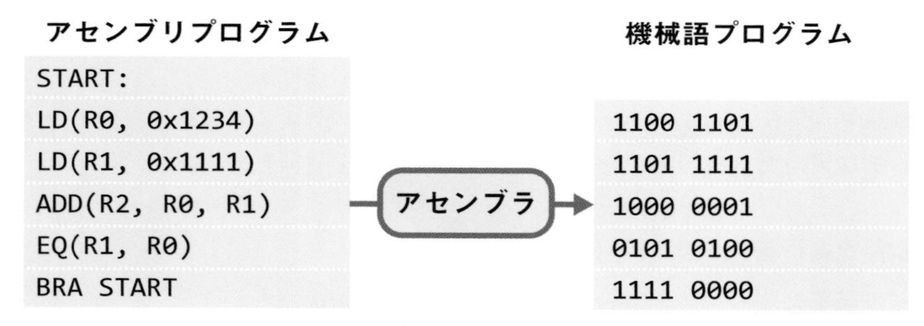

■図 1.9　アセンブラの役割

コンピュータが理解できる命令の種類は、プロセッサにより異なります。プロセッサが使える命令の種類のことを**命令セット**とよびます。

機械語やアセンブリ言語で書かれたプロブラムは、特定の命令セットを対象としているので、命令セットの異なるプロセッサでは動かすことができません。このため、各プロセッサの種類ごとにプログラムを書き直さなければならず、移植性が大変低くなってしまいます。

そこで作成されたのが、1.2.1 項で紹介した数々のプログラミング言語であり、アセンブリ言語

*44　このように機械語に対応したシンボルのことを**ニーモニック**とよびます。

に対して**高級言語**とよばれます。プログラムをいったん高級言語で記述しておけば、おもにプロセッサメーカ[*45]が提供するコンパイラなどのツールで、アセンブリ言語（そして機械語）に変換することができます。

1.4 コンピュータの起動からプログラムが実行できるまで

1.4.1 コンピュータ起動時に行われていること

コンピュータの構成やCPUの動作について理解したところで、次は、コンピュータの電源を入れて起動したあと、プログラムが実行できるようになるまでにどのようなことが行われているか見てみましょう。

読者の皆さんが使っているコンピュータには、WindowsやmacOS、あるいはLinux系のOSなどがインストールされていると思います。しかしながら、コンピュータにどのようなOSがインストールされるかはあらかじめわからないので、OSによらず最低限コンピュータを動かすしくみ（プログラム）が必要です。それが**BIOS**[*46]です。BIOSは、電源が入れられると最初に動作します。BIOSの役割はたくさんありますが、最も重要な役割の1つとして、補助記憶装置の決まった場所に格納された、OSの起動プログラム[*47]を起動することがあります。このように、決まった場所に起動プログラムを格納するという単純なルールを決めることで、同じコンピュータでさまざまなOSが起動できるようになっているのです。

1.4.2 OSの役割

BIOSによりOSの起動プログラムが動作すると、コンピュータの制御はOSに移ります。もちろん、さまざまなOSごとに独自の機能や見た目（GUI）の違いなどがありますが、だいたいのOSは、細かな差異はあるものの、共通する基本的な機能を提供しています。ここでは、本書の内容に関連するいくつかのOSの役割について説明します。

プログラムのロード

先に説明したように、実行中のプログラムはメモリに置かれ、CPUがプログラムに書かれた機械語の命令をフェッチして動作します。すなわち、補助記憶装置上に置かれたプログラムを実行するためには、いったんメモリに読み込まなければなりません。この操作を「プログラムを**ロード**する」といいます。このことからコンピュータで実行可能なプログラムのことを**ロードモジュール**

---

*45 プロセッサメーカ以外の第三者（**サードパーティ**）から提供されているコンパイラも数多く存在します。

*46 **Basic Input Output System**の略で、マザーボード上のROM（多くの場合フラッシュROM）に格納されています。近年では、BIOSの機能を拡張する規格である**UEFI**（**Unified Extensible Firmware Interface**）に準拠したBIOSが主流です。

*47 **ブートプログラム**、**ブートローダー**などとよばれています。

（load module）や**実行可能ファイル**[*48]（executable file）とよびます。どちらも意味は同じです。ダブルクリックなどでユーザによりプログラムが実行されると、OS は空いているメモリを探して、適切なアドレスにプログラムをロードします。

プログラムの切り替え

普段、皆さんはコンピュータを使って、ワープロでレポートを作成したり、ウェブブラウザで調べものをしたり、急なメールが飛び込んできて慌てて返事を書いているかもしれません[*49]。このように、コンピュータでは複数のプログラムが、見かけ上同時に動いています。見かけ上というのは、CPU は同時に 1 つのプログラムしか実行できない[*50]ため、複数のプログラムは常に高速に切り替えられながら実行されているからです。このプログラムの切り替え機能も OS の大切な役割の 1 つです。

これら実行されている複数のプログラムの一つひとつを、OS は**プロセス**（Process）として管理しています。OS はプロセスに付随する情報として、プログラムそのものはもちろんのこと、プログラムが使用しているファイルの情報やプログラムの切り替えに必要な情報などを管理します。このように、たくさんのプロセスを切り替えながら複数の作業を行える OS のことを**マルチタスク OS**（Multi Task OS）[*51]とよびます。先に挙げた、Windows、macOS、Linux などは、すべてマルチタスク OS です。

上記のように、プログラムは、プロセスとして互いに独立して動作します。しかしながら、プログラムによっては、ほかのプログラム（＝プロセス）と連絡を取りながら連携して動作する必要がある場合もあるでしょう。マルチタスク OS では、このようにプロセスが連携を取りたいときに、それを助ける機能（＝**プロセス間通信**）を提供します。1.6.1 項で説明する**パイプ**（Pipe）もプロセス間通信の 1 種です。

メモリの管理

プログラムのロードの項では「空いているメモリを探して」と簡単に説明しましたが、「メモリのどのアドレスが使われていて、どこが空いているのか」「空いている場所を再配置してより大きな空きを作る」などを管理するのも、OS の重要な役割のひとつです。

OS は複数のプログラムをロードするときに、メインメモリの異なるアドレスにロードしますが、それぞれのプログラムに対しては、あたかも自分が必ずアドレス `0` 番地の位置を先頭にしてロードされているかのように見せる機能があります。この機能を**仮想メモリ** とよびます。

プログラムは自分がどのアドレスに読み込まれるかをあらかじめ知ることができませんが、この機能により、とりあえずアドレス `0` 番地に読み込まれることを想定して作ればよいことになります。メインメモリは、コンピュータに搭載された実在のモノなので、仮想メモリに対して**実メモリ**

---

*48　**実行ファイル**、**実行形式**などともよばれます。

*49　学生の方はこのようなことをスマートフォン上で行っているかも知れませんが、事情は同じです。スマートフォン上の Android OS や iOS が同じようにプログラムを管理しています。

*50　近年の CPU は、1 つのダイの中に複数の CPU が搭載されているものがあります。これら複数搭載された CPU の一つひとつは **CPU コア**（あるいは単に**コア**）とよばれ、ダイという単位で考えればコア数分のプログラムが同時に実行されていることになりますが、1 つのコアに着目すれば同時に実行されているプログラムは 1 つです。

*51　タスクという概念は、プロセスより広い概念で、必ずしもタスク＝プロセスである必要はありません。

あるいは**物理メモリ**とよびます。

仮想メモリの機能により、各プロセスはアドレス0番地から始まる自分専用のメモリ空間をもっていることになります。ただし、仮想メモリのアドレスが物理メモリのどのアドレスに対応しているかを管理しているのはOSなので、プロセスはほかのプロセスの使っている物理メモリに直接アクセスすることができません。このように「仮想メモリ→OSのメモリ管理→物理メモリ」とOSを介してしか物理メモリにアクセスできないようにすることで、プロセスが誤ってほかのプロセスに干渉してしまうことを防いでいます。このため、あるプロセスがほかのプロセスのメモリ空間にある情報を知るためには、OSに依頼する必要があり、前述のようにOSはパイプなどのプロセス間通信の機能を提供します。

マルチタスクOSでは、それぞれのプロセスが使用しているメモリ量を合計すると、コンピュータに搭載されているメモリの大きさを超えてしまっていることがあります。このようなとき、仮想メモリは、メインメモリ上のプログラムやデータの一部を補助記憶装置に一時的に退避し、必要になったら復帰させる機能を提供します。ただし、この機能は諸刃の剣です。補助記憶装置はメインメモリより読み書きの速度が遅いので、退避と復帰が頻繁に発生すると、補助記憶装置の読み書きに時間が取られ、プログラムの実行速度が実用に耐えないほど低下する場合があります[*52]。

ファイルの管理

写真を保存するときや、ダウンロードしたファイルを目的ごとにまとめるときなど、フォルダ[*53]を作って整理したり、さらにフォルダを何階層かにして管理することもあるでしょう。保存したり読み込んだりするデータも、写真であったり、音楽ファイルであったり、ワープロの文書ファイルであったりとさまざまです。また、その保存先も、ハードディスクであったり、USBメモリであったり、CDやDVDであったりするかもしれません。

OSは、こういったさまざまな形式のデータを**ファイル**（**file**）として管理し、さまざまな**媒体**（**media**）に保存します。それらを統一的な方法で扱うため、OSは**ファイルシステム**（**file system**）[*54]を提供します。

たとえば、ハードディスクは非常に大きな記憶容量がありますが、単純に前から順番に色々な大きさのファイルを保存していたのでは、うまく管理できないのは想像に難くありません。このため、ファイルシステムでは、広大なハードディスクの記憶域をうまく区分けし、適切なサイズで階層的に管理するしくみをもっています。1つのファイルは、OSによって管理されたハードディスク上の区分[*55]に、基本的には分かれて保存されます（区分より小さければ分かれません）。USBメモリやCDやDVDなど、媒体が違えば上記の区分の仕方も異なりますが、ファイルシステムはそれらの違いを吸収し、統一的な方法でのアクセスを可能にします。

また、上述のように階層的にファイルを管理するのも、ファイルシステムの重要な機能の1つです。

---

*52　このような状態のことを**スラッシング**（**Thrashing**）といいます。また、メインメモリ上の情報を一時的に退避させる補助記憶装置上の領域を**スワップ**（**Swap**）**領域**といいます。

*53　**ディレクトリ**も同じ意味です。

*54　OSのファイル管理機能としては、ここで説明するファイルシステムの機能のすべてを含む必要はないという考え方もあります。

*55　データにアクセスする最小の区分は**セクタ**とよばれ、ハードディスクの場合、ながらく512バイトが最小単位でしたが、近年では4096バイトの製品も販売されています。

1.5 プログラムの作成から実行まで

1.5.1 プログラミングの進め方

それでは、いよいよ C を使ったプログラミングについて説明していきます。ここでは、プログラミングの経験のない方が、小さなプログラムを作ることから考えてみます。

どのように作るのか考える

まず、なにを作るか決めます。これは当然のことですが、もし決まっていなければ決める必要があります。学校の授業や会社の研修なら課題が与えられると思いますが、自分で決める場合は、手始めに興味のあるところから攻めてみるのもよいでしょう。たとえば「数学の授業で学んだ公式をプログラミングして、コンピュータに計算させてみたい」、「簡単なゲームを作ってみたい」などです。まず、なにを作るのか決めましょう。

次に、プログラムの内容を考えます。どのようにプログラミングしたら機能するか、ということです。しかし、C をある程度知らなければ、どのように作ったらよいかはわかりません。「学問に王道なし」とは、よくいわれます。C を習得することも同様です。しかし、早道や近道はあります。よいプログラムを多く読むことは、有効な方法のうちの 1 つです。そして、それを手本に自分自身でプログラミングしてみることです。

この本の 2 章以降には、興味を引く、また役に立つサンプルプログラムがたくさん載っています。これらのサンプルプログラムをキーボードから実際に入力し、試してみることをおすすめします。

ソースファイルを作る

C のプログラムは、C の文法に従って書かれた一種の文書です。この文法で書かれたプログラムは、かなり人間の言葉に近いため、訓練することによって理解できるようになります。たとえば、$a = 5$、$b = 3$ のとき、$a + b$ を計算して結果を表示するプログラムは次のとおりです。

リスト 1.1　2 つの数を足し算する C プログラム

```
01  #include <stdio.h>
02
03  int main(void)
04  {
05      int a, b, c;
06
07      a = 5;
08      b = 3;
09      c = a + b;
```

```
    printf("%d\n", c);

    return 0;
}
```

この状態では、プログラムはまだ紙に記述された文字です。

C の文法で書かれたプログラムを、C の**ソースコード**（source code）、**ソースリスト**（source list）、あるいは単に**ソース**（source）といいます[56]。実際にコンピュータでプログラムを実行させるには、まず、この本に印刷されたソースコードをコンピュータが処理できるようにする、つまりコンピュータに入力することが必要となります。

先に説明したように、コンピュータでは、あるひとかたまりの情報をファイルとして扱います。コンピュータで実行可能な機械語のプログラムもファイルですし、ソースコードもファイルです。そしてこれを**ソースファイル**（source file）とよびます。ソースファイルは、私たちが直接理解できる文字（テキスト）で構成されています。

さて、このソースファイルを作るには、エディタとよばれるソフトウェアを使います。**エディタ**（editor）とは、プログラムやデータをコンピュータの補助記憶装置、つまりハードディスクや SSD に**保存**（save）したり、**編集**（edit）したりするためのプログラムです。

エディタには OS に標準で搭載されているものもありますが、それ以外にも、市販あるいは無料のエディタプログラムが数多く提供されています。

本書では、プログラム開発を行う際の具体的な方法として、GUI による操作ではなく、**端末ウィンドウ**[57]（terminal window）上でテキストのコマンドを入力する方法を中心に説明しています。端末ウィンドウはターミナルウィンドウ、あるいは単にターミナルとよばれることもあります。端末ウィンドウのようなユーザインタフェースを、GUI（Graphical User Interface）に対して **CUI**（Command User Interface）といいます。CUI 上のエディタとして、UNIX 系の OS では、Emacs や vi 系の vim などがよく使われています。また、近年では、CUI ではありませんが、Windows、macOS、Linux で動作する Microsoft の Visual Studio Code が人気を集めているようです。エディタはプログラミングする上で、最もよく使う道具です。それぞれのエディタの特徴や使い勝手を調べて、自分に合ったエディタを選択してください。

ロードモジュールを作る

ソースファイルの中身は、C の文法に従って記述されたテキストです。しかし、コンピュータはこれらを直接理解することができません。そこで、ソースファイルをコンピュータの理解できる機械語に翻訳します。先に説明したように、機械語は 2 進数値であり、機械語のプログラムは、2 進数の並びになります。

さて、この翻訳作業をいちいち人手で行っていたのでは大変です。そこで、C のソースファイルを対応する機械語に翻訳するためのコンピュータのプログラムが用意されています。このプログラ

*56 プログラムの詳しい知識については、2 章以降で説明します。本章では、ポイントとなる部分だけに着目してください。
*57 たとえば、Windows の「**コマンドプロンプト**」は端末ウィンドウの一種です。

ムは、Cで書かれたソースファイルをデータとして入力し、出力として機械語のプログラムを生成します。この翻訳プログラムこそ、1.2.2項で出てきた**Cコンパイラ**（C compiler）です。コンパイラを実行させ、プログラムを機械語に翻訳することを**コンパイル**（compile）といいます。そしてこのとき作られる機械語に翻訳されたファイルを**オブジェクトファイル**（object file）といいます[*58]。

■図1.10　コンパイラの役割

また、コンパイラはソースコードの冗長な部分、つまり無駄な部分を効率がよくなるように変換して機械語に翻訳する機能もあります。この機能を**最適化**(optimization)といいます。最適化の内容はさまざまですが、たとえば、コンパイル時に決定できる内容はコンパイル時に済ませてしまうなどが例として挙げられます[*59]。

ところで、私たちはときとして間違いをおかします。たとえば、エディタを使ってソースファイルを作っているとき、プログラムはキーボードから入力されますが、誤って間違ったスペル[*60]でプログラムを入力することがあります。それに気づかずコンパイルするとどうなるのでしょうか。

コンパイルとは機械語への翻訳であるといいましたが、間違ったプログラムは翻訳できません。コンパイラは、入力されたプログラムが正しいかどうかチェックして、正しければその出力としてオブジェクトファイルを生成します。また、プログラムに誤りが見つかったときは、出力として**エラーメッセージ**（error message）を生成します。このエラーメッセージは、間違っている箇所（プログラムの行番号）と間違っている理由を示します。このエラーメッセージの内容によって、私たちはソースファイルを修正します。

さらに、エラーメッセージには、**表1.2**に示すように、**エラー**（error）と**ウォーニング**（warning）[*61]があります。エラーメッセージは、指定することで、ディスプレイに表示させたりファイルに記録することもできます。

---

*58　**オブジェクト**という言葉は、コンピュータの世界でさまざまな意味に用いられます。たとえば、JIS C（ANSI C）では、データを格納する領域（変数）をオブジェクトとよびます。また、オブジェクト指向プログラミングでは、一般的に対象となる「もの」のことをオブジェクトとよんでいます。読者の皆さんは、これらの意味の違いを取り違えないよう気をつけてください。

*59　たとえば、ソースコードに `a = 5 + b + 10 + c` と記述されていた場合、これを `a = b + c + 15` として翻訳します。

*60　たとえば、`printf` を `print` と入力したり、`if` と入力するところを `If` と入力してしまうミスです。

*61　warning は一般的にワーニングともよばれますが、発音上は**ウォーニング**の方が近いです。

■表 1.2　エラーとウォーニング

種類	意味	対応
エラー	文法的に間違っていることを示す	ソースファイルを修正し、再度コンパイルする。そうしないとオブジェクトファイルができない。
ウォーニング	プログラミング上の注意を示す	オブジェクトファイルはできるが、その後、誤動作を誘発する可能性があるのでソースファイルを修正する。

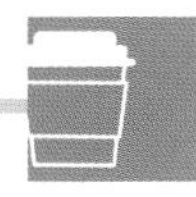

Coffee Break 1.3　コンパイラとリンカ

C のコンパイラについて、もう少し詳しく説明しましょう。コンパイルという作業は、次の 3 つのステップで実行されます。

1. プリプロセス
2. コンパイル（狭義のコンパイル）
3. アセンブル

1. プリプロセス

プリプロセスは、**プリプロセッサ**（preprocessor）により処理されます。プリプロセッサはソースコード上に、#（シャープ）で始まる行があると処理を行います。プリプロセッサの仕事の 1 つに、**インクルードファイル**（include file）の展開があります（これを「**インクルード**する」といいます）。

リスト 1.1 (p.20)の 1 行目を見てください。`#include <stdio.h>`とありますが、これは、プリプロセッサに対して`<stdio.h>`というファイルを読み込んでくださいと指示をしていることになります。`#include` のように、プリプロセッサに指示を与えるために記述する文字列を**ディレクティブ**（directive）といいます。また、`<stdio.h>`のように`.h` が拡張子となっているファイルを**ヘッダファイル**（header file）とよびます。

2. コンパイル

1.3.3 項で、コンピュータが直接理解できるのは機械語であること、その機械語は数値の羅列であり人間には理解しにくいため、機械語と 1 対 1 に対応したシンボルが割り当てられた、人間に理解しやすいアセンブリ言語があることを学びました。狭義のコンパイルは、ソースコードを解釈して、対応するアセンブリ言語に変換する処理です。プログラムの最適化は、このステップで行われます。

3. アセンブル

アセンブルは、アセンブラにより処理されます。狭義のコンパイルで作成されたアセンブリプログラムが機械語に変換され、オブジェクトファイルが作成されます。

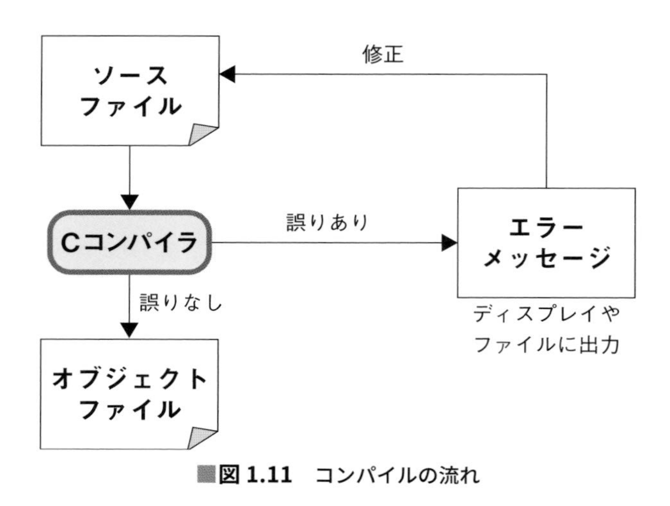

■図 1.11　コンパイルの流れ

実際には、この翻訳された機械語のプログラムは、このままではまだ実行できる形式になっていません。このあとに、**リンク**（link）という手順を経て実行できるようになります。

たとえば、1 つのプログラムが複数のソースファイルで構成されているとします[*a]。それぞれをコンパイルすると複数のオブジェクトファイル[*b]が生成されるので、これら複数のオブジェクトファイルを連結し、1 つの実行すべきプログラムにします。また、標準ライブラリなども必要であれば連結します。この連結する操作をリンク、そのためのプログラムを**リンカ**（linker）といいます。

*a　大規模なプログラムを開発する場合や、複数の人たちで 1 つのプログラムを開発する場合には、プログラムを複数のソースファイルに分割して記述します。

*b　**オブジェクトモジュール**とよぶ場合もあります。

一般に C のプログラムが実行できるようになるには、次の手順が必要です。

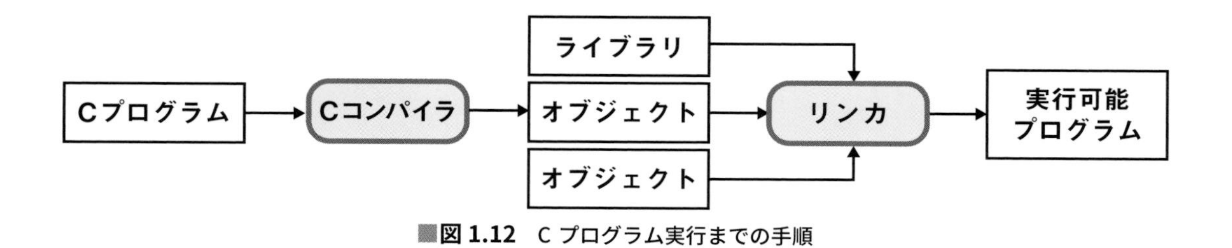

■図 1.12　C プログラム実行までの手順

この処理手順は、使用するコンピュータや OS によって異なります。たとえば、UNIX では、C のプログラムが sample.c というファイルに格納されているときに、端末ウィンドウ上で、

```
$ gcc sample.c
```

とすると[*62]、このコマンド[*63]によって、a.out という名前のファイルで実行可能プログラムが作成されます。このプログラムを実行するには、次のようにします。

```
$ ./a.out
```

パソコンの場合には、さまざまな C コンパイラが発売されています。それらは、基本的な操作はだいたい同じですが、いわゆる**統合開発環境**とよばれる操作体系が用意されている場合、統合開発環境の提供する GUI でコンパイルや実行ができるようになっています[*64]。また、GNU[*65]の C コンパイラのように、無償で提供されているものもあります。

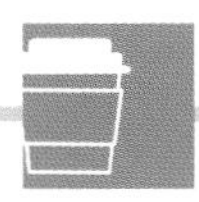

Coffee Break 1.4 ライブラリ

四則演算などの簡単な計算は、C 自体がその機能を提供しています。しかし、三角関数や平方根などの複雑な計算や、ディスプレイに文字を表示したりファイルを読み込んだりする機能は、C では提供されていません。**ライブラリ**（library）は、このような C 言語自体が提供していない機能を実現するオブジェクトモジュールをまとめたファイルです。

Coffee Break 1.3 (p.23)で説明した**ヘッダファイル**には、関連するライブラリにどのような機能があるのか、またその機能を呼び出す方法などの情報が記述されています。リスト 1.1 (p.20)の 1 行目にある`<stdio.h>`は、**標準入出力ライブラリ**（1.6 節参照）を利用するための情報が記述されたヘッダファイルです。本書でも頻繁に使用し、リスト 1.1 (p.20)でも使用している `printf` 関数は、`<stdio.h>`に記述されています。このほかに、たとえば数学ライブラリを利用するためのヘッダファイルは、`<math.h>`になります。利用するライブラリに対応するヘッダファイルがインクルードされていないと、コンパイルエラーとなります。

また、リンカの項で説明したように、ライブラリはリンカでリンクされるので、どのライブラリを使用するのかリンカに指示する必要がありますが、上述の標準入出力ライブラリなど、指示しなくても必ずリンクされるライブラリもあります（とくにリンカに指示してリンクさせないこともできます）。このように必ずリンクされるライブラリのことを**ランタイムライブラリ**（**runtime library**）とよびます。

*62 「`$`」は**プロンプト**（prompt）とよばれるユーザに入力を促す記号です。この例では「`$`」になっていますが「`%`」や「`>`」が使われたり、プロンプトの前にユーザ名などの情報が表示されることもあります。

*63 ここで、コマンド本体は `gcc` で、`sample.c` は `gcc` コマンドに与える**コマンド引数**といいます。つまりこの行は、`gcc` コマンドに対して `sample.c` というファイルの中に格納されたプログラムを機械語に翻訳し、その後リンク処理を施し、実行可能プログラムを作成せよという指示を行っていることを意味しています。

*64 統合環境を利用している場合は、実行のためのボタンを押すことによってプログラムを実行することができます。

*65 GNU（グヌー）は、コンパイラやエディタなど、プログラム開発に必要な数多くの良質なソフトウェアを無償で提供しているプロジェクトです。

実行する

できあがった実行可能プログラムを動作させてみましょう。プログラムを動作させることを、**実行する**、**走らせる**、**RUN させる**、**動かす**、などといいます。

プログラムを実行させるためには、OS の**プロンプト**（**prompt**）が表示状態、つまり OS が私たちからの入力を待っている状態で、実行可能プログラムのファイル名を入力します。実際には、キーボードからファイル名を**タイプ**（**typing**）し、Enter キーを押します。

コンピュータはプログラムに書かれたとおりに動作します。プログラムが正しく書かれていればコンピュータは思ったとおりに動きます。しかし、プログラムが間違っていると、予期せぬ状態に陥ります。たとえば、ディスプレイになにやらわからぬことが表示されたり、また、キーボードからコマンドを入力しても、なんの反応もなかったりします。この「反応がなにもない状態」を、俗語で「プログラムが死んだ」などといいます。

デバッグをする

プログラムが期待したとおりに動作しなければ、プログラムにバグがあると考えられます。そのため、プログラムからバグを取り除く必要があります。このバグを取り除くことを**デバッグ**（**debug**）といい、プログラムを作る上で、たいていの場合に必要な作業となります。

さて、デバッグの手法として、

- 机上デバッグによる方法
- デバッガ（debugger）による方法
- デバッグライト[*66]（debug write）による方法

などがあります。

どの方法でデバッグするにしても、バグの原因となる箇所の特定と内容を明らかにすることが大切です。原因がわからなければ対応することはできません。

机上デバッグ とは、ソースコードなどを読み直すこと[*67]によって、問題となる要因を見つけ出すことです。最も原始的ですが、とても有効な方法です。

デバッガ[*68]は、バグを見つけ出す作業を補助するプログラムです。たとえば、デバッガには**トレース**（**trace**）という機能があります。これはプログラムの各ステップ[*69]をプログラムの流れに沿って実行していき、その状態を観察するもので、実際のプログラムの動作がはっきりとわかります。また、考えたとおりになっていない箇所を発見することも容易になります。

また、プログラム上のあるところ（**ブレークポイント**（**break point**））までプログラムを実行させ、そのブレークポイントで実行を一時的に停止させる、といったこともできます。適切なブレークポイントを設定すると、デバッグが効率よく進みます。多くのデバッガでは、トレース機能もブ

*66　**スナップショット**（**snapshot**）などともよばれます。
*67　プログラムを読み直すことは非常に大切なことです。プログラムを業務として開発するときなどは、完成したソースコードになるまで何回もソースコードが読み直されます。
*68　デバッガを使うときは、コンパイル時にデバッガが必要となる情報を付加します。これはコンパイラにその旨指示すると自動的に付加されます。
*69　**ステップ**とは、プログラムの実行単位です。初学者は、ソースコードの各行が 1 つのステップであると考えてもよいでしょう。

レークポイントの設定も、ソースコードと対応付けて行うことができます。

デバッグライト による方法では、ソースコードの重要な場所に表示（あるいはファイル出力）の実行文を入れておきます。そうすると、プログラムがデバッグライトを入れた地点を通過するとき、デバッグに必要ないろいろなデータを表示させることができます。たとえば、

- 単に通過したことを知らせるマーク
- 通過したときの変数の値
- 通過したときの状態

などです。これにより、プログラムが考えたとおりの経路で進んでいるか、それとも考えたこととは違った動作をしているかがわかります。途中でプログラムの動作がおかしくなったとき、どこまで正しく動いているかなども明らかになります。途中で予期せぬ状態になったとき、デバッグライトが期待どおりに表示されたところまでは問題がなく、その先が怪しいことになります。

なお、C には**マクロ**[*70]という機能があります。これを利用してコンパイルし直すだけで、条件によってデバッグライトを付けたり外したりする方法もあります。

1.5.2 実行させてみよう

プログラミングの学習などで有効な方法の 1 つに「実際に試してみる」ことがあります。近くに利用できるコンピュータがあるなら、2 章にあるサンプルプログラムを試してください。

エディタでソースファイルを作り、コンパイル、リンクをします。その後、実行させましょう。

コンパイルでエラーメッセージが表示されるかもしれません。うまくいかなかったらどこかが間違っていますが、あまり気にしないで先に進みましょう。2 章、3 章と読み進むうちに、なぜうまくいかなかったのかがわかることでしょう。

1.6 プログラムの動作環境

1.6.1 プログラムの入出力

さて、C で作成したプログラムを実際に動作させるには、前節で学習したようにさまざまな知識が要求されます。とくに重要なことは、入出力に関することです。本書の 9 章までは、データをキーボードから入力し、ディスプレイに表示することを仮定しています。しかし、ちょっとした簡単な方法で、プログラムを修正しなくても、データをファイルから入力したり、ファイルに出力したりすることができます。

この方法を理解するには、**標準入出力（標準入力、標準出力）**と**標準エラー出力** についての理解

*70　**マクロ**は、#define ディレクティブによって定義された文字列で、プリプロセッサで処理されます。

が必要です。

C には「標準入力から入力する」「標準出力へ出力する」という機能があります。通常、標準入力はキーボード、標準出力はディスプレイです。つまり「標準入力から入力する」という処理は「キーボードから入力する」ことと同じです。また、標準エラー出力の出力先も通常はディスプレイです。

このように、キーボードからの入力を受け付けたり、ディスプレイに表示を行ったりする機能は、 **Coffee Break 1.4** (p.25)で触れた**標準入出力ライブラリ** の機能として提供されています。

1.6.2　端末ウィンドウ

本書のプログラミングは、エディタで作成したソースコードを端末ウィンドウ上でコンパイルして、実行することを前提としています。ここでは、端末ウィンドウとシェルについて説明し、シェルが標準入出力の接続先の切り換えを行うようすを説明します。

シェル（Shell）

端末ウィンドウでは、ユーザがキーボードから文字を入力すると、その文字が端末ウィンドウの画面に表示されます。これは、キーボードのキーを押すと押されたキーを誰かが検知し、それに応じた文字を端末ウィンドウの画面上に表示していることを意味します。この誰かこそが、**シェル**（**shell**）とよばれるプログラムです。Windows の端末ウィンドウである**コマンドプロンプト**では、`cmd.exe` というシェルプログラムが動いています。これ以外に、`PowerShell` も端末ウィンドウの一種です。UNIX の端末ウィンドウでは、sh、bash、csh など、さまざまなシェルプログラムを選択できます。

シェルの最も重要な機能として、**コマンド（プログラム）の実行**[*71]があります。シェルは、コマンドが入力されると、その名前の実行可能ファイルを探して、OS に実行を依頼します。実行されたプログラムは必要に応じてキーボードからの入力を要求したり、ディスプレイに結果を表示したりします。

リダイレクション

Windows や UNIX といった OS には、入出力の**リダイレクション** という機能があります。これによって、標準入出力をキーボードやディスプレイとは異なった対象にすることができます。

たとえば、プログラムをデバッグするとき、バグの原因を特定するまでに、大量のデバッグライトを仕込んで出力させることがあります。このとき、ディスプレイにデバッグライトが出力されると、肝心の出力がすぐに画面の外に流れてしまい、必要な情報が見えないことがあります。このような場合にデバッグライトがファイルに出力されていると、エディタなどでゆっくり確認できるので便利です。また、プログラムのテストのために大量のテキストをプログラムに入力させたい場合

*71　多くのコマンドは補助記憶装置に保存された実行可能ファイルですが、シェルプログラム自体が内部で保持していて提供するコマンドもあります。

は、いちいちキーボードから入力するのは大変です。このようなときは、リダイレクト機能を利用します。たとえば、プログラム prog が、標準入力（キーボード）からデータを入力し、標準出力（ディスプレイ）に結果を出力するプログラムであるとします。このとき、リダイレクト機能によって入力ファイル file1.dat からデータを入力し、出力ファイル file2.dat へ出力するよう指定するには、Windows や UNIX では次のようにします。

```
$ prog < file1.dat > file2.dat
```

このような入力があったとき、シェルは「<」「>」という記号を認識して、file1.dat が標準入力に、file2.dat が標準出力になるようにして、prog を実行します[*72]。

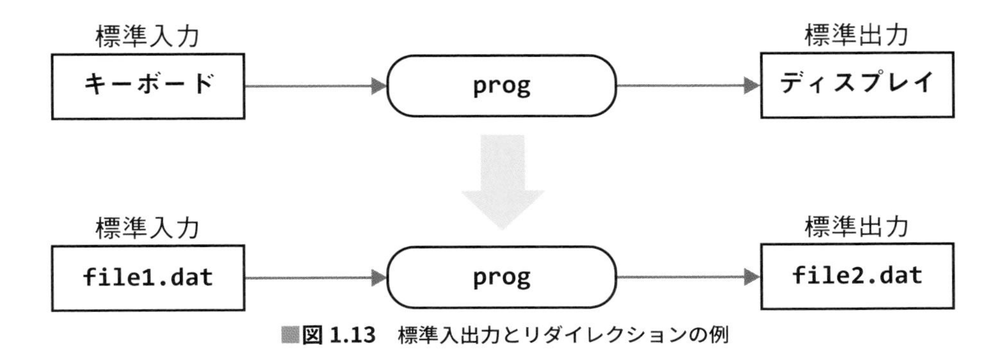

■図 1.13　標準入出力とリダイレクションの例

パイプ

さらに、Windows や UNIX といった OS には、入出力の**パイプ**という機能があります。これは**図 1.14** に示すように、たとえばプログラム progA の出力を直接プログラム progB の入力とする機能です。このときプログラム progB では、「標準入力から入力する」ことは「プログラム progA の出力を入力する」となります。

シェルでは次のように入力します。

```
$ progA | progB
```

このような入力があったとき、シェルは「|」の記号を認識して、progA の標準出力を progB の標準入力につなぎ直して 2 つのプログラムを同時に実行します。このとき、1.4.2 項「OS の役割」で説明した、プロセス間通信のパイプの機能が使用されます。

*72　このような実行方法は、たとえば UNIX の場合、OS の提供する fork/exec というしくみで実現されています。

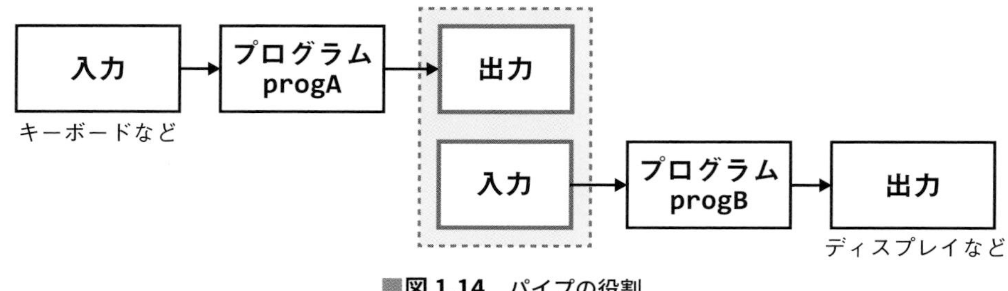

■図 1.14　パイプの役割

ところで、プログラム progA でエラーが発生したとして、なんらかのメッセージを表示したい場合にはどうしたらよいでしょうか。プログラム progA を単独で動作させた場合、エラーメッセージを標準出力に出力すると、通常そのメッセージはディスプレイに表示されます。しかし、上図のようにプログラム progA の出力をパイプでつないでプログラム progB の入力としている場合、プログラム progB がエラーメッセージの入力を想定していないとすると、困ったことになります。

この問題は、**標準エラー出力** を使用することよって解決されます。プログラム progA でエラーメッセージを標準エラー出力に出力するようにプログラムを作成すると、標準エラー出力はつなぎ替えられていないので通常の出力先であるディスプレイに出力されます[*73]。

1.7 プログラミングの学習

1.7.1 どうやって学習するのか

プログラミングを最も効果的に学習するためには、実際にコンピュータを使ってプログラムを作成し、動かしてみることが重要です。もちろん、コンピュータを使わずに書籍を読むことである程度の知識を得ることはできますが、それだけでは、いつまで経ってもプログラミングは習得できません。重要なのは、自分の手でプログラムを作成し、動かしてみることです。自宅にコンピュータがない場合でも、学校や会社で利用可能なコンピュータがあれば、積極的に利用して学習しましょう。

プログラミングを学習するためには、プログラムを作成するために必要なツール（**開発環境**）がコンピュータ上で利用できなければなりません。必要なツールとして、エディタやコンパイラ、デバッガなどが挙げられます。最近では、これらのツールが1つに統合された**統合開発環境**を使ってプログラムを作成することが多いようです。これらのツールは市販されていますが、一般的に高価なものが多い[*74]ので、個人ではなかなかそろえることができません。

Linux など、無料で手に入る UNIX 系のオペレーティングシステムには、C の開発環境も一緒

*73　具体的な方法は 10.5 節「ファイルと入出力」を参照してください。
*74　学生を対象にして割安な価格で提供しているメーカーもあります。

に付属しています。これらを自分のコンピュータにインストールしてみるのも 1 つの方法です。

以下に、本書の執筆時期（2020 年春）における、端末ウィンドウベースの開発環境構築に関する情報を示します。

Windows での開発環境

Windows の実行可能ファイルは、exe という拡張子のファイルで、**exe ファイル**とよばれます[*75]。exe ファイルの作成には Windows 用の開発環境が必要です。Windows 用の開発環境としては、Microsoft の提供する統合開発環境の **Visual Studio** があります。Visual Studio には community license とよばれるライセンスがあり、個人利用の範囲であれば無償で利用可能です。Visual Studio でも CUI ベースの開発は可能ですが、基本は GUI ベースのツールなので本書の説明の範囲外とします。

また、Microsoft は Windows10 以降、**Windows Subsystem for Linux**（以下 **WSL** と略記）という Linux を Windows 上で動かすための環境を提供しています。WSL 上では、Ubuntu や CentOS などの、いくつかの Linux のディストリビューション[*76]を設定して実行できるようになっており、好みのディストリビューションを選択して使用できます。これらの Linux ではもちろん、C コンパイラである **gcc** などの GNU の開発ツールの使用が可能です。

このほかに、Windows では、UNIX の Windows 上への移植環境として作成された Cygwin や、その後発の MSYS2 + MinGW の組み合わせなどがありますが、本書での学習範囲を想定するのであれば、とくに理由がないかぎりは WSL をおすすめします。また、本書で、プログラムの実行方法の説明を行う際に、Windows での実行方法、Linux や WSL での実行方法を個別に説明することがあります。この場合、「Windows（exe）の場合」「Linux や WSL の場合」のように、明記して説明しています。

macOS での開発環境

macOS 上の開発環境としては、Apple の提供する **Xcode** があります。Xcode 自体は GUI ベースの統合開発環境ですが、Xcode 全体をインストールしなくても、コマンドライン・デベロッパ・ツール[*77]をインストールすることで 、macOS のターミナル上での GNU 開発ツールによる C の開発ができます。macOS のバージョンによっては Xcode がインストール済である場合があり、さらに Xcode のバージョンによってはコマンドライン・デベロッパ・ツールがインストール済である場合もあります。必要に応じてインストールしてください。

Linux での開発環境

Linux を利用できる環境にあるのならば、GNU の開発ツールはそろっているので、とくに問題はないでしょう。

---

*75 一般名称として**実行可能ファイル**（executable file）があるので、exe ファイルをこの意味で使用している場合もありますが、本書では、Windows の実行可能ファイルの意味で使います。

*76 Linux 本体とその他ソフトウェア群を 1 つにまとめ、利用者が容易にインストール・利用できるようにしたものです。

*77 ダウンロードサイトでは **Command Line Tools** と表記されています。

その他

このほかに、C プログラムのコンパイル、実行を行える環境を Web 上で公開している、次のようなサイトも存在します。ただし、このような無償のサイトのサービスがいつまで存続するかは、注意が必要です。

- Online C Compiler：https://www.tutorialspoint.com/online_c_compiler.php

プログラミング入門

本章では、簡単な例を通して、C プログラミングの方法と、コンパイルから実行までの一連の手順を学習します。まず、最も単純な例としてメッセージの出力例を学び、その後、変数・入出力・条件分岐・繰り返しといった、プログラミングの重要な概念について紹介していきます。
ここでは、厳密な説明よりも、直感的な理解のしやすさに重点を置いて説明していきます。それぞれの要素についての詳細については、3 章以降に改めて見ていきましょう。本章で準備運動をしておくことにより、スムーズに次章以降の内容を理解することができるでしょう。

2.1 プログラムを書いてみよう

プログラミングとは「プログラムを書くこと」ですが、この実際の作業手順を理解する必要があります。ここでは簡単なプログラム例を通して、C のプログラミングの流れを見ていきます。

プログラミングは、まずソースコードを書くことから始まります。そして作成したソースコードを実行可能な形式に変換することでプログラムが生成されます。それでは、プログラミングの学習を始めることにしましょう。

2.1.1 Hello Programming in C World! と表示する

プログラムとは、コンピュータに与える一種の指示書のようなものです。この指示書は、1.3.3 項で説明したように、本来コンピュータが理解できる言葉（**機械語**）で記述しなければいけません。しかし機械語は、人間のプログラマにとってはとても扱いづらいものです。そこで、より人間の言葉に近い言語で指示書を作成し、それを機械語に翻訳するしくみ（**コンパイラ**）が登場しました。C もこのしくみにより成り立っている言語の 1 つです。C で記述された翻訳前のプログラムを**ソースコード**とよびます。

リスト 2.1　C の Hello World

```
01  #include <stdio.h>
02
03  int main(void) {
04      printf("Hello Programming in C World!\n");
05      return 0;
06  }
```

リスト 2.1 は、`Hello Programming in C World!`というメッセージをディスプレイに表示するプログラムです。

まず 1 行目の`#include` から始まる行は、現時点では一瞬のおまじないのようなものと考えていてよいでしょう。もちろん重要な意味をもちますが、詳しくは 5.1.2 項にて説明を行います。

次の `int main(void)` と書いてる行からが、このソースコードのメイン部分です。中括弧{ }で囲まれた部分に、コンピュータに与える指示内容を記述していきます。

コンピュータへの指示は、基本的な命令である**文**（**statement**）を並べていくことにより作成します。今回の例では、4 行目と 5 行目が順番に実行されます。文の最後には、日本語の文章の最後に句点（。）を置くのと同じように、**セミコロン**（;）を置きます。これを忘れると、C コンパイラがソースコードを実行可能な形式に変換しプログラムを作成する際に、どこまでが文なのかわからずコンパイルエラーになってしまいます。注意してください。

4 行目の `printf` **文**が、このプログラムの核心部分であり、メッセージを表示するための行です。

この例のように**ダブルクォーテーション**（"）に囲まれた部分に、表示したいメッセージを記載します。

ここでよく見ると、表示したいメッセージ`Hello Programming in C World!`のあとに`\n`が付いています[*1]。この記号は**エスケープシーケンス**とよばれるものの1つです。エスケープシーケンスは3章「変数と式」にて詳しく説明するので、いまはメッセージの終わりを示す記号と理解しておいてください。

5行目の`return 0;`は、**正常終了**という意味をもちます。プログラムの実行を終了する印と理解しておいてください。

なお、ソースコードは可読性を向上させるために、改行やスペース、コメントを書くことができます。**リスト2.2**はその例です。見た目は異なりますが、リスト2.1 (p.34)と同じプログラムが作成されます。いうなれば、改行やスペース、コメントを適切に書くことで、可読性の高い美しいソースコードとなります。

リスト2.2の5〜8行目は、**main関数**の中身のひとまとまりが解りやすいように、中括弧{ }で囲むだけでなく、半角スペース4個分右にずらした位置に行頭を揃えています。このように一定スペース分だけ右にずらして行頭を揃えることを「**インデント**を揃える」といいますが、半角スペースだけでなく**TAB**を使うこともできます。

また、プログラムの意味を説明するコメント（リスト2.2の5行目。**Coffee Break 2.1** (p.36)参照）を書くことも非常に重要です。しかし、適切なコメントを書くのはとても難しいことでもあります。複数人でプログラミングを行うときはもちろん、個人で行うときでも、未来の自分向けにコメントを書くことが上達の一番の近道です[*2]。

リスト2.2 ソースコードの可読性を向上させる

```
01 #include <stdio.h>
02
03 int main(void)
04 {
05     /* メッセージを表示します */
06     printf("Hello Programming in C World!\n");
07
08     return 0;
09 }
```

*1 文字\は、Windows10などのOSでは、文字¥に対応しています。その場合は`\n`を`¥n`と入力してください。
*2 自分の書いたプログラムでも、数日経つとなにが書いてあるのか読めなくなることもあります。そのときは、コメントが大いに役立ちます。

Coffee Break 2.1　コメントの書き方

コメントには 2 種類の書き方があります。1 つめは/*と*/のあいだに書く方法です。この書き方のコメントは、複数行にわたって書くこともできます。

リスト 2.3　コメントの書き方（その 1、複数行にわたって書く）

```
01  #include <stdio.h>
02
03  int main(void)
04  {
05      /* コメントが長くなる場合は
06         このように複数行に書くこともできます */
07      printf("Hello Programming in C World!\n");
08
09      return 0;
10  }
```

また、コメントは命令文の後ろに付けることもできます。

リスト 2.4　コメントの書き方（その 2、命令文の後ろに書く）

```
01  #include <stdio.h>
02
03  int main(void)
04  {
05      /* メッセージを表示します */
06      printf("Hello Programming in C World!\n");     /* Helloを表示 */
07      printf("Good-bye Programming in C World!\n"); /* Good-byeを表示 */
08
09      return 0;
10  }
```

この方法を使うときには、/*と*/の対応に気をつける必要があります。プログラムの一部について、「ここからここまでを全部コメントアウトしたい」といったときには便利ですが、**リスト 2.5** (p.37)のようになってしまうのは間違いです。2 つめの/*（6 行目）から次に出てくる*/（7 行目）までがコメントとみなされて、3 つめの/*（7 行目）はコメントの文字列の一部と解釈されてしまいます。そして 3 つめの*/（8 行目）はコメントの開始が存在しないため、コンパイルエラーとして処理されてしまいます。

リスト 2.5 コメントの書き方（その 3、コンパイルエラーとなる例）

```
01 #include <stdio.h>
02
03 int main(void)
04 {
05     /* メッセージを表示します */
06     /* Helloを表示しないように変更する
07     printf("Hello Programming in C World!\n");    /* Helloを表示 */
08     */
09     printf("Good-bye Programming in C World!\n"); /* Good-byeを表示 */
10
11     return 0;
12 }
```

コメントを書く 2 つめの方法は、**リスト 2.6** (p.37) 5 行目のような、「//」を使う方法です。//から改行までがコメントとみなされるので、1 行単位の短いコメントや命令文の後ろに補足的に説明を追加する際には便利です。また、1 つめの方法と異なりコメントの終了を対応づける必要がないので、ブロック単位でのコメントアウトには/*と*/で囲む、1 行単位のコメントには//を使う、と使い分けるとよいでしょう。

リスト 2.6 コメントの書き方（その 4、//を使って書く）

```
01 #include <stdio.h>
02
03 int main(void)
04 {
05     // メッセージを表示します
06     /* Helloを表示しないように変更する
07     printf("Hello Programming in C World!\n");    // Helloを表示
08     */
09     printf("Good-bye Programming in C World!\n"); // Good-byeを表示
10
11     return 0;
12 }
```

2.1.2 プログラムをコンパイルしてみよう

2.1.1 項では、まずソースコードの例を見ながら、簡単な構造や書き方について学びました。いよいよこのソースコードを実行可能な形式に変換してみましょう。ソースコードからプログラムを生成する工程には、コンパイルとリンクという作業があります（Coffee Break 1.3 (p.23)）。この2つの工程をまとめて**ビルド**とよぶこともあります。

多くの開発環境では、コンパイルとリンクをまとめて実行できるコマンドが用意されていますので、これを利用しましょう。以下のコマンドを実行すると、コンパイルとリンクが行われ、リスト 2.1 (p.34)のソースコードから、実行可能な形式のプログラムとして a.out が作成されます。

コンパイルとリンクの実行コマンド

```
$ gcc 2-1.c
```

なお、gcc コマンドを使って実行可能な形式のプログラムを作成する場合、常に a.out が作成されますが、これを別のファイル名で出力することもできます。gcc コマンドに「-o」オプションを利用すると、任意のファイル名で出力することができます。以下の例では、実行可能な形式のプログラムとして、前述の a.out と同じものが hello.exe として作成されます。

出力ファイル名を指定するコマンド

```
$ gcc 2-1.c -o hello.exe
```

GUI をもつ統合開発環境を利用している場合は、コマンドを使わずにメニューバーやツールバーからコンパイルとリンクを行うことができます。この場合には、開発環境のウィンドウ内にコンパイルの結果が表示されます。開発環境は数多く存在し、その利用方法はバージョンによっても異なるため、本書では gcc コマンドを使った方法で説明を行います。その他の開発環境での利用方法などについては、それぞれのマニュアル、オンラインヘルプなどを参照してください。

なお、前述の gcc コマンドを使った例では、コンパイルとリンクがまとめて実行されました（ビルド）。ここで、ソースコードからプログラムを生成する一連の作業を行うビルドに対して、コンパイルとリンクはなにを行っているのでしょうか。

コンパイルとは、ソースコードを解析し、コンピュータが理解できるように変換を行い、オブジェクトファイルを作る作業のことです。以下のように gcc コマンドに、「-c」オプションを付けて実行すると、コンパイルのみを実行することができ、2-1.o という**オブジェクトファイル**が作成されます。オブジェクトファイルには、**オブジェクトコード**とよばれるコンピュータが実行可能な形式のプログラムや、あとの工程であるリンクやデバッグに必要な情報（シンボル情報やデバッグ情報など）が含まれます。

コンパイルの実行コマンド

```
$ gcc -c 2-1.c
```

コンパイルの結果作成されたオブジェクトファイルから実行ファイルを作成する工程を、**リンク**とよびます。以下のコマンドを実行することで、リンクが実行され a.out が作成されます。

リンクの実行コマンド

```
$ gcc 2-1.o
```

ビルドは、ソースコードから一度に実行ファイルを作ることができ、とても便利です。では、なぜコンパイルとリンクという工程が分かれているのでしょうか。

プログラミングの習い始めの段階では、ソースコードの規模も小さいため、1つのファイルにプログラム全体を記述できます。しかし大規模なプログラムを作る際には、ソースコードを複数のファイルに分割して記述することになるでしょう。1つのファイルの内容を更新した際に、すべてのソースコードを再度コンパイルすることは効率がよくありません。更新のあったファイルのみを新しくコンパイルし、再度リンクを行い実行可能な形式なプログラムを作成することで、効率的な開発を行うことができます。

また、実は、ソースコードからコンパイルされたオブジェクトファイルだけでは、実行可能なプログラムを作成することはできません。printf 文など標準関数の動作を定義した**標準ライブラリ**が必要となります。オブジェクトファイルと標準ライブラリなど各種ライブラリを結合することで、ようやく実際に動作可能なプログラムが生成されます。この手順を**リンク**とよびます。コンパイルやリンク、ライブラリなどについて、詳しく理解したい場合は、1.5 節を参照してください。

Coffee Break 2.2　メイク

コンパイル、リンク、ビルドと似たプロセスに**メイク**というものがあります。プログラムを作成する際に、複数のソースファイルを用いるなど関連ファイルが多くなってくると、ビルドの手順がとても複雑で面倒になります。メイクは、Makefile という手順書に基づき、効率的にプログラムを作成する作業です。あらかじめどのようなファイルを使って、どのようなプログラムを作成するのか Makefile に記述しておくことで、自動的にコンパイルが必要なファイルを判断し、再度リンクを行いプログラムを作成できます。

2.1.3 プログラムの実行

コンパイルとリンクが終わったら、できあがったプログラムを実行してみましょう。2.1.2 項で作成された a.out を起動すると、次のメッセージが出力されます。

実行結果 2.1　出力されたメッセージ

```
$ ./a.out
Hello Programming in C World!
$
```

これは、あなたが作成した最初のプログラムの正しい結果です。

正しいソースコードを書くと、正しい動作をするプログラムとなります。しかし、実際にプログラムを書く場合には、さまざまな誤り（**エラー**）が発生することがあります。ここでプログラムの誤りについて、少し見ていきましょう。誤りは大きく 3 つに分けられます。

1. コンパイルエラー
2. 実行時エラー
3. 実行はできるが結果が正しくない

コンパイルエラー

コンパイルエラーは、コンパイルやリンク時にエラーメッセージが表示されるため、すぐに気付くことができる誤りです。

リスト 2.7　コンパイルエラーとなる誤ったソースコード

```
01  #include <stdio.h>
02
03  int main(void)
04  {
05      /* メッセージを表示します */
06      printf("Hello Programming in C World!\n")
07
08      return 0;
09  }
```

リスト 2.7 は、一見すると リスト 2.2 (p.35)とまったく同じソースコードに見えるかと思います。しかしコンパイルを行うと、以下のエラーが表示されます。

実行結果 2.7　実行結果

```
$ gcc 2-7.c
2-7.c:6:46: error: expected ';' after expression
    printf("Hello Programming in C World!\n")
                                             ^
                                             ;
1 error generated.
$
```

コンパイルを行う環境によって、エラーメッセージの内容は異なることがあります。たとえば上記のようなエラーメッセージでは、プログラムの6行目にエラーがあることを教えてくれています。またその内容は `expected ';' after expression` とあり、「**文の最後にセミコロンがない**」ということを教えてくれています。セミコロン以外にも括弧の閉じ忘れやスペルミス、コメントや `printf()` 以外に全角スペースがうっかり入力されている場合などが、コンパイルエラーとなります。

もしコンパイル時にエラーが発生したとしてもがっかりすることはありません。コンパイル時にエラーが発生することは、とくに珍しいことではないからです。ソースコードは人間が作成するものですから、ミスはつきものです。コンパイル時のエラーは、このようなミスを指摘してくれます。コンパイルエラーが発生したら、間違いを修正して再びコンパイルを行えばよいのです。エラーメッセージは間違いを探すときのヒントになるので、しっかりと確認しましょう。

実行時エラー

このエラーは、コンパイルとリンクには成功し `a.out` は作成できるのですが、いざ実行してみると、エラーが出てプログラムの実行が途中で停止してしまうようなものです。ここまで見てきたソースコードはとてもシンプルなものなので、実行時エラーが発生するような誤りが混入することはありません。しかしながら、より複雑なソースコードを書く場合、エラーはしばしば発生します。とくにC言語の場合は、`Segmentation Fault` というメモリの扱い方に起因する実行時エラーがしばしば発生します。

実行はできるが結果が正しくない

最後のエラーは、発生した場合に正しくない結果が出力されるだけのものです。これは、見つけることが難しく、ソースコードのどこかに誤りがあることはわかるものの原因の特定が難しいエラーです。たとえば、ソースコードの計算式にミスがある場合がこれに該当します。このエラーを見つけるためには、プログラムをしっかりとテストする必要があります。

2.2 計算をしてみよう

2.1節では、プログラムで画面にメッセージを出力する方法を学習し、いよいよプログラムになにか仕事をさせる準備ができました。プログラムの仕事の結果はいつでも `printf` で確認することができます。プログラムの仕事の最初の例として、ここでは簡単な計算を行う方法について説明します。

2.2.1 「変数」という箱

計算といってもさまざまな種類があるので、まずは2つの数を足し算するプログラムについて考えてみましょう。C のプログラムで 2 つの数を足し算し、その結果を表示するには、次のような手順が必要です。

1. 足し算をする 2 つの値と、その答えを格納する箱 a，b，c を用意する
2. 足し算をする 2 つの値を、箱 a と箱 b に格納する
3. 箱 a の値と箱 b の値を足し算して、その結果を箱 c に格納する
4. 箱 c の値をディスプレイに表示する

ここで箱とよんでいるものが**変数**（variable）です。このプログラムの場合、コンピュータの中に数値を格納するための 3 つの箱が用意されます。

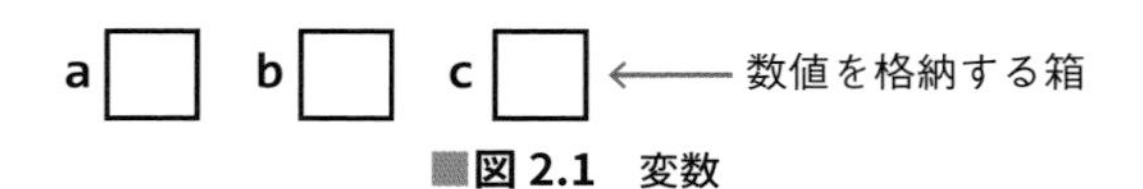

■図 2.1　変数

a，b，c は箱に付けられた名前であり、これらを**変数名**（variable name）とよびます。変数名はプログラマが自由に付けることができますが、利用できる名前にはいくつか制限があります。変数名についての決まりは 3 章で詳しく学習しますが、「123」や「@xyz」など数字や記号で始まる名前や printf など、すでに C で利用されている名前は使用できないことを覚えておいてください。また、「計算結果」など全角文字も変数名には使用できません。

プログラムは箱の中にある値を取り出して計算に利用したり、その計算結果をまた箱にしまったりということを繰り返しながら、処理を進めていきます。

変数を用意する

プログラムで変数を使うためには、まず変数の用意が必要です。これは、次のように記述します。

プログラムの形式：変数定義

```
型名　変数名1，変数名2，...，変数名N;
```

型名には、int や double というキーワードを指定します。int は整数の変数を用意するためのキーワードであり、double は実数の変数を用意するためのキーワードです。変数にはいくつか種類があり、それぞれの種類ごとに用意される箱の大きさが異なります。変数の種類は**型**（type）といい、int はその中の 1 つで、前述のように整数を格納するための変数を用意する型名です。この型名のあとに、用意したい変数の名前をカンマで区切って並べます。この文は**変数定義**というもので、コンピュータの中に名前付きの箱を用意させる作用があります。

変数を利用する

変数の用意ができたところで、その使い方について説明しましょう。変数への値の格納は、**代入**（assign）という操作によって行います。代入はイコール（=）を用いて次のように記述します。

プログラムの形式：代入

```
変数名 = 格納する値;
```

これは**代入文**（**assignment statement**）とよばれるものです。プログラムの中で代入文が実行されると、変数の中に値が格納されます。変数への代入は何度も行うことができますが、変数の箱には同時に 1 つの値しか格納できません。代入を行うとその前に格納していた値は消えて、新しい値が格納されます。このようすを次に示します。なお、変数が定義されたとき、その中にどのような値が入っているのかはわかりません。通常、まったく意味のない値が入っています。

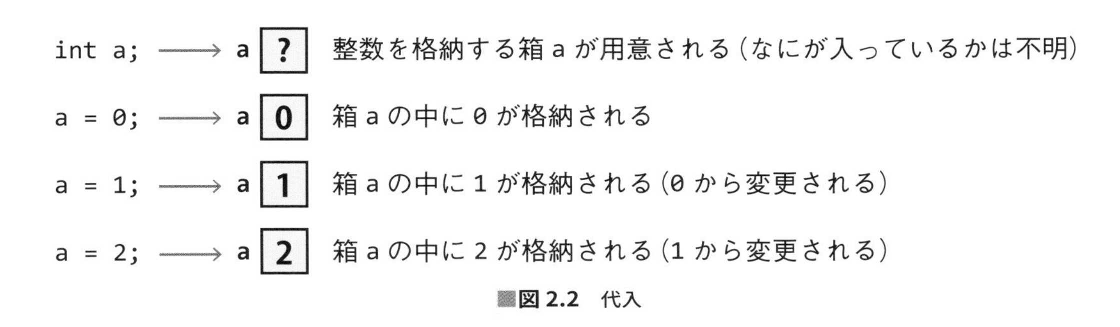

図 2.2　代入

計算を行うためには、変数の中に格納された値を取り出す必要がありますが、これは簡単です。変数名をそのままプログラム中に記述すればよいのです。変数名を記述することによって、その変数に格納されている値を取り出し利用することを **参照**（**reference**）とよびます。

2.2.2 キーボードからの入力

これまでに学んだプログラムでは、ソースコードの中に出力するメッセージが記述されていたため、常に同じ出力が得られました。しかし一般的なプログラムでは、常に同じ出力をすることは稀です。さまざまな入力に対して、計算を行い、結果を出力することが普通です。プログラムへの入出力については、**標準入出力**と**ファイル入出力**などがあります。ファイル入出力については 10 章にて学習します。

これまで printf() による出力を行ってきましたが、これはディスプレイへの出力でした。ここでは、キーボードからの入力の方法を学習します。キーボードからの入力を使うには scanf() を利用します。

リスト 2.8　キーボードからの入力

```
01 #include <stdio.h>
02 
03 int main(void)
04 {
```

```
05      int k;
06      printf("Please Enter Number: ");
07      scanf("%d", &k);
08      printf("Number is %d", k);
09      return 0;
10  }
```

リスト 2.8 (p.43)は、キーボードで入力した数字を読み込み、ディスプレイに表示する例です。

7行目の文は「キーボードで入力された文字を整数（%d）として読み込み、変数 k に格納する」という意味になります。ここで、**アンパサンド**（&）が初めて出てきました。変数名の前に付けられた&には重要な意味がありますが、詳しくは8章「ポインタ」の概念を学ぶ必要があります。ここでは、値を格納する変数に付ける印として理解しておいてください。なお、k という変数を使用するために、5行目では「int 型の変数として k を使用します」と宣言しています。

このプログラムをビルド（コンパイル＋リンク）して実行すると、以下のようになります。

実行結果 2.8(a)　**実行結果（入力まで）**

```
$ ./a.out
Please Enter Number: _
```

Please Enter Number:と表示されたあとにカーソル（_）が表示され、キーボード入力を待っている状態となります。リスト 2.8 (p.43)の7行目の **scanf()** が入力を待っている状態です。この状態でキーボードから数字を入力すると、入力された数字が変数 k に代入されます。たとえば、キーボードから 23 を入力すると変数 k に 23 が代入され、リスト 2.8 (p.43)の8行目が実行されることで、「**Number is 23 .**」という文字列が表示されます。詳しくはのちほど説明しますが、この8行目は、「**Number is %d .\n** を表示する。ただし **%d** は変数 **k** を整数として置換して表示する」という意味です。

実行結果 2.8(b)　**実行結果（データ入力後）**

```
Please Enter Number: 23
Number is 23 .
$
```

2.2.3 四則演算

Cには変数とよばれるものがあり、そこに値を格納できることが理解できたでしょうか。変数定義、代入、参照などいろいろと新しい言葉が出てきました。これらは非常に重要な言葉ですので、ここで簡単に復習しておきましょう。

- **変数定義**：名前付きの箱を用意し、変数の準備をすること
- **代入**：箱に値をしまうこと
- **参照**：箱から値を取り出すこと

それでは、実際のプログラムの中で変数を利用してみましょう。**リスト2.9**に、足し算をするプログラムの例を示します。

リスト2.9 足し算のプログラム

```
01 #include <stdio.h>
02 
03 int main(void)
04 {
05     // 足し算をする2つの値と答えを格納する箱a,b,cを用意する
06     int a, b, c;
07 
08     // 足し算をする2つの値を箱aと箱bに格納する
09     a = 1;
10     b = 2;
11 
12     // 箱aの値と箱bの値を足し算して、結果を箱cに格納する
13     c = a + b;
14 
15     // 箱cの値をディスプレイに表示する
16     printf("c =  %d\n", c);
17 
18     return 0;
19 }
```

前述の手順に合わせてコメントを入れているので、プログラムの流れは理解しやすいでしょう。6行目ではa, b, cが変数定義されています。この段階では各変数にはなにかの値が格納されていますが、初期化されていないため「未定義である」状態です[*3]。9行目と10行目で、変数a, bに値が代入されます。13行目では変数aと変数bの値を参照してa+bを計算し、その結果が変数cに代入されます。変数cの値を参照して、16行目では計算結果をディスプレイに表示しています。

*3　「未定義である」といっても、値が入っていない状態ではありません。なんらかの値が格納されています。

四則演算をしてみよう

次は足し算だけでなく、四則演算を行ってみます。使用する演算子は **表 2.1** の 4 つです。

■表 2.1　四則演算の演算子

C での演算子	意味
+	加算
-	減算
*	乗算
/	除算

C の乗算は × ではなく**アスタリスク**（*）を用います。また、除算は**スラッシュ**（/）を用います。

リスト 2.10　四則演算のプログラム

```
01 #include <stdio.h>
02 
03 int main(void)
04 {
05     int a, b, result;
06 
07     a = 25;
08     b = 5;
09 
10     // 足し算の結果を変数resultに格納する
11     result = a + b;
12     printf("%d + %d =  %d\n", a, b, result);
13 
14     // 引き算の結果を変数resultに格納する
15     result = a - b;
16     printf("%d - %d =  %d\n", a, b, result);
17 
18     // かけ算の結果を変数resultに格納する
19     result = a * b;
20     printf("%d * %d =  %d\n", a, b, result);
21 
22     // 割り算の結果を変数resultに格納する
23     result = a / b;
24     printf("%d / %d =  %d\n", a, b, result);
25 
26     return 0;
27 }
```

リスト 2.9 (p.45) までは、 `printf()` で変数を表示する際に、変数の値を 1 つだけ表示していましたが、**リスト 2.10** では、複数の変数を表示する書き方を用いています。たとえば 12 行目のように %d が 3 つある場合、そのあとの変数の並び順どおりに、変数の値に置き換えられて表示されます。

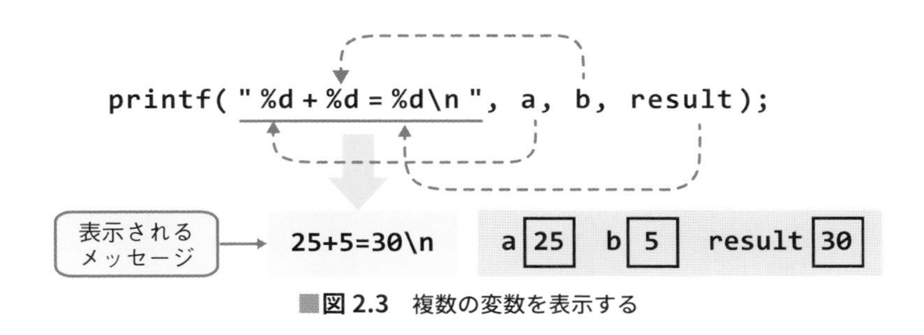

■**図 2.3 複数の変数を表示する**

なお、リスト 2.10 (p.46)をコンパイルして実行すると、以下のように表示されます。

実行結果 2.10(a) 実行結果（その 1）

```
25 + 5 =  30
25 - 5 =  20
25 * 5 =  125
25 / 5 =  5
```

この除算については、若干の注意が必要です。整数どうしの除算の場合、小数点以下が切り捨てられ、常に整数の結果が得られます。たとえば、リスト 2.10 (p.46)の 7、8 行目で、a=29，b=3 と変更し再度コンパイルして実行すると、以下のように表示されます。

実行結果 2.10(b) 実行結果（その 2、変数の値を修正した場合）

```
29 + 3 =  32
29 - 3 =  26
29 * 3 =  87
29 / 3 =  9
```

29 ÷ 3（C では 29/3）の正しい答えは、「9 余り 2」あるいは「9.66666...[*4]」です。しかし、小数点以下が切り捨てられてしまうので、result には 9 が代入されているのです。

*4 浮動小数点の計算方法については、3.1.3 項で説明します。

2.3 プログラムの流れを変える

2.3.1 条件分岐（if文）

前節で作成した、四則演算を行うプログラムについて考えてみましょう。すでに「整数どうしの除算の場合、小数点以下が切り捨てられ、常に整数の結果が得られる」ことが判明しています。この場合、結果の表示内容は正しくありません。除算を行う際に「もし割り切れるならば、答えを表示する」という処理を行えるとうまくいきそうです。

本書では、ここで初めて「もし〜ならば、〜する」という**条件判断**を行う文が出てきました。条件判断という要素は、私たちの日常生活にも頻繁に登場するものです。たとえば「もし雨が降りそうならば、傘を持って外出する」というのも条件判断です。このような簡単な条件判断を複数組み合わせることによって、私たちは高度な判断をしています。コンピュータにおいても条件判断はとても重要な概念です。

ここでは「もし〜ならば、〜する」という条件判断を行うための **if 文**を紹介します。if 文は、次のような形式です。

プログラムの形式：if 文

```
if (条件式)
{
        文;
}
```

if 文は条件式が「成立する」ときに、文を実行します。条件式が取りうる状態は「成立する」または「成立しない」のどちらかしかありません。条件式が「成立しない」場合は、文は実行されません。

条件式はいくつか種類がありますが、2 つの値が等しいかどうかを調べるには**等号**（==）による条件式を使います。等号を使った条件式は、次のような形式です。

プログラムの形式：等号を使った条件式

```
値1 == 値2
```

これらを踏まえて、2 つの整数について「その 2 つの整数がもし割り切れるならば、その答えを表示する」というプログラム、**リスト 2.11** (p.49)を見てみましょう。

リスト 2.11 2 つの整数が割りきれる場合答えを表示するプログラム

```
#include <stdio.h>

int main(void)
{
    int a, b, surplus, result;

    // 2つの整数を入力
    printf("Please Enter Number: ");
    scanf("%d", &a);
    printf("Please Enter Other Number: ");
    scanf("%d", &b);

    // 余りを計算
    surplus = a % b;

    // 条件分岐
    if (surplus == 0)
    {
        result = a / b;
        printf("%d / %d =  %d\n", a, b, result);
    }

    return 0;
}
```

14 行目で、前節では取り扱わなかった「%」という演算子を用いています。これは除算の余りを計算する演算子で、「a 割る b」を行った際の余りを得ることができます。

リスト 2.11 をコンパイルして実行し、2 つの数字を入力します。この 2 つの数字が割り切れる場合と割り切れない場合、それぞれの実行結果は以下のようになります。まず、割り切れる例（a に 25、b に 5 を入力）の結果です。

実行結果 2.11(a) 実行結果（その 1、割り切れる例）

```
% ./a.out
Please Enter Number: 25
Please Enter Other Number: 5
25 / 5 =  5
```

次に、割り切れない例（a に 29、b に 3 を入力）の結果です。

実行結果 2.11(b) 実行結果（その 2、割り切れない例）

```
% ./a.out
Please Enter Number: 29
Please Enter Other Number: 3
```

リスト 2.11 (p.49)では、割り切れなかった場合になにも表示されません。実際のプログラミングでは、「**もし〜ならば**〜する、**そうでない場合は**〜する」というように、「成立する」場合の処理だけでなく、「成立しない」場合の処理が必要になることも多々あります。**リスト 2.12** は、「成立しない」場合の処理を追加した例です。

リスト 2.12　割り切れない場合の処理を追加したプログラム

```
01 #include <stdio.h>
02 
03 int main(void)
04 {
05     int a, b, surplus, result;
06 
07     // 2つの整数を入力
08     printf("Please Enter Number: ");
09     scanf("%d", &a);
10     printf("Please Enter Other Number: ");
11     scanf("%d", &b);
12 
13     // 除算の余りと商を計算
14     surplus = a % b;
15     result = a / b;
16 
17     // 条件分岐
18     if (surplus == 0)
19     {
20         printf("%d / %d =  %d\n", a, b, result);
21     }
22     else
23     {
24         printf("%d / %d =  %d ... %d\n", a, b, result, surplus);
25     }
26 
27     return 0;
28 }
```

リスト 2.11 (p.49)を実行したときと同じ 2 つの整数を入力した際の リスト 2.12 の実行結果を以下に示します。「その 1」は割り切れる例（a に 25、b に 5 を入力）の結果、「その 2」は割り切れない例（a に 29、b に 3 を入力）の結果です。

実行結果 2.12(a)　実行結果（その 1、割り切れる例）

```
% ./a.out
Please Enter Number: 25
Please Enter Other Number: 5
25 / 5 =  5
```

実行結果 2.12(b) 実行結果（その 2、割り切れない例）

```
% ./a.out
Please Enter Number: 29
Please Enter Other Number: 3
29 / 3 =  9 ... 2
```

もう 1 つ例を見てみましょう。割り算を行う際には、0 で割ることができません。**リスト 2.13** では、計算をする前に入力された値が 0 でないかのチェックを行っています。

リスト 2.13 入力された値が 0 でないかチェックするプログラム

```
01 #include <stdio.h>
02 
03 int main(void)
04 {
05     int a, b, surplus, result;
06 
07     // 2つの整数を入力
08     printf("Please Enter Number: ");
09     scanf("%d", &a);
10     printf("Please Enter Other Number: ");
11     scanf("%d", &b);
12 
13     // 条件分岐
14     if (b != 0)
15     {
16         // 除算の余りと商を計算
17         surplus = a % b;
18         result = a / b;
19 
20         // 条件分岐
21         if (surplus == 0)
22         {
23             printf("%d / %d =  %d\n", a, b, result);
24         }
25         else
26         {
27             printf("%d / %d =  %d ... %d\n", a, b, result, surplus);
28         }
29     }
30     else
31     {
32         // ゼロ除算
33         printf("Error : Division by zero\n");
34     }
35 
```

```
36        return 0;
37  }
```

リスト 2.13 (p.51)で、割る数として 0 を入力すると、以下のように表示されます。

実行結果 2.13　実行結果（割る数として 0 を入力した場合）

```
% ./a.out
Please Enter Number: 11
Please Enter Other Number: 0
Error : Division by zero
```

このように、「もし割る数が 0 でなく、さらに、もし割り切れるならば、答えを表示する」というように、条件分岐を複数重ねて使用することも可能です。

Coffee Break 2.3　プログラムの整形

プログラムに適切なコメントを入れる重要性は、**Coffee Break 2.2** (p.39)にて説明しました。その他にプログラムを書く際に注意すべきこととして、読みやすく整形することがあります。複数の条件分岐が重なっている場合などは、とくに注意する必要があります。

たとえば、リスト 2.13 (p.51)の 2 つの条件分岐部分は、以下のように書いても同じことが実行できます。

```
if ( b != 0 ) {
surplus = a % b;
result = a / b;
if ( surplus == 0 ) {
printf( "%d / %d =  %d\n", a, b, result ); } else {
printf( "%d / %d =  %d ... %d\n", a, b, result, surplus ); }
} else {
printf( "Error : Division by zero\n" );
}
```

上記の例は、かなり極端な例ではありますが、2 つの条件分岐がどのように対応しているか、非常にわかりづらいプログラムです。コンパイラは正しく解釈できても、人間が正しく解釈するのは難しいでしょう。もとの リスト 2.13 (p.51)と比べると、プログラムの意味に合わせてインデントを揃えることや、中括弧{ }の位置を揃えることで、人間でも解釈しやすいプログラムになることがわかると思います。

インデントを揃える際、半角スペースを使って揃えることもできますが、**タブキー（TAB）**を使うと便利です。 リスト 2.13 (p.51)を書く場合だと、以下のようにタブを使います。

```
#include <stdio.h>

int main ( void )
{
～ 中略 ～
 [TAB] if ( b != 0 )
 [TAB] {
 [TAB]  [TAB] // 除算の余りと商を計算
 [TAB]  [TAB] surplus = a % b;
 [TAB]  [TAB] result = a / b;

 [TAB]  [TAB] // 条件分岐
 [TAB]  [TAB] if ( surplus == 0 )
 [TAB]  [TAB] {
 [TAB]  [TAB]  [TAB] printf( "%d / %d =  %d\n", a, b, result );
 [TAB]  [TAB] }
 [TAB]  [TAB] else
 [TAB]  [TAB] {
 [TAB]  [TAB]  [TAB] printf( "%d / %d =  %d ... %d\n", a, b, result, surplus );
 [TAB]  [TAB] }
 [TAB] }
 [TAB] else
 [TAB] {
 [TAB]  [TAB] // ゼロ除算
 [TAB]  [TAB] printf( "Error : Division by zero\n" );
 [TAB] }
～ 中略 ～
}
```

これに関連して、コーディングスタイルについても紹介しておきましょう。巨大なプログラムになると複数人で作成することもあるので、より読みやすいプログラムを意識する必要があります。

```
if ( surplus == 0 ) {
	printf( "%d / %d =  %d\n", a, b, result );
}
```

```
if(surplus == 0)
{
	printf("%d / %d =  %d\n", a, b, result);
}
```

上記の 2 例は、まったく同じプログラムです。しかし、括弧 () の前後にスペースがあるか、if 文の中括弧の開始{ 前に改行を行うか、といった点に違いがあります。細かな違いにも思えるかもしれませんが、複数人でプログラムを書く場合には、このような細かいルールも揃えておくとよいでしょう。このルールは一般的に**コーディングスタイル**とよばれ、さまざまな流儀がありますが、どのようなものであれ、統一することが重要です。

2.3.2 繰り返し（for文）

プログラムの流れを変える場合に、前節の条件分岐と同じくらい重要な処理に**繰り返し**があります。コンピュータは人間と違って、同じ作業を繰り返し実行することが大変得意です。ここでは **FizzBuzz** とよばれる言葉遊びをプログラミングすることで、「繰り返し」について見ていきましょう。

FizzBuzz とは、1 から数字を順に言うゲームです。ただし、3 で割り切れる場合は「Fizz」、5 で割り切れる場合は「Buzz」、両方で割り切れる（すなわち 15 で割り切れる）場合は、「FizzBuzz」を数の代わりに言うルールとなっています。

リスト 2.14　FizzBuzz ゲームを行うプログラム

```
01 #include <stdio.h>
02
03 int main(void)
04 {
05     int max = 100000;
06
07     for (int i = 1; i <= max; i++)
08     {
09         if (i % 15 == 0)
10         {
11             printf("FizzBuzz\n");
12         }
13         else if (i % 3 == 0)
14         {
15             printf("Fizz\n");
16         }
17         else if (i % 5 == 0)
18         {
19             printf("Buzz\n");
20         }
21         else
22         {
```

```
            printf("%8d\n", i);
        }
    }

    return 0;
}
```

リスト 2.14 (p.54)の 7 行目の for が「繰り返し」を行う文となっています。**for 文** の書式は以下のとおりです。

プログラムの形式：for 文

```
for ( 初期化処理 ; 式 ; 更新処理 )
{
        繰り返しを行う処理
}
```

繰り返しの際には、毎回「式」が評価され、その値が 0 の場合には繰り返しは終了、0 以外の場合には繰り返しを継続するようになっています。繰り返す際には更新処理が毎回行われます。

具体的に リスト 2.14 (p.54)で見ていきましょう。繰り返しを行う処理は、8 行目から 25 行目が対象となっています。まず初期化処理にて `i = 1` となった 1 回目は、`i <= max` **を満たす**ため、8 行目から 25 行目を実行します。次に、更新処理が行われ `i = 2` となった 2 回目は、同じように `i <= max` **を満たす**ため、8 行目から 25 行目を実行します。同様に、3 回目、4 回目と繰り返します。10,001 回目の繰り返しの際は、`i = 10001` であり、`i <= max` **を満たさず**式の評価結果が 0 になるので、繰り返しの処理は行われません。ここでようやく 7 行目から 25 行目の for 文がすべて終わり、最後に 27 行目が評価されるプログラムとなっています。

繰り返しの対象の 8 行目から 25 目の処理については、前節の条件分岐を十分に理解している皆さんであれば、簡単に理解できでしょう。

2.4 まとめ

ここで、これまで学んだことを整理しておきましょう。

1 章では、コンピュータに関する基礎的な事柄を整理し、C のプログラミング言語としての特徴と学習法について説明しました。そして本章では実際のプログラム例を通して、C によるプログラミングがどのようなものかを見てきました。

この章では、厳密な定義ではなく、より直感的な方法でプログラミングについての説明を行ってきました。次章から C の文法とプログラミングのテクニックについて、より詳しく解説していきます。この意味では、次章からが本当の C の学習であるといえます。一方で、ここまで読み進んできた皆さんは、C プログラミングのエッセンスともいうべき大事なことについてすでに学んでいます。

- **ソースプログラム**を作成し、**コンパイル**し、**実行**すること
- **入出力**の概念（**標準入力**と**標準出力**）
- プログラム中で**変数**を利用すること
- プログラムの流れを**制御**すること（`if` 文、`for` 文）

これらの事柄で学んだことは、今後の C の学習にとって大きな武器となります。実際、これらは次章以降でも繰り返し出きます。

- 3 章では、**変数**と**式**について厳密な定義を与え、その使用法を学習します。
- 4 章では、プログラムの流れを変える方法（**制御**）について見ていきます。
- 5 章では、より大きなプログラムを作るために不可欠な**関数**について学びます。
- 6 章～8 章では、それぞれ**配列**、**文字列**、**ポインタ**について学びます。ポインタは C の最も有名な特徴ともいえます。ポインタを理解することは、より高いレベルでのプログラミングを行うことに必要不可欠です。
- 9 章～10 章では、データの扱い方として**構造体**と**ファイル入出力**を学びます。
- 11 章は、学習した内容を総復習する意味で、練習問題を用意しています。

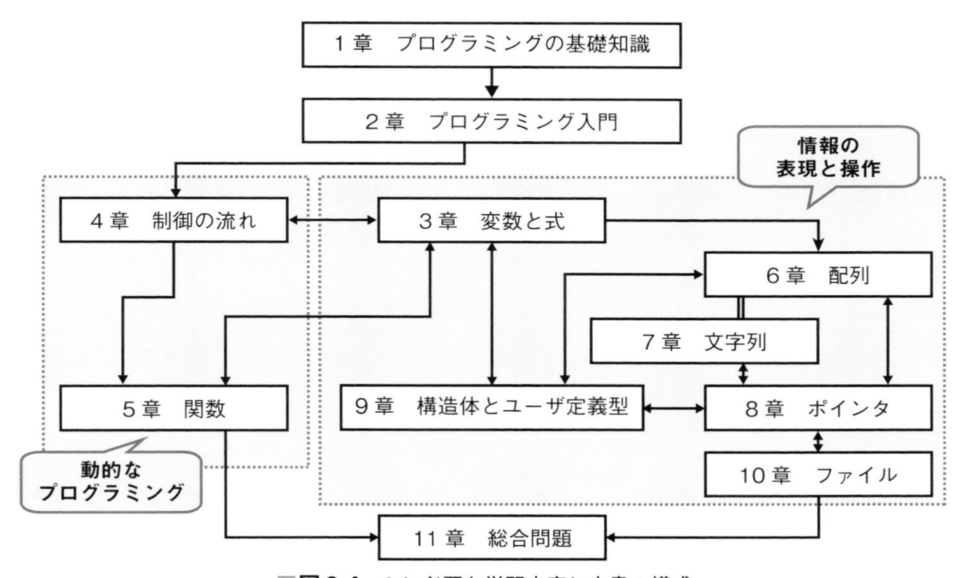

■図 2.4　C に必要な学習内容と本書の構成

図 2.4 に示すように、各章は独立しているわけでも、順番に学んでいけば十分というわけでもありません。配列とポインタなど、相互に深く関係している章もあります。一度読み進めたあとに、この図を参考に関係する章を復習することで、より深い理解につながるでしょう。

まだまだ学習すべきことは盛りだくさんですが、恐れることはありません。多くの例を取り上げて、一つひとつ詳しく解説をしていきます。

1つ重要なことは、例が出てきたら実際に試してみることです。ただサンプルを入力して動かすだけでなく、プログラムの意味を考えながら、それぞれの例を試してみてください。例の一部を書き換えて実験してみるのもよいでしょう。急がずに、じっくりと進んでいけば、必ず C を理解することができるはずです。

変数と式

本章では、2 章で簡単に説明した、変数と型についてより深く解説します。
変数は、C のみならず、プログラミング言語全般において一般的に用いられる非常に大切な概念です。変数を学んだのち、C を記述する上での基本的な構成要素である、式について学習します。C における式は数学で使われる式の概念を拡張したものです。さらに、式の中で用いられる演算子についても詳しく学習します。
本章を終えると、ある程度本格的な計算問題を解くことができるようになります。

3.1 変数と型

本章では、2.2.1 項で簡単に紹介した**変数**について、より深く解説します。また、変数に伴う型についても学習します。なお、説明をわかりやすくするために、2 章と重複する部分もあることをお断りしておきます。

3.1.1 変数とはなにか

2 章で出てきた計算するプログラム、 リスト 2.9 (p.45)にあった `int a,b,c;` とはいったいなんだったのでしょうか。これを理解するために「2 つの数を入力してその和を求める」という手順を文章で書いてみます。

1. 足し算をする 2 つの値と、その答えを格納する箱 a，b，c を用意する
2. 足し算をする 2 つの値を、箱 a と箱 b に格納する
3. 箱 a の値と箱 b の値を足し算して、その結果を箱 c に格納する
4. 箱 c の値をディスプレイに表示する

上の文章を読んで、「なぜ、こんなにややこしいことをしなければならないのだ」と思うかもしれません。しかし、これは人間も無意識に行っていることなのです。コンピュータは無意識になにかをやってくれることがないので、それぞれの手順を 1 つずつ丁寧に教えてあげなくてはなりません。

このように、コンピュータは計算時に使う数値などを記憶しておくために、**メモリ**[*1]（**記憶領域**）に数値を格納するための箱を用意します。この箱を介してさまざまな処理を行うのです。この用意する箱のことを **変数**（variable）とよびます。

3.1.2 使用できる変数名

変数に付ける名前のことを **変数名**（variable name）とよびます。コンピュータは変数名によって変数の区別を行います。すなわち、同じ変数名は 1 つの箱を指し示すことになります。また、プログラミング言語によって、変数名の付け方が異なります。C における変数名では、以下のような規則[*2]があります。

1. 最初の文字は、英字（`A` から `Z`、`a` から `z`）か下線（`_`）[*3]でなければなりません
2. 2 番目以降の文字は、英字か下線か数値（`0` から `9`）でなければなりません

---

*1　1.3.1 項を参照してください。

*2　2011 年に発行された ISO の規格である **C11** からは、**国際文字名**（\uXXXX または\UXXXXXXXX（X の部分は 16 進数字）の形式で UTF-16 または UTF-32 の値を直接指定する書式）や実装依存の文字（日本語）も識別子として指定可能ですが、本書では扱いません。

*3　先頭の文字を下線（アンダースコアともよぶ、_）にした変数名の利用には難しい規則があるので、初心者は使わない方がよいでしょう。

3. 大文字と小文字が区別されます
4. 変数名の長さに制限はありませんが、**最初の 31 文字までが**有効[*4]です
5. 途中に英字、下線、数値以外の文字があってはなりません
6. 途中に**空白**[*5]があってはいけません
7. **キーワード（予約語）**であってはなりません
8. **予約済み識別子**[*6]であってはなりません

3. は、たとえば「abc」「aBc」「AbC」「ABC」はすべて異なる変数であることを示しています。また、**4.** は、たとえば abc と abcd は異なる変数名ですが、次の 2 つの変数は同じ変数として扱われることを示しています。青字で示した 32 文字目は異なりますが、31 文字目までが同じためです。

1. abcdefghijklmnopqrstuvwxyz01234**a**
2. abcdefghijklmnopqrstuvwxyz01234**b**

7. の**キーワード（予約語）**とは、あらかじめ意味の決まっている名前のことです。これから学習しますが、int、double、short、long など数十種類あります。これらの名前は、変数名に用いてはいけません。本書の付録 2 にキーワード一覧（**表 A.2**）が載っているので参考にしてください。

いくつか、変数名の正しい例を示しましょう。「abc」「XYZ」「a_123」「a__1_2_3」「_a」「__b」「very_long_short_name」などは、みな正しい変数名です[*7]。

一方、**表 3.1** は正しくない変数名の例です。このような変数名を用いると、コンパイルをしたときにエラーメッセージが表示されます。

■**表 3.1** 誤りのある変数名

誤った変数名	説明
7abc	最初の文字が数字である
3.14159	これは数値となる
IN-data	英字、下線、数値以外の文字（この例ではハイフン（-））がある
My data	間に空白がある
Sxyz##	英字、下線、数値以外の文字（この例ではシャープ（#））がある
int	予約語である
キュウヨ	カタカナの変数名は許されない
給与	漢字の変数名は許されない
α	ギリシャ文字の変数名は許されない

*4 この規則は、5 章で学習する**外部変数**には通用しません。しかし、本書では外部変数はほとんど取り上げませんので、本書の大部分でこの規則（最初の 31 文字までが有効）は有効になります。
*5 C では、**スペース**（本当の空白）、**タブ**、**改行記号**を総称して**空白**とよんでいます。
*6 __で始まる名前や、printf などがあります。
*7 たとえ文法的に正しい変数名であっても、それがふさわしいものであるかどうかは別の問題です。たとえば、男の赤ちゃんに「〜子」という女性の名前を付けることは法律上なんの問題もありませんが、将来生活を営んでいく上で数々の障害に出会うことでしょう。プログラム上の変数名もその変数の役割に従った名前を付けるように心がける必要があるでしょう。

Coffee Break 3.1　命名規則について

変数はそれぞれ役割をもっています。どんな変数名を与えるのがふさわしいでしょうか。

役割・型情報・通用範囲などを、その変数の接頭部分や接尾部分に付け、ほかの人が見てもわかりやすくする命名法を**ハンガリアン記法**といいます。たとえば「intCount」という変数名の場合、count という単語に型を表す int を接頭部分に付けています。これは、要素語の最初の文字（この例では count の c）を大文字で書きつなげる**キャメルケース**とよばれるスタイルで記述しています。

このほか、データ型ではなく単位を示すために、先頭に「j」を付ければ「円」、「d」を付ければ「ドル」などとすることもあります。たとえば、jSales ならば売上（円）、dSales ならば売上（ドル）というように表現します。ほかにも、アンダースコア（_）を区切り記号として要素をつなげる**スネークケース**というものもあります。例として、secret_number などがあります。

3.1.3　型の概念

変数には、どんな数値でも入れることができるのでしょうか。3.1.1 項で示した手順を例に考えてみましょう。

図 3.1 のように、10 と 20 という整数値をデータとして与えてみましょう。すると、a に 10 が、b に 20 がセットされます。続けて、a + b、すなわち 10 + 20 = 30 が c にセット[*8]されます。最後に、c の値 30 が表示されます。

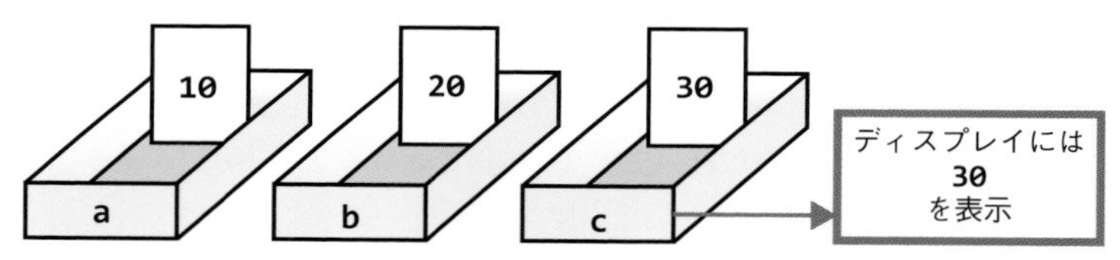

■**図 3.1　整数値 10+20 の和 30 を変数 c にセットする**

同様に、1.24 と 5.65 という実数値をデータとして与えると、**図 3.2** のように、6.89 という実数値が表示されます。

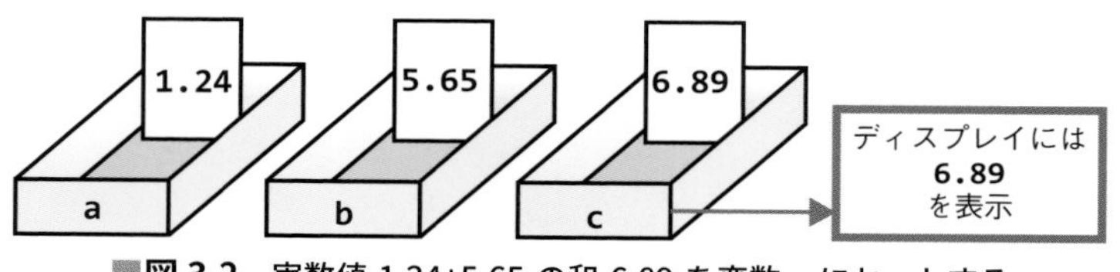

■**図 3.2　実数値 1.24+5.65 の和 6.89 を変数 c にセットする**

*8　データを変数に格納することを「**セット**」とよびます。「**代入**」とよぶこともあります。

このように、一般的に考えれば、変数には整数や実数の値を区別なしに格納できます。しかし、Cでは、

1. 整数のデータを入れる箱（たとえば、1, 12, 2323, -788, 12548, -7787）
2. 実数のデータを入れる箱（たとえば、1.23, 0.236, -0.0012, 125122.2）

を明確に区別します。つまりCでは、整数のデータを入れる変数（データを入れる箱）であることを決めてしまったら、その変数には整数しか格納することができません。

一般に、このような変数の整数／実数による区別を**型**（type）とよびます。データが整数であるときに、それを**整数型**（integer type）あるいは int 型、実数であるときにそれを**浮動小数点型**（float type）とよびます。

上の例では整数型と浮動小数点型だけでしたが、Cでは **表 3.2** に示すように、`char`、`int`、`float`、`double` という4つの基本型があります。

■**表 3.2　4つの基本型**

型名	説明	一般的な使用ビット数
`char`	小さな整数	8
`int`	符号付き整数	32
`float`	浮動小数点数	32
`double`	倍精度浮動小数点数	64

コンピュータは、無限に大きな数や、無限に大きな精度の数を記憶できません。表3.2のように、それぞれの型には記憶容量の大きさが決まっていて、一定の範囲の数しか格納できないようになっています。

それぞれの型の使用ビット数は、その型の変数を使うために使用する「一般的」な記憶容量（メモリ）の大きさです。なお、「一般的」としているのは、Cの言語仕様において、これらの型で使う記憶容量の大きさが明確に規定されていないからです。コンピュータ、またはコンパイラによっては、`int` 型が16ビットのものもあります[*9]。

さらに、型の範囲を明確に定義するために、`short` と `long` とよばれる**修飾子**（qualifer）が用意されています。これを変数の宣言の前に付けて、その型が取りうる値の範囲を指定します。`short` や `long` を付けた型は、**表 3.3** に示すように、`short int`、`long int`、`long long int`、`long double` があります。

*9　詳しくは Coffee Break 3.2 (p.66)を参照してください。

■表 3.3　short と long を付けた型

型名	説明	使用ビット数（最低保証）
short int	短い整数型	16
long int	長い整数型	32
long long int	より長い整数型	64
long double	拡張倍精度浮動小数点型	80

しかし「短い整数型」や「長い整数型」のビット数も、コンピュータなどによって異なります[*10]。このように、同じプログラムでも使うコンピュータによって精度が異なるということは、当然プログラムのさまざまな場面に影響を及ぼします。

そこで、C ではそれぞれの型での最低限保証される精度が定められています。short int と int は少なくとも 16 ビットはあり、long int は少なくとも 32 ビットであることが保証されています。しかし、皆さんが通常使うコンピュータでは、それぞれの型の精度は 表 3.2 と 表 3.3 のとおりで間違いはないでしょう。

本書では、それぞれの型の精度を 表 3.2 と 表 3.3 のとおりと仮定します[*11]。それでは、それぞれの型でどのような範囲の値を格納することができるか、まずは整数型について考えてみましょう。

一般に、整数型の表現できる値の範囲は、2 のビット数乗で計算できます。実際に計算すると、char は 8 ビットなので表現できる数値は 2 の 8 乗個、つまり $2^8 = 256$ 種類の数字を格納できます。

同様の計算により、それぞれの型が表現できる値の範囲を **表 3.4** に示します。ただし、**signed** や **unsigned** という修飾子を付けることにより、値の範囲が異なることに注意してください。signed や unsigned は、最上位ビットを符号として扱うかどうか[*12]、すなわち負の数を扱うか否かを意味します。 表 3.4 からわかるとおり、signed が付いた場合、符号が付いたデータを表現し、unsigned が付いた場合、符号が付かない（すべて 0 以上）の値を表現します。

■表 3.4　表現できる整数型の値の範囲

型名	signed（符号付き）の値の範囲	unsigned（符号なし）の値の範囲
char	-128 ～ 127	0 ～ 255
short int	-32768 ～ 32767	0 ～ 65535
int	-2147483648 ～ 2147483647	0 ～ 4294967295
long int	-2147483648 ～ 2147483647	0 ～ 4294967295
long long int	-9223372036854775808 ～ 9223372036854775807	0 ～ 18446744073709551615

*10　1999 年に発行された ISO の規格である C99 以降では、このコンピュータによる違いを避けるために、int8_t、int16_t、int32_t、int64_t 、uint8_t、uint16_t、uint32_t、uint64_t などが**標準ヘッダファイル**<stdint.h>に定義されています。

*11　**Coffee Break 3.3** (p.67)を参照してください。

*12　**Coffee Break 3.4** (p.68)で説明します。

なお、short int 型と long int 型において int を省略することができます。また、単に short、long、int として変数を定義すると、符号付き（signed）整数を意味します。符号なし整数として扱いたい場合は、明示的に unsigned という修飾子を付ける必要があります。char ついては、符号付きか符号なしか決められていません[*13]。

省略や修飾子について

```
char c;          // signedかunsigned
signed char c;
unsigned char c;
short s;         // = signed short
unsigned short s;
int i;           // = signed int
unsigned int i;
long j;          // = signed long
unsigned long j;
long long jj;    // = signed long long
unsigned long long jj;
```

次に、**浮動小数点型**について説明します。浮動小数点型は整数型とは違って、数値を指数表現で表します（この表現方法はコンピュータによって異なります[*14]）。

たとえば、0.0001 を指数表現で書くと、0.1×10^{-3} と表現できます。これを C では、`0.1e-3` と表します。この `0.1` を**仮数部**、`-3` を**指数部**とよびます。コンピュータでは、仮数部と指数部をそれぞれの領域に分割して格納することにより表現します。

指数部	仮数部

■図 3.3　浮動小数点の内部表現

つまり、この仮数部で表現できる桁数が、その型の有効桁数になります[*15]。一般的なコンピュータにおいて、それぞれの浮動小数点型で表現できる値の範囲を **表 3.5** に示します。

■表 3.5　表現できる浮動小数点型の値の範囲

型名	値の範囲
float	$-3.4028 \times 10^{38} \sim -1.1755 \times 10^{-38}$　0.0　$1.1755 \times 10^{-38} \sim 3.4028 \times 10^{38}$
double	$-1.7977 \times 10^{308} \sim -2.2251 \times 10^{-308}$　0.0　$2.2251 \times 10^{-308} \sim 1.7977 \times 10^{308}$
long double	$-1.1897 \times 10^{4932} \sim -3.3621 \times 10^{-4932}$　0.0　$3.3621 \times 10^{-4932} \sim 1.1897 \times 10^{4932}$

*13　char は一般的に、符号付きか符号なしのどちらになるかは、コンピュータによって異なります。あるコンピュータでは符号付きとして扱われ、別のコンピュータでは符号なしとして扱われます。本書では char **は符号付きと仮定します。**

*14　現在は、アメリカ合衆国に本部がある **IEEE**（**Institute of Electrical and Electronics Engineers**）が標準化した **IEEE754** という規格があり、これが最も多く使われています。

*15　Coffee Break 3.2 (p.66)を参照してください。

さきほども言及したように、それぞれの型における値の範囲はコンピュータまたはコンパイラにより規定され、C では大まかな指針しか決められていません。しかし、double の方が float よりも精度がよいことは保証されています。一般的に float の精度が低いことや、現在のコンピュータの内部表現の基本が double であることなどの理由から、浮動小数点を表現する場合には double を使用すべきでしょう。

Coffee Break 3.2　各自の環境上の型の精度について

整数型や浮動小数点型の値の範囲や精度について、3.1.3 項に示しました。しかし、各コンパイラで取り扱える正確な値が、C の標準ヘッダファイルの<float.h>と<limits.h>の中に定数として定義されています。

ここでは、実際にそれらの値を表示してみましょう。

リスト 3.1　型の情報を表示

```
01  #include <float.h>
02  #include <limits.h>
03  #include <stdio.h>
04
05  int main(void)
06  {
07      printf("double型の最大値:%g\n", DBL_MAX);
08      printf("double型の最小値:%g\n", DBL_MIN);
09      printf("double型の精度:%d\n", DBL_DIG);
10      printf("int型の最大値:%d\n", INT_MAX);
11      printf("int型の最小値:%d\n", INT_MIN);
12
13      return 0;
14  }
```

実行結果 3.1　実行結果

```
double型の最大値:1.79769e+308
double型の最小値:2.22507e-308
double型の精度:15
int型の最大値:2147483647
int型の最小値:-2147483648
```

型の情報が定義されている定数を、**表 3.6** に示します。

■表 3.6　型の情報が定義されている定数

	char	short	int	long	long long int
符号なし最大値	UCHAR_MAX	USHRT_MAX	UINT_MAX	ULONG_MAX	ULLONG_MAX
最大値	CHAR_MAX	SHRT_MAX	INT_MAX	LONG_MAX	LLONG_MAX
最小値	CHAR_MIN	SHRT_MIN	INT_MIN	LONG_MIN	LLONG_MIN

	float	double	long double
最大値	FLT_MAX	DBL_MAX	LDBL_MAX
最小値	FLT_MIN	DBL_MIN	LDBL_MIN
精度の桁数	FLT_DIG	DBL_DIG	LDBL_DIG

このプログラムを実行することにより、自分の環境での値を知ることができます。

Coffee Break 3.3　データの表現精度

なぜ、C では、言語文法によってデータの精度が正確に規定されていないのでしょうか。short と int は最低 16 ビット、long は最低 32 ビットのデータをもつことが定められています。ここでは、この理由について説明します。

一度に 16 ビット分計算できるコンピュータを **16 ビットコンピュータ**、32 ビット分計算できるコンピュータを **32 ビットコンピュータ**とよびます。16 ビットコンピュータでは、一般に、16 ビットで表現された整数データを最も高速に演算できます。同様に 32 ビットコンピュータでは、32 ビットで表現された整数データを最も高速に演算できます。このため、C では単に int と記述された変数は、16 ビットコンピュータでは最も速く動作する 16 ビットになり、32 ビットコンピュータでは 32 ビットとなります。つまり、int を用いた場合、使用するコンピュータにおいて最も速く演算できるようなデータ表現が選択されるのです。

最近では **64 ビットコンピュータ**もあり、その場合 int のサイズは 64 ビットとなります[*a]。このように、コンピュータの種類によって型の大きさを変えられるように、C では型の大きさを特定せず、最低限のデータ表現を定めているのです。実際の型のデータサイズなどは、コンパイラによって定められています。自分の環境で型のサイズを調べたい場合は、Coffee Break 3.2 (p.66)を参照してください。

*a　本来ならば、64 ビットコンピュータでは int のサイズは 64 ビットであるはずです。しかし、int が 16 ビット、あるいは 32 ビットであることに依存したプログラムを書いていると、int を 64 ビットとする新しいコンピュータ上で動かなくなってしまう可能性があります。実際の業務ではコンピュータのビット数に依存したプログラムを書くことがあります。たとえば、32 ビットコンピュータのときだけ動くようなプログラムを作ることがあるのです。そこで古いプログラムとの互換性のために、int 型ではなく、64 ビット用の新しい型を用意するコンパイラもあります。

Coffee Break 3.4　整数の内部表現

いままでは、整数の数値の内部表現について厳密には説明してきませんでした。しかし、プログラムの理解か深まるにつれて、整数データの表現についての知識が必要となってきます。整数は、2 進数のビットパターンで表現されます。たとえば 3 ビットの場合では、**表 3.7** のように 0 から 7 まで表現できます。

■**表 3.7**　3 ビットのデータ表現（符号なし）

10 進数	ビットパターン	10 進数	ビットパターン
0	000	4	100
1	001	5	101
2	010	6	110
3	011	7	111

しかし、ここに負の数はありません。一般に負の数は、**2 の補数**（**two's complement**）で求めることができます。2 の補数を求めるのは簡単です。すべてのビットを反転させ（そのビットが 0 なら 1、1 なら 0 にします）1 の補数を求めます。次に、その数値に 1 を加えます。3 ビットの場合には、4 ビット目に桁上がりした数値は無視します。

例として、－ 1 を求めてみましょう。1 のビット (001) をすべて反転させると、(110) になります。これに 1 を加えて、$-1 = (111)_{(2)}$[*a]となります。このようにして求めた負の数を考慮したデータ表現を、**表 3.8** に示します（3 ビットの場合）。

■**表 3.8**　3 ビットのデータ表現

ビットパターン	符号付き	符号なし
000	0	0
001	1	1
010	2	2
011	3	3
100	－ 4	4
101	－ 3	5
110	－ 2	6
111	－ 1	7

*a　下付きの (2) は、2 進数であることを表します。

3.1.4 文字の表現

char

前項では、C における数値データの表し方を学びました。それでは、C で文字を扱うためにはどうすればよいでしょうか。

本題に入る前に、コンピュータの内部で文字がどのように扱われているか説明します。コンピュータの内部では、文字はそれに対応した数値として扱われます。たとえば「A」は「65」、「B」は「66」というように、文字と数値が関連付けられています[*16]。

ここでの文字[*17]とは、「a b c d e f g h i j」のような英字だけでなく、「? # / * + ^ ( ) [ ] { }」のような記号も該当します。また、0 から 9 の数字も文字として扱うことがあります。

ところが、これらのデータをそのままプログラムに記述してしまうと、プログラムがあいまいになります。たとえば、1 と書いただけでは、数値（整数型）の 1 なのか、文字の 1 なのかわかりません[*18]。そこで文字型のデータの場合には、そのデータの両端を**シングルクォーテーション**（'）でくくります。したがって、文字は次のように表現されます。

```
'a' 'b' 'c' 'd' 'e' 'f' 'g' 'h' 'i' 'j'
'?' '#' '/' '*' '+' '^' '(' ')' '[' ']' '{' '}'
'0' '1' '2' '3' '4' '5' '6' '7' '8' '9'
```

表 3.2 と 表 3.4 に示すように、char は小さな整数を格納する型となっていましたが、通常は文字を格納するときに char 型の変数を使用します[*19]。**リスト 3.2** は、文字型の変数 a, b, c に、文字データ「'x'」「'1'」「'%'」を代入して表示するプログラムです。

リスト 3.2 文字の表示

```c
#include <stdio.h>

int main(void)
{
    char a, b, c;

    a = 'x';
    b = '1';
```

*16 関連付けにはさまざまな方法がありますが、C で扱う場合 **ASCII** とよばれる方法が最も一般的で、本書はこれに準じています。しかし、現在は**ユニコード**（**Unicode**）の「**UTF-8**」とよばれる方法が広く使われています。これについては、7.3 節を参照してください。

*17 ここで述べている「文字」には漢字は含まれていません。

*18 文字の'1'は内部的には整数の 31 です（ASCII コードの場合）。もちろん整数の 1 は内部的にも 1 です。

*19 もちろん、文字といえども実際は整数データなので、int 型を使用してもよいのですが、通常の文字（英数字やいくつかの記号）を格納するためには char 型で十分です。int 型はあまりにも範囲が大きすぎますし、メモリの無駄遣いとなります。ただし、入力した文字を格納する場合には、文字データと終了状態を表す記号を表現する必要があるので、int 型を使います。このことについては、**Coffee Break 4.4** (p.158)を参照してください。

```
09      c = '%';
10      printf("%c%c%c\n", a, b, c);
11
12      return 0;
13  }
```

実行結果 3.2　実行結果

```
x1%
```

10 行目の printf に出てくる %c は、char 型の変数に格納された文字を表示する記法です。このプログラムでは、文字を入れる箱が 3 つ用意され、それぞれに文字データが格納されます。

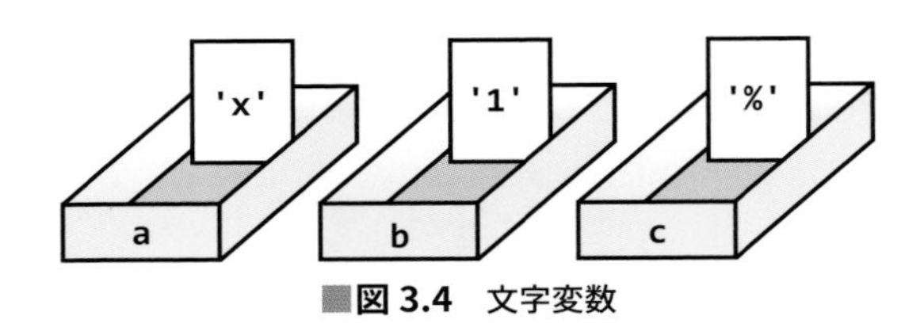

■図 3.4　文字変数

ところで、シングルクオーテーション（'）を文字型のデータとして表現するには、どうしたらよいでしょうか。それには、**エスケープシーケンス**[*20]（escape sequence）を用いればよいのです。エスケープシーケンスとは、printf 文内で使用する改行記号（\n）のように、'\'から始まる 2 つ以上の記号を組み合わせて文字を表現します。「"..."」内でエスケープシーケンスが使えるように「'...'」内でもエスケープシーケンスが使えます。つまり、この場合には「'\''」と記述すればよいのです。**リスト 3.3** に、引用符を表示するプログラムを示します。

リスト 3.3　引用文字の表示

```
01  #include <stdio.h>
02
03  int main(void)
04  {
05      char quotation;
06
07      quotation = '\'';
08      printf("----->%c\n", quotation);
09
10      return 0;
11  }
```

*20　表 A.3 のエスケープシーケンス一覧を参照してください。

実行結果 3.3　実行結果

```
----->'
```

落とし穴 3.1　printf の例

ごくまれに、次のような printf を書く人がいます。

```
printf( ' とんでもないprintf ' );
```

上の例では、1 重引用符（'）ではなく 2 重引用符（"）を書かなくてはいけません。しかし、非常に恐ろしいことに、このバグに対してエラーメッセージを出力しないコンパイラもあります。十分、注意しましょう。

文字と整数

各文字には、どのような数値が当てはめられているのでしょうか。この当てはめる方法には、いくつかの種類があります。代表的なものに **ASCII コード**と **EBCDIC コード**があります。本書では、とくに断らないかぎり、ASCII コードを仮定しています。ASCII コードでは、各文字を **表 3.9** に示すように数値化しています（数値は 16 進表記：括弧内は 10 進表記[*21]）。

■表 3.9　ASCII コード表（一部）

'0' → 30(48)	'1' → 31(49)	'2' → 32(50)	……	'9' → 39(57)
'A' → 41(65)	'B' → 42(66)	'C' → 43(67)	……	'Z' → 5A(90)
'a' → 61(97)	'b' → 62(98)	'c' → 63(99)	……	'z' → 7A(122)
'#' → 23(35)	'<' → 3C(60)	'[' → 5B(91)	……	'}' → 7D(125)

すべての文字について、その対応する数値（これを**文字コード**といいます）を示した表を**コード表**といいます。

C の場合、文字を記述すると、それに対応した数値をもつ整数として扱われます。たとえば以下の場合、k に'a'の ASCII コードである 97 が代入されます。

```
int k;
k = 'a';    // 文字'a'が記述されているが、実際には、'a'はそのASCIIコード97に変換される
```

*21　文字コードの値を記述する際には、16 進表記がよく用いられます。その理由は、16 進表記の表現から、その値を 2 進数に変換したときのビットパターンが簡単に類推できるからです。たとえば、$FF_{(16)}$ ならばすべてのビットが 1 であることがわかります。

また、次の printf を実行すると a,a と表示されます。

```
printf("%c,%c\n", 'a', 97);
```

つまり、'a' と 97 は同値なのです。このことから、逆に'a'に対応する文字コードを知りたければ、以下のようにするとよいでしょう。

a の文字コードを調べる

```
printf("%cの文字コードは%dです\n", 'a', 'a');
```

これを実行すると、次のようになります。

```
aの文字コードは97です
```

また、次のようにエスケープシーケンスの文字コードさえもわかります。

タブの文字コードを調べる

```
printf("タブの文字コードは%dです\n", '\t');
```

```
タブの文字コードは9です
```

さらに、**リスト 3.4** のように、文字どうしの計算（7 行目）までできてしまうのです。

リスト 3.4　文字の計算

```
01  #include <stdio.h>
02
03  int main(void)
04  {
05      int k;
06
07      k = 'c' - 'a'; // 文字どうしの引き算をしている
08      printf("k = %d\n", k);
09
10      return 0;
11  }
```

実行結果 3.4 実行結果

```
k = 2
```

しかし、このような計算がなんの役に立つのでしょうか。その質問に答えるために、大文字で指定されたアルファベットを小文字に変換して出力するプログラムをご覧に入れましょう。

次のプログラム（**リスト 3.5**）は、指定された文字（大文字）を小文字に変換して出力するプログラムです。

リスト 3.5 文字の変換

```
01 #include <stdio.h>
02
03 int main(void)
04 {
05     int diff;
06     char large; // 大文字
07     char small; // 小文字
08
09     printf("アルファベットの大文字を入力してください>>>");
10     scanf("%c", &large);
11     diff = 'a' - 'A';      // 'A'と'a'との文字の差
12     small = large + diff; // 小文字に変換
13
14     printf("大文字は%c   小文字は%c\n", large, small);
15
16     return 0;
17 }
```

実行結果 3.5 実行結果

```
アルファベットの大文字を入力してください>>>Z
大文字はZ   小文字はz
```

リストの中の `scanf` における `%c`（10 行目）は、入力された文字を `char` 型として取り込む表記です。

`diff` には、`'A'` と `'a'` の差である `32` が格納されます（11 行目）。実行結果の例では、指定された文字は `Z` で、この値は `90` です。これに `diff=32` が加えられますから `122` となります（12 行目）。これは実は英小文字 `'z'` の文字コードです。ASCII コードでは、大文字と小文字のコード差が、どのアルファベットでも同じ `32` になっているので、このようなことが可能なのです。

文字と文字列

いままでの例で、いわゆる文字を示す方法として次の 2 とおりの方法を学習しました。「"」で囲まれた文字を **文字列**（character string）とよび、printf の中で用いてきました。また、「'」で囲まれた文字は、通常の整数と同じように扱われ、その値はその文字に対応する**文字コード**であることを学習しました。

```
文字列 "A"
文字   'A'
```

この両者には、大きな違いがたくさんあります。しかし基本的な点は、文字列は"ABC"のように複数の連続する文字を表現するのに対して、文字はわずか 1 バイト（英数字 1 文字分）の文字を表現するということです。ただし、日本語文字を格納するのは複数バイトが必要となり、char 型の変数には格納できないため、注意してください。つまり、以下のようにしても意図する結果は得られません。

```
char a = 'あ';
```

'あ'とすること自体は文法に反していませんが、この値は通常、8 ビットに納まりません[*22]。コンパイラによってはコンパイルエラーもウォーニングも出ないかもしれませんが、a を %c で出力しても「あ」は表示されません。

落とし穴 3.2　除算では分母を括弧でくくりましょう

$$\frac{7}{2(a+b+c)}$$

という式を、7/2*(a+b+c) と書いてはいけません。なぜなら、この算術式は、

$$\frac{7}{2}(a+b+c)$$

と対応するからです。また、$\frac{7}{2}$ は 3.5 ではなく 3 になってしまいます。最初の分数を正しく記述する場合、7/(2*(a+b+c)) と書く必要があります。

また、整数型の除算でもう 1 つ注意すべき点として、

$$\frac{1}{3}(a+b+c)$$

を (1/3)*(a+b+c) としてはいけません。整数型の除算 (1/3) の結果が 0 となるため、この計算は 0*(a+b+c) となり、計算結果は a,b,c の値に関係なく 0 になってしまうからです。整数型の範囲で考えるのであれば、(a+b+c)/3 とすればよいでしょう。ただし、a+b+c が 3 の倍数でない場合、小数点以下の値は切り捨てられることに注意しましょう。これを避けるには、浮動小数点型を使い、

*22　漢字に対しては、さまざまなコード体系があります。たとえば、**UTF-8**、**EUC**、**Unicode**、**Shift-JIS**、**JIS** などがあります。

(a+b+c)/3.0 とします[a]。

*a 整数型と浮動小数点型の演算では、整数型の値が浮動小数点型に変換され、浮動小数点型として計算されます。

3.1.5 定数

整数定数

123 や 5648 のように、直接その値を指定する数値を、**定数**（constant）といいます。定数も、実は型をもちます。123 や 5648 と記述すると、これらの定数は int として扱われます。signed int の範囲（-2147483648～2147483647）を超えると、unsigned int として扱われます。unsigned int の範囲 （～4294967295）を超えると long long int として扱われるように、値の大きさによって、サイズと符号の扱いが変わります。本書では、基本的に int 型を 32 ビットであると仮定しています。

ただし、値に U や L などの文字を付与することによって、定数を**修飾子付きの整数**として扱うこともできます。 **表 3.10** に、修飾子付き整数型の記述例を示します。

■表 3.10 修飾子付き整数型の定数

型名	符号あり	符号なし	例
int	なし	u,U	123u
longint	L,l	UL,LU,ul,lu	1234L,4321ul
longlongint	LL,ll	ULL,LLU,ull,llu	1234LL,4321ull

なお、long int や long long int の値を printf で出力するときには、それぞれ、「%ld」や「%lld」という書式を用います。

また、定数だけからなる式を **定数式**とよびます。たとえば、次の式はすべて定数式です[23]。

```
5
1+2+3*4/5
123*(23-4)
```

これらの定数式はコンパイル時に計算され[24]、通常の定数と同様に扱われます。

*23 最初の例のように、単に 5 とだけ書いても、立派な定数式です。
*24 実際には、1+2+3*4/5 をコンパイラは 5 とします。

整数の10進数以外の表記法

コンピュータでは、よく16進数表記を用います。この理由は、その数のビットパターン（2進数）との対応が比較的取りやすいなどの理由によるものです。Cでは、整数値を16進数で表記することもできます。16進数の定義を表現するには、`0x`あるいは`0X`をその定数の前に付けます。たとえば、$FE_{(16)}$[*25]であれば`0xfe`（大文字小文字の区別をしない[*26]ので、`0XFE`、`0xFE`、`0Xfe`、`0xFe`なども可）とします。ここで、いくつか例を示します。**表3.11**の`i`、`j`、`k`、`l`は整数型の変数です。

■**表3.11**　16進表記の例

16進表記	対応する10進表記
`i = 0x03;`	`i = 3;`
`j = 0xf;`	`j = 15;`
`k = 0xabc;`	`k = 2748;`
`l = 0x1234;`	`l = 4660;`

また、数値は8進数でも表現することができます。8進数は`0`をその数値の前に付けます。たとえば、`010`は8を意味します。`0777`は`511`を意味します。ここで気づいた方もいらっしゃるかもしれませんが、この規則のために、`0`で始まる10進定数は記述できないので注意してください。たとえば、10進数の桁を合わせようとして、5桁で

```
i = 10000;  // 10進数の10000が代入される
j = 00001;  // 8進数の1（でも、これは10進数の1と同じ）が代入される
k = 00010;  // 8進数の10、すなわち、10進数の8が代入される
l = 00100;  // 8進数の100、すなわち、10進数の64が代入される
```

などと記述すると、`i`と`j`には意図どおり、それぞれ10進数の`10000`と`1`が代入されます[*27]が、`k`には`8`、`l`には`64`が代入されます[*28]。

*25　数字の右下の小さな括弧の中に数字を入れて、その数字が何進数であるかを明記します。この場合、$FE_{(16)}$の(16)で**FEが16進数であること**を意味します。

*26　大文字小文字を区別しないのは、あくまでも数値の表現の場合だけであって、変数名や`int`、`if`の場合には大文字小文字の区別をするので注意してください。

*27　8進表現の00001は10進表現でも1です。

*28　この8進数の表記法は、すでに作られたプログラムを読むときに注意する必要があります。たとえば、010を10進数であるとうっかり勘違いして読んでしまうのです。その結果、プログラム上の記述と動作が合わなくなったと思い込み、すごく悩んでしまいます。

浮動小数点定数

浮動小数点は、一般に小数点の付いた数値であり、double 型として扱われます[*29]。たとえば、次の数値はすべて double 型です。

```
3.14159          1.7320508          456.789
```

double 型のこの数値を printf 表示する最も一般的な方法は、「%f」を用いる方法です。

```
printf( "pi=%f\n", 3.14159);
```

と書くことにより、

```
pi=3.141590
```

と表示されます。「%f」では、小数点以下が必ず 6 桁で表示されます[*30]。

しかし、このほかに 6.63×10^{-34}（プランク定数）や 6.02×10^{23}（アボガドロ定数）のように非常に大きな、あるいは小さな数値を使いたいときがあります。C では、6.63×10^{-34} という数値を 6.63e-34、6.02×10^{23} を 6.02e23 と表現しました。

なお、指数を表現する e は大文字[*31]でもかまいません。そのため、6.02e23 は 6.02E23、6.63e-34 は 6.63E-34 とも記述できます。

それでは、実際のプログラムで、これらの数値を %f で表示してみましょう。**リスト 3.6** では double 型の変数 h, Na を定義（5 行目）して、これらに値を代入して表示しています。

リスト 3.6 浮動小数点の表示

```
01  #include <stdio.h>
02  
03  int main(void)
04  {
05      double h, Na;
06  
07      h = 6.63e-34;
08      Na = 6.02e23;
09      printf("プランク定数=%f  アボガドロ数=%f\n", h, Na);
10  
11      return 0;
12  }
```

*29 数値を float 型として扱うためには、3.14159F というように数値の後ろに F または f を付けます。long double 型として扱うためには、3.14159L というように数値の後ろに L または l を付けます。
*30 この場合、6 桁目には 0 が入っていることに注意してください。
*31 しつこいようですが、数値定数以外のプログラムを書くときは大文字小文字を区別しますので注意してください。

実行結果 3.6 実行結果

```
プランク定数=0.000000　アボガドロ数=601999999999999995805696.000000
```

前述のように、プログラムの最後の行の printf に出てくる %f は、浮動小数点型の変数に格納された数値を表示する記法です。また、拡張倍精度浮動小数点（long double）を表示するためには %lf を用います。

ところで、この表示結果はお世辞にも見やすいとはいえません。プランク定数は小さすぎて値が表示されていません。また、アボガドロ定数は、%f や %15.0f で表示されたとき、60199... という数値で表示されています[*32]。これらの値を正しく表示するために、printf に**書式指定**という命令を用います。

■表 3.12　printf のさまざまな書式指定例

書式指定	アボガドロ定数（6.02×10^{23}）の表示	書式指定	プランク定数（6.63×10^{-34}）の表示
%f	601999999999999995805696.000000	%f	0.000000
%15.0f	601999999999999995805696	%0.36f	0.000000000000000000000000000000000663
%e	6.020000e+23	%e	6.630000e-34
%1.2e	6.02e+23	%0.1e	6.6e-34
%g	6.02e+23	%g	6.63e-34
%15.1g	6e+23		

表 3.12 について詳しく解説します。

%f と記述した場合

必要最低限の整数部分の幅と、（標準で）6 桁の小数点以下の数値が表示されます。

% 数値 f と記述した場合

少なくとも数値分の桁数（整数部＋'.'＋小数点部）が表示されます。また、（標準で）6 桁の小数点以下の数値が表示されます。

% 数値 . 数値 f と記述した場合

たとえば、%15.3f と記述した場合には、全体で 15 桁、小数点以下 3 桁で表示されます。

---

*32　60200... と表示されないのは、浮動小数点の**丸め誤差**（**落とし穴 3.3** (p.79)）のためです。ほとんどの浮動小数点は、2 進数で表現すると、循環小数になってしまい、正確に表現できません。**表 3.12** のアボガドロ定数の %f で示されている数値は、6.02×10^{23} を浮動小数点で近似した値なのです。

`%e` と記述した場合

指数部を明示的に表示します。`%e` のときは、仮数部が小数点以下 6 桁で表示されます。また、`%15.3e` と指定すると、全体で 15 桁、仮数部が小数点以下 3 桁で指数表示付きで表示されます。

`%g` と記述した場合

表示する桁数に応じて表示形態を変えて、`%f` 変換あるいは `%e` 変換を行い表示されます（表 3.12 の最後の `%15.1g` は小数点以下 1 桁目が表示され、`6.0e+23` と表示されそうですが、小数点以下 1 桁目が `0` なので、見やすいように自動的に削除され `6e+23` と表示されています）。

これらの書式指定の使い分けについて説明します。単に表示するだけなら「`%g`」**が最も便利**です。表示する桁を指定するときは「`%` **数値**`.` **数値** `f`」、あるいは「`%` **数値**`.` **数値** `e`」を用いるとよいでしょう。

落とし穴 3.3　計算誤差について

コンピュータで実際に扱っている数値は、すべて 2 進数で表現されているということはすでに述べました。しかし、2 進数は整数を正確に表すことはできますが、小数を正確に表すことはできません。たとえば、2 進数の 0.1001 は次の分数で表せます。

$$
\begin{aligned}
0.1001 &= 1 \times 2^{-1} + 0 \times 2^{-2} + 0 \times 2^{-3} + 1 \times 2^{-4} \\
&= \frac{1}{2} + \frac{0}{2^2} + \frac{0}{2^3} + \frac{1}{2^4} \\
&= \frac{1 \times 2^3}{2^4} + \frac{0 \times 2^2}{2^4} + \frac{0 \times 2^1}{2^4} + \frac{1 \times 2^0}{2^4} \\
&= \frac{1 \times 2^3 + 1 \times 2^0}{2^4} \\
&= \frac{(1001)_{(2)}}{2^4}
\end{aligned}
$$

2 進数の小数は、すべてこのように表すことができます。一般にこれを、

$$\frac{A}{2^n} \qquad A : 2 \text{ 進数}$$

とすることができます。

さて、ここで 10 進数の 0.1 が 2 進数で表現できるかどうか調べてみましょう。仮に、10 進数の 0.1 が 2 進数で表せるとすると、

$$0.1 = \frac{1}{10} = \frac{A}{2^n}$$

とおけるはずです。これを変形すると、

$$2^n = 10 \times A = 5 \times 2 \times A$$

という式になります。この式の右辺は 5 の倍数であることを示していますが、左辺は 5 の倍数ではありません。よって、この等式は成り立ちません。つまり、10 進数の 0.1 は決して 2 進数では表すことはできないのです。

一方、同様に 10 進数の 0.125 の場合は、

$$0.125 = \frac{1}{8} = \frac{A}{2^n}$$
$$2^n = 8 \times A = 2 \times 2 \times 2 \times A$$

となって、両辺が 2 のべき乗となってこの式は成り立ちます。つまり、0.125 は 2 進数で正確に表現できます。

以上のことから、10 進数の小数を 2 進数で表すことが常にできるとは限らないのです。実際に 0.1 を 2 進数で表すと 0.00011001100... という循環小数になります。

$$0.1_{(10)} = 0.000110011001100110011001100\cdots_{(2)}$$

一方、0.125 を 2 進数で示すと次のようになります。

$$0.125_{(10)} = 0.001_{(2)}$$

このような問題に対処するために、循環小数のように確定した値として表現しきれない場合、その値に近い値で表現するようにしています。したがって、コンピュータの扱う値は必ず誤差を含んでいると考えなければなりません。このようにして起こる誤差を **丸め誤差** とよびます。**リスト 3.7** (p.80)は、変数 a, b に $0.1_{(10)}$ を代入しています（7、8 行目）。

$$a \leftarrow 0.1 \Rightarrow 10^{-1}$$
$$b \leftarrow 0.1 \times 0.1 \times 0.1 \times 0.1 \times 1000 \Rightarrow 10^{-4} \times 10^{3} = 10^{-1}$$

a と b の差 (a-b) を求めて、その値を変数 c に代入しています（10 行目）。その差（変数 c の値）がゼロなら差がないことになります[*a]。

リスト 3.7　丸め誤差

```
01  #include <stdio.h>
02
03  int main(void)
04  {
05      double a, b, c;
06
07      a = 0.1;
08      b = 0.1 * 0.1 * 0.1 * 0.1 * 1000;
09      printf("丸め誤差  0.1と0.1*0.1*0.1*0.1*1000の比較\n");
10      c = a - b;
11      if (c == 0.0)
12      {
13          printf("誤差がない\n");
14      }
15      else
16      {
17          printf("誤差が %30.28fである\n", c);
18      }
19
20      return 0;
21  }
```

リスト 3.7 (p.80)の実行結果[*b]は、次のようになります。

実行結果 3.7　実行結果

```
丸め誤差　0.1と0.1*0.1*0.1*0.1*1000の比較
誤差が -0.000000000000000277555756156である
```

この例題のように、理論上は a と b は同じ値をもつはずですが、0.1 が誤差を含んでいるので $a-b$ は必ずしも 0.0 とはかぎりません。この場合、$|a - b| < \varepsilon$ というように、ある程度の幅[*c]をもたせなければなりません。ε には、その計算で起こりうる誤差の最大値を設定します。

また、同じような大きさの誤差の減算では、**桁落ち**とよばれる現象が起こります。たとえば、

```
123.45678 - 123.45655 = 0.00023
```

のように、8 桁の有効桁数が 2 桁に減少してしまいます。逆に絶対値の大きい数と小さい数の加減算を行うとき、**情報落ち**とよばれることが起こります。たとえば、

```
123456.789 + 1.2345678 = 123458.0235678
```

となり、有効桁数が 9 桁であるとすると 1.2345678 の 0.0005678 が無視されてしまいます。このような演算は避けるように工夫する必要があります。

*a　実行結果を見ると、c はゼロでないことがわかります。
*b　環境によっては浮動小数点の表現方法が異なるため、違う値が出力されることもあります。
*c　この値のことを**計算機イプシロン**といいます。詳しくは応用編を参照してください。

3.1.6 変数の定義と初期化

それでは、いままでの知識を使って、実際に変数を使ったプログラムを作成してみましょう。**リスト 3.8** は、5 時間 25 分 36 秒が何秒であるかを計算し、表示するプログラムです。

リスト 3.8　変数を用いた計算

```
01  #include <stdio.h>
02
03  int main(void)
04  {
05      int h; // 時間
06      int m; // 分
07      int s; // 秒
08      int t; // 総時間(秒)
```

```
09
10      h = 5;
11      m = 25;
12      s = 36;
13      t = 3600 * h + 60 * m + s;
14      printf("%d時間%d分%d秒は%d秒です\n", h, m, s, t);
15
16      return 0;
17  }
```

実行結果 3.8 **実行結果**

```
5時間25分36秒は19536秒です
```

復習になりますが、変数の定義についてもう一度詳しく説明しましょう。

```
int h;
int m;
int s;
int t;
```

上の記述で、整数型（int）の変数を定義しています。つまり、ここで h, m, s, t という名前の箱が用意されるわけです。一般に変数を定義するには次のように記述します。

```
型名 変数名;
```

また、この部分にはカンマ記号を用いて、次のように記述することもできます。

```
int h, m, s, t;
```

このように、C では使用する変数をすべて定義しなくてはいけません。本章で扱う C の変数の定義では、ブロック[*33]の先頭だけでなく、実行文のあとにも記述できます[*34]。**実行文**（**executable statement**）とは、printf 文や次に説明する代入文 (たとえば、h = 5;) など、実行を伴う文のことです。実行文のあとに変数を定義した **リスト 3.9** (p.83)を示します。9 行目に定義された文がそれに当たります。

*33　**ブロック**に関しては 4.2.2 項を参照してください。
*34　古い C の規格である ANSI-C 以前の C の変数定義は、ブロックの先頭にまとめて記述するという制約がありました。しかし、現在では、変数の定義はなるべくその変数を利用する直前で定義したほうがよい、とされています。

リスト 3.9 実行文後の変数の定義例

```
#include <stdio.h>

int main(void)
{
    int h, m, s;
    h = 5; // 実行文
    m = 25;
    s = 36;
    int t; // tの定義が実行文のあとにある

    t = 3600 * h + 60 * m + s;
    printf("%d時間%d分%d秒は%d秒です\n", h, m, s, t);

    return 0;
}
```

さて、h = 5; という部分ではhに5を代入しています。=という記号が、代入操作を意味します。代入操作を行う文のことを**代入文**とよびます。代入操作の一般的な形式は、次のようになります。

```
変数名=算術式;
```

変数の初期化

変数は定義されることにより、その入れ物がメモリ中に確保されます。しかし、その際に自動的に初期値として0がセットされるわけではありません。つまり、どんな値が入っているかわからない状態（**不定**）になっています。**リスト 3.10** のプログラムを見てください。リスト 3.10 では、10 行目で j を引用していますが、この時点で j にはなんの値も代入されていません。

リスト 3.10 初期化していない変数の使用例（誤りのあるプログラム）

```
#include <stdio.h>

int main(void)
{
    int i;
    int j;
    int n;

    i = 5;
    n = i + j; // 未定義のjの値を引用している
    printf("n = %d\n", n);
```

```
12
13        return 0;
14    }
```

実行結果 3.10　**実行結果（n の値になにが入るかわからない）**

```
n = 4208327
```

このプログラムを実行した結果、意味のない数字が表示されました。この場合、おそらく j には 4208322 が入っていたようです。このように、初期化（最初に値をセットしておくこと）をしていないと、意図しない数値が入っているのです[*35]。

そこで、このプログラムを意味あるものに変えるには、j になんらかの値をセットする必要があります。i のように代入文によって数値を代入してもよいのですが、j の宣言のところで、

```
int j = 3;
```

とすることもできます。これを変数の **初期化**（initialization）とよびます。これは整数型の変数に限らず、浮動小数点型などの変数も同様に初期化することができます。また、次のように一度初期化した別の変数を用いて、ほかの変数を初期化することができます。

```
int i = 10;
int j = i * 10;
```

変数の初期化は、プログラムの実行時に行われます。すなわち、次のように記述したことと同じになります。

```
int i = 10;
int j = i * 10;
```

↓

```
int i , j;
i = 10;
j = i * 10;
```

リスト 3.11 (p.85)に、変数の初期化を行った例を示します。

*35　この数値 4208322 は変数 j のメモリに以前に格納されていた値です。メモリはさまざまなプログラムで使われるので、初期値をきちんと定義しないと、以前に使用されていたときの値が残されたままになっています。

リスト 3.11 きちんとした変数定義をした例

```
#include <stdio.h>

int main(void)
{
    int i = 5; // iを5で初期化している
    int j = 3; // jを3で初期化している
    int n;

    n = i + j;
    printf("n = %d\n", n);

    return 0;
}
```

実行結果 3.11 実行結果

```
n = 8
```

また、コンパイラによっては、リスト 3.10 (p.83)のような初期化を忘れるという間違いを教えてくれないものもあります。変数の初期化は、プログラマが自分の責任で行う必要があります。

3.1.7 さまざまな変数定義

変数の値を固定値にするconst

光速度やプランク定数、アボガドロ定数のような定数を用いて計算を行うことは比較的多いものです。光速度やプランク定数のように常に一定の値[*36]を、変数に格納して計算に用いることには問題があります。なぜなら、その名が示すとおり、変数の値は内容を変更できるので、ミスや間違いによって値が別のものに変えられてしまうことがよくあるからです。プログラムの実行中、ずっと同じ値である場合には、const **修飾子**を付けて「その値を変えることができない」ようにします。

```
#include <stdio.h>

int main(void)
{
    const double c = 2.99792458e8;  // 光速
    c = 1.23456789;      <--- エラー
```

*36 もちろんこのような科学定数は観測機器などの精度が向上することで、その有効桁数などが変化することに注意し、最新の値を使うようにしましょう。

プログラムの例として、質量 4g（$4.0 \times 10^{-3}kg$）の物質がすべてエネルギーに変換された場合のエネルギーを求めてみましょう。光速度を $c = 299792458m/s$ とし、物質の質量（kg）を m とすると、エネルギー E は $E = mc^2(J)$ で求められます[*37]。

リスト 3.12　定数の使用例：エネルギーの計算

```
01  #include <stdio.h>
02
03  int main(void)
04  {
05      const double c = 2.99792458e8; // 光速
06      double m;                      // 物質の質量
07
08      m = 4e-3;
09      printf("エネルギーは%gJ\n", m * c * c);
10
11      return 0;
12  }
```

実行結果 3.12　実行結果

```
エネルギーは3.59502e+14J
```

リスト 3.12 では、変数 c の値は 2.99792458e8 に固定され（5 行目）、ほかの値に変更することができません。そのため、c はこのプログラムでは定数のように扱うことができます。c=5.7; のように、c の値を代入文などで強引に変えようとすると、コンパイルエラーとなります。const は変数宣言の中に付加するものですから、たとえば次のように混在して定義してもかまいません。

```
int z;
const int w = 12345;
double x;
const double y = 3.045;
```

しかし、プログラムの読みやすさという観点からは、const は定義の最初にまとめて記述したほうがよいでしょう。

論理型 ブーリアン型（Boolean datatype）

真（true）か**偽**（false）かといった 2 択の論理値を取る型を、**論理型**または**ブーリアン型**[*38]

*37　C には 2 乗を求める演算がありません。5 章に出てくる pow **関数**を使用して求めることもできますが、この関数は内部で複雑な計算をしているので、2 乗や 3 乗程度でしたら**リスト 3.12** のように掛け算で表現した方が計算速度も速く、誤差も少ないでしょう。

*38　boolean は数学における**ブール代数**（boolean algebra）に由来するものです。C++ ではもとの言語仕様として bool がサポートされていて、C99 で同じ記法が使えるようになりました。

（Boolean datatype）といいます。

論理型として、_Bool 型が使用できます。ここでは、標準ヘッダファイル<stdbool.h>を使用した例を紹介します。

<stdbool.h>の中で、次のように**マクロ**で定義されています。

```
#define bool    _Bool
#define true    1
#define false   0
```

マクロはある値に名前を付ける機能で、付けた名前は**マクロ名**といいます。#define というキーワードを使って、次のように定義します。

```
#define マクロ名 値
```

マクロ名は、コンパイルされる前に定義された値に置き換えられます。

<stdbool.h>をインクルードすると、論理型として bool、代入する値として true / false を用いることができます。

```
#include <stdbool.h>

bool result;
if( 条件 == 真 )
{
    result = true:
}
else
{
    result = false:
}
```

bool 型変数（result）には、true / false を代入します。「result = 2;」のように 2 などの数値を代入しても、bool 型変数（result）には 1（true）が格納されます。

複素数型

複素数は、$a + b \times i$ のように**実数部**（real part）と**虚数部**（imaginary part）の和で表現されます。ここでの i は、$i^2 = -1$ を満たす虚数単位です。この複素数を扱う型を **複素数型**（complex datatype）といいます。

複素数型として、_Complex 型が使用できます[39]。ここでは、標準ヘッダファイル<complex.h>を使用した例を紹介します。

*39　虚数部の値を示す型_Imaginary 型は、マクロ__STD_IEC_559_COMPLEX__が定義されている環境だけで用いることができます。

<complex.h>の中で、次のようにマクロで定義されています。

```
#define complex    _Complex
#define _Complex_I    (__extension__ 1.0iF)
#define I _Complex_I
```

<complex.h>をインクルードすると、複素数型として **complex**、虚数単位として **I** を用いることができます。

```
#include <complex.h>
double complex z;
z = 1.0 + 3.0 * I;
printf( "real=%f\timag=%f\t%ld\n", creal(z), cimag(z), sizeof(z) );
```

複素数型は、内部で**実数部の数値**と**虚数部の数値**で構成されています。実数部と虚数部の変数の型は「complex」の前に記述された double なので、関数 creal()、cimag() を用いると実数部と虚数部の値を取得することができます。complex の前に float や long double を記述することもできますが、それぞれの型に対応した関数を用いる必要があります。

Coffee Break 3.5　定義された変数の配置

定義された変数のメモリへの配置順序は、文法的に決まっているわけではありません。

たとえば、char a,b,c; としたとき、char 型変数 a,b,c は連続したメモリに配置されるとはかぎりません。また、順番も a から始まるとはかぎりません。

連続したメモリに配置したいのであれば、6 章で説明する**配列**を用いるべきです。しかし、C は高級言語（1.3.1 項参照）なのですから、配列以外ではメモリの配置を意識したようなプログラムは作るべきではありません[*a]。

*a　このようにメモリの配置に依存したプログラムを作ってしまうと、C のもつ**移植性**が損なわれてしまうからです。ただし、ハードウェアの制御など特殊な用途のプログラムを作成するときは、このかぎりではありません。

3.2 式と演算子

プログラムの文の中に記述された、if や int は文を構成する**キーワード**、() や; などは**記号**です。また、**式**も同じく構成要素の 1 つですが、C の場合、この式に関する概念が非常に大切なものになります。「式の概念」は C のプログラミングの習得を難しくする要因の 1 つですので、十分な理解を必要とします。

3.2.1 式は大切な概念

式は数学ではなじみ深いもので、たとえば **表 3.13** に示すものがあります。

表 3.13 数学的な式の例

数学記号	説明	Cでの表現
x ← 3	xに3を代入	`x = 3`
x > 4	xは4より大きい	`x > 4`
$3x^2 + 5$	xの2次式	`3 * x * x + 5`
y ← f(x)	yをxの関数f(x)とおく	`y = f(x)`
$\bar{a}$	aの否定	`!a`
a	aの肯定	`a`

表 3.13 の関数 $f(x)$ や a なども式であることに注意してください。これらの数式は、いずれも C の式として表すことができます。

最も単純な文に **式文**（**expression statement**）があります。これは「式と最後にセミコロン（;）を付けるだけの文」で、とくにCでは、あらゆる式が正しく成立することができます[*40]。すなわち変数 X が「X;」のように使われていても、また定数 3 が「3;」と使われていても C の文法上誤りではありません。ただし、「X;」および「3;」は、処理としてはなんの効果も期待できません[*41]。代入文についても、

```
変数 = 式;
```

といった単純な構成をしたものを文として学習してきましたが、C ではさらに、『「変数=値」は代入式である』といった概念に拡張しています。つまり、式 $a + b$ がその和という値をもつように、式 $a = b$ も値をもちます。演算された式は必ず値をもつことが C の特徴です[*42]。代入式 a = b は演算の結果、式の値は b の値が代入された a の値となります。このしくみを使い、以下のような式を構成することができます。

```
a = 3 * ( b=2 );
```

上の式では、まず b = 2 が評価されます。数学の式と同じように、C の式でも () の中が先に処理されます。その結果、b に 2 が代入され、その式 b = 2 の値は 2 になります。つまり、上の式は

*40 当然ながら、式は「正しい式」でなければなりません。たとえば、明らかに矛盾のある式、1=2; などは成立しません。
*41 ほかの言語、たとえば高水準言語 **Fortran** は、これを正しい文とみなしません。その理由は、Fortran の文法は、X をあくまで文を構成する変数とみなしているからです。
*42 void 型という特殊な型により、値をもたない式（**関数**）があります。この型については 5.3.2 項で説明します。

この時点で次のようになります。

```
a = 3 * 2;
```

次に 3 * 2 が処理され、6 が a に代入されます。では、次の式はどうでしょうか。

```
a = ( b+c ) * ( d+e );
```

この式には () が2つありますが、(b+c) と (d+e) のどちらが先に処理されるかは、C では明確に規定されていません。この場合はどちらが先に処理されても a の値に変わりありませんが、どちらを先に計算するかはコンパイラの開発者が自由に決めてよいのです。ある種のコンパイラは (b+c) を先に計算し、別のコンパイラでは (d+e) を先に計算します。

```
i = 0;
a = ( i=3 ) * ( i+3 );
```

上の式では、最初の括弧 (i=3) が先に処理された場合は a の値は 18、2番目の括弧 (i+3) が先に処理された場合は 9 となります。つまり、() の実行順序の違いによって、計算される a の値が異なってしまいます[*43]。このようなプログラムは、コンパイラの違いによって、実行結果が異なるので、決して書かないようにしましょう。また、式の中で使用する演算子には優先順位と結合規則が決まっています[*44]。それらにも注意をする必要があるでしょう。

3.2.2 代入式

代入式は、代入動作をする式であり、

```
左辺値 代入演算子 右辺値
```

の形式をとり、「右辺値の値を計算し、その結果を代入演算子の規則に従って、左辺値に適用する式」のことをいいます。簡単に述べれば、a=10; や a=b; という式に示されているように、**左辺値**はデータを格納する入れ物（箱）、**右辺値**はデータそのものか箱に格納されたデータのことをいいます[*45]。**代入演算子**には、 **表 3.14** に示すもの[*46]があります。

*43　実は、この式は**副作用完了点**に関する文法上の違反をおかしています。しかし、このことをチェックするコンパイラは少ないようです。基本的には、1つの式の中で同一の変数を2回以上更新してはならないということです。たとえば、j = ++k / k++; という式は k の値を2回更新しているので、規則違反になります。

*44　3.2.5 項で説明します。

*45　a=b; という式では、「a」が**左辺式**、「=」が**代入演算子**、「b」が**右辺値**となります。この式の意味は右辺値である b の「値」を代入演算「=」によって左辺値 a の「箱の中」に格納します。

*46　<<=, >>=, &=, |=, ^=の作用については、応用編で詳しく説明しています。

■表 3.14　代入演算子一覧表

代入演算子	説明	意味
=	代入する	x = value;
+=	加算する	x = x + value;
-=	減算する	x = x - value;
*=	乗算する	x = x * value;
/=	除算する	x = x / value;
%=	剰余する	x = x % value;
<<=	左にシフトし代入する	x = x << value;
>>=	右にシフトし代入する	x = x >> value;
&=	ANDの結果を代入する	x = x & value;
|=	ORの結果を代入する	x = x | value;
^=	排他的ORの結果を代入する	x = x ^ value;

表 3.14 の演算子を用いた文で、たとえば、

```
x += value;
```

は、次の文と同じ効果を示すことを意味しています。

```
x = x + value;
```

この場合、代入演算子「=」よりも「+=」の方が変数 x を式の中で二度記述する必要がなく、また効率のよい機械語に翻訳されるという点で優れています[*47]。ここで、左辺値と右辺値について説明します。**右辺値** には、任意の式（**右辺値式**）を記述できます。その理由は、式ならすべて値をもつからです。一方、**左辺値** は式の形（**左辺値式**[*48]）であってもよく、ここには、右辺値を代入する先を示さなければなりません。

```
a = a + 5;
```

という式は、右辺値 a+5 の値を計算し、それを左辺値である a の中にセットします。一方、1=2; は左辺値 1 がデータを格納する入れ物ではないので、構文エラーとなります。

代入動作において、右辺値は左辺の型に変換されます。

*47　コンパイラが**最適化**（人間が作成したプログラムをそのまま機械語に翻訳した場合に生ずる無駄な処理や、冗長な処理をなくす処理。1.5.1 項参照）を行えば、「x+=value;」でも、「x=x+value;」でも同じコードを生成します。

*48　左辺値は式（**左辺値式**）であってもかまいません。左辺値式として、識別子、*式、左辺値．識別子、1 次式->識別子、1 次式［式］があります。これらの式はあとの章で詳細に説明します。

```
int pi;
pi = 3.141592654;
```

この場合、piへの代入操作の際、3.141592654はint型に変換され、piへは3が代入されます。小数点以下が切り捨てられてしまうので、注意が必要です。

また、右辺値には任意の式を記述できるために、次のような式も可能です。

```
int a,b;
b = 2;
a = b += 3;
```

このとき、a = b += 3はどのように計算されるのでしょうか。

のちほど **表3.17** に示しますが、=と+=の**優先順位は同じ**です。この場合、結合規則を調べます。同じく 表3.17 から、=と+=の**結合規則は「右から左」**であることがわかります。この意味は右の方にある+=の演算子が先に計算されることを意味しています。すなわち、「b += 3」が計算され、その結果、bの値が5になります。したがって、「a = 5」となります[*49]。

この式「a = b += 3;」に括弧を用いてわかりやすく書けば、

```
a = (b += 3);
```

となります。つまり、「aの値をbに3加えた値にする」操作を行ったわけです。一方、

```
(a = b) += 3;
```

は構文として正しくありません。その理由は左辺値と右辺値の関係を考えると容易に理解することができます。すなわち(a = b)の代入式の結果は、bの値となり、変数aやbそのものを示すわけではないからです。もし、bの値が5の場合、(a = b) += 3; は、

```
(a = 5) += 3;
```

となり最終的に、

```
5+=3
```

と評価され、左辺値5が単なる値のため、文法違反となります。

*49　a#b#c#d という式において、演算子#が同じ優先順位のとき、結合規則が「**左から右**」のときは、(((a#b)#c)#d) の順で計算され、「**右から左**」のときは、(a#(b#(c#d))) の順で計算されます。

3.2.3 算術演算子

コンピュータの演算回路（**加算回路・乗算回路**）は、次の **図 3.5** に示すように整数型に対するもの、浮動小数点型に対するものがあります。

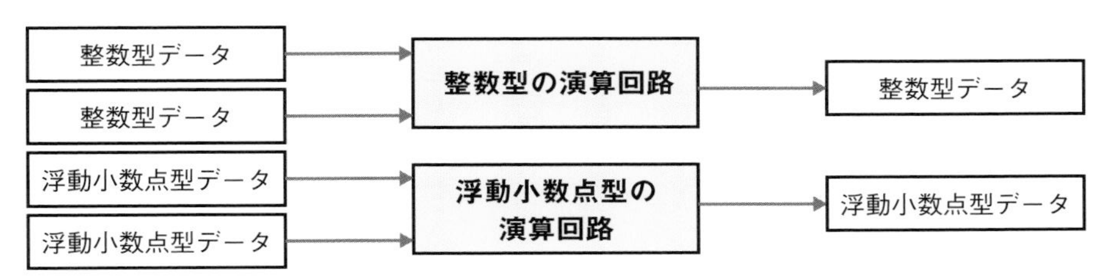

■図 3.5　整数型の演算回路と浮動小数点型の演算回路

このため、多くのコンピュータ言語では、演算に関する規則が整数型に関するものと浮動小数点型に関するものとに分かれています。

本節では、まず最初に整数型のデータに対する演算方法について学習します。演算を行うためには、変数の中にセット（代入）された値を用いて計算を行う算術式を用います。

一般には、算術式は通常の数式とほぼ同じですが、「*」や「/」などの多少見慣れない演算子もありますので、その違いを十分に理解してください。

整数型の演算子

C の算術式では、加算と減算はそれぞれプラス（+）とマイナス（-）を用いますが、乗算は×ではなくアスタリスク（*）を用います。キーボードには÷のキーがないため、除算はスラッシュ（/）で代用します。すなわち、$a \times b$ は a*b と記述し、$a \div b$ は a/b と記述します。余りを求める演算子については、あとで説明します。括弧があれば、その中が先に計算されます。

整数の演算に関する代表的な演算子を **表 3.15** に紹介します。これらの演算結果は、すべて整数型になります。

■表 3.15　整数型の算術演算子

算術演算子	Cでの記号	意味	結果の型
＋	+	加算	整数型
－	-	減算	整数型
×	*	乗算	整数型
÷	/	除算	整数型
余り	%	余り	整数型

「/」については、若干の注意が必要です。7/2 は、3.5 ではなく 3 となります[*50]。つまり、「/」は整数型どうしの除算のときにはその答えも整数型となるので、小数点以下が切り捨てられます。

それでは、「%」とはいったいなんなのでしょうか。「%」は、余りを求める演算子です。a%b は、a を b で割ったときの余りになります。たとえば、10%3 は、1 になります[*51]。

さて、実際のプログラム（**リスト 3.13**）でこれらの演算子の使用例を見てみましょう。

リスト 3.13　整数の加算、減算、乗算、除算、余り

```
01 #include <stdio.h>
02 
03 int main(void)
04 {
05     int a, b, c, d, e, f, g;
06 
07     a = 10;
08     b = 3;
09     c = a + b;
10     d = a - b;
11     e = a * b;
12     f = a / b;
13     g = a % b;
14     printf("Answer : %d,%d,%d,%d,%d\n", c, d, e, f, g);
15 
16     return 0;
17 }
```

リスト 3.13 に示したように演算子の前後には適当な個数の空白を置いた方がリストが見やすくなります。 リスト 3.13 の実行結果は、次のようになります。

実行結果 3.13　実行結果

```
Answer : 13,7,30,3,1
```

「/」や「%」が演算子というのは最初のうちは変な感じがしますが、プログラミングを進めるにつれて慣れていきます。

また、int 型の演算子が小数点以下を切り捨てるということから、余りを求めるプログラムを、% 演算子を用いずに書くことができます（**リスト 3.14** (p.95)）。

*50　-7/2 は-3 になります。
*51　0 で割った余りは求められないので、10%0 はエラーになります。

リスト 3.14 %を用いない余りの計算

```
#include <stdio.h>

int main(void)
{
    int m, n, amari;

    m = 12345;
    n = 7;
    amari = m - m / n * n;
    printf("%dを%dで割った余りは%dです\n", m, n, amari);

    return 0;
}
```

実行結果 3.14 実行結果

```
12345を7で割った余りは4です
```

余りを求めるために、リスト 3.14 の 9 行目で、

```
amari = m -  m / n * n;
```

という演算を行っています。この計算は、まず最初に `m / n` が行われます。`m = 12345, n = 7` ですから、この結果は小数点以下が切り捨てられて `1763` となります。次に、この値に `n` が乗じられます。すなわち、`1763 * n` が計算され、その結果は `12341` となります。そして、`m` からこの値が引かれます。すなわち、`m - 12341` が計算され、最終的に `4` が余りとして求められます。

除算の解と余りを同時に求めたいときは、ここで示した方法が便利です。除算の解を `division`、余りを `remainder` の `int` 型とすると、$a \div b$、a を b で割ったときの余りは次の式で求められます。

```
remainder = a - (division = a / b) * b;
```

浮動小数点型の演算子

さて、**リスト 3.15** (p.96)は、`double` 型の加算と乗算を計算するプログラムです。

リスト 3.15　double 型の加算・乗算

```
01  #include <stdio.h>
02  
03  int main(void)
04  {
05      double x, y, z, w;
06  
07      x = 10.156;
08      y = 3.236;
09      z = x + y;
10      w = x * y;
11      printf("z = %g w = %g\n", z, w);
12  
13      return 0;
14  }
```

リスト 3.15 の実行結果は、次のようになります。

実行結果 3.15　実行結果

```
z = 13.392 w = 32.8648
```

リスト 3.15 では、x、y、z、w は double 型の変数です。**float 型**、**double 型**、および **long double 型**どうしの演算子の一覧を **表 3.16** に示します[*52]。float 型どうしの演算の結果は float 型、double 型どうしの演算の結果は double 型になります。

■表 3.16　浮動小数点型の算術演算子

算術演算子	C での記号	意味	結果の型
+	+	加算	浮動小数点型
−	-	減算	浮動小数点型
×	*	乗算	浮動小数点型
÷	/	除算	浮動小数点型

これらの意味は整数型と同じですので、だいたい理解できると思います。ただし、整数型と異なり、浮動小数点型の演算子には余りを求めるものはありません[*53]。

*52　表 3.16 はあくまで同じ型どうしの演算です。float 型と double 型の演算は、3.2.6 項で示す**混合演算**として扱われます。
*53　浮動小数点の余りを求めるには、4.2.7 項の **表 4.8** に示す fmod **関数**を用います。

3.2.4 sizeof 演算子

各データが何バイトの大きさをもつかを知りたいときがあります。これに応じてくれる演算子が**sizeof 演算子**です。たとえば、

```
char    c;
short   r;
long    q;
```

と定義したとしましょう。このとき、

```
k1 = sizeof c;
k2 = sizeof( r+q );
```

とすると、k1 には、c（char 型）の寸法のバイト数 1 が代入され、k2 には r+q の結果の型（long 型）のバイト数が代入されます[*54]。

また、型名を指定することによって、その型の大きさを知ることができます。たとえば、

```
k3 = sizeof( char );
```

上の例では k3 に 1 が代入されます。注意点として、上の 3 つの例からわかるように、単独の変数名のときは括弧を付ける必要はありませんが、式、または型名のときは括弧を付けなければなりません[*55]。

実際には、sizeof 演算子は 6 章の配列を学習するまで、あまり使いません。ここでは、最初の例として、あなたの使っているコンパイラでは、各型を何バイトとして扱っているかを確かめるプログラムを紹介します（**リスト 3.16**）。sizeof 演算子は long 型の値を返すので、printf で出力する際は、%ld を使うことに注意してください。

リスト 3.16 sizeof 演算子の使い方

```
01  #include <stdio.h>
02
03  int main(void)
04  {
05      char c;
06      short i;
07      int j;
08      long int k;
```

*54 なぜ long になるかは、3.2.6 項を見てください。
*55 つまり、sizeof char と書いてはいけません。

```
09     unsigned int t;
10     float x;
11     double y;
12     long double z;
13
14     printf("char(%ld)\n", sizeof c);
15     printf("short(%ld), int(%ld), long int(%ld), unsigend int(%ld)\n",
16             sizeof i, sizeof j, sizeof k, sizeof t);
17     printf("float(%ld), double(%ld), long double(%ld)\n", sizeof x, sizeof y, sizeof z);
18
19     return 0;
20 }
```

gcc でコンパイルしたプログラムを実行すると、次のような結果が得られました[*56]。

実行結果 3.16(a)　実行結果（その 1）

```
char(1)
short(2), int(4), long int(8), unsigend int(4)
float(4), double(8), long double(16)
```

また、演算結果の型が何バイトになるかを確認することができます。たとえば、x と y を float 型とすると、以下のようになります。

```
printf( "float*float: ==>%ld bytes\n", sizeof(x*y) );
```

x+y の結果は float 型になるので、sizeof(x+y) の値は 4 となります。実行結果を次に示します。

実行結果 3.16(b)　実行結果（その 2）

```
float*float:==>4 bytes
```

*56　表 3.3 に各型のビット数の**最低保証**が示されています。

3.2.5 演算子の優先順位

いままで学習してきた演算子をいろいろ組み合わせると、その演算の順序が問題になってくることに気づきます。たいていの場合には、数学で習得した演算の優先順位ぐらいの知識で間に合いますが、C では、「=」などの代入記号なども演算子として取り扱います。ここでは演算子の優先順位について詳しく学習し、その注意点を習得しておきましょう。

表 3.17 に、すべての演算子とその**優先順位**および**結合規則**を示します[*57]。

■表 3.17　演算子一覧とその優先順位

<table>
<tr><th>演算子</th><th>種類</th><th>結合規則</th></tr>
<tr><td>() [] . -></td><td>式</td><td>左から右</td></tr>
<tr><td>! * & ++ -- + - sizeof (cast)</td><td>単項演算子</td><td>右から左</td></tr>
<tr><td>* / %</td><td>乗除</td><td>左から右</td></tr>
<tr><td>+ -</td><td>加減</td><td>左から右</td></tr>
<tr><td><< >></td><td>シフト</td><td>左から右</td></tr>
<tr><td>< > <= >= == != & ^ |</td><td>比較、等価、ビットAND、ビット排他的OR、ビットOR</td><td>左から右</td></tr>
<tr><td>&&</td><td>論理的AND</td><td>左から右</td></tr>
<tr><td>||</td><td>論理的OR</td><td>左から右</td></tr>
<tr><td>! :</td><td>条件</td><td>右から左</td></tr>
<tr><td>= *= /= %= -= += <<= >>= &= |= ^=</td><td>代入演算子</td><td>右から左</td></tr>
<tr><td>,</td><td>コンマ演算子</td><td>左から右</td></tr>
</table>

表 3.17 は、**上位に書かれている演算子ほど優先順位が高い**ことを示します。**結合規則**とは、同じ優先順位の演算子が並んだとき、どのような順序で実行されるかを規定しています。たとえば、

```
a = b + c - d + e:
```

において、「b + c - d + e」の計算では、すべて同じ優先順位なので、「左から右」という結合規則が適用され、「((b + c) - d) + e」と書いてあるのと同じ順序で計算されます。また、

```
a = b = c = 0;
```

は、**=演算子**の結合規則「右から左」が適用され、右から順に演算されます。つまり、a = (b = (c = 0)) と書いたことと同じになり、すべての変数を 0 クリアすることができます。

*57　ここで初めて出てきた演算子は、あとの章、および応用編で学習します。学習の都度、表 3.17 を見直してください。

これらの演算子の優先順位をすべて暗記するのは大変です。よく使う演算子の演算順位はしっかりと覚え、必要なときに 表3.17 を参照するとよいでしょう。また、プログラミングのたびに表3.17 を参照して確認するような、暗記しづらい規則をもった演算子を使う場合は、なによりもプログラムの見やすさを重視して、積極的に「( )」を付ける方が得策です。

3.2.6 整数型と浮動小数点型の混合演算

データの型を別の型へ変換することを **型変換**（type conversion）といい、算術演算を考える上では、ぜひとも理解しておく必要がある項目です。これを知らないと、この型変換の特性のために、予想し得ない計算結果をもたらすことがあります。また、この型変換はプログラムの文脈の中で自動的に行われることがあるため、これを**暗黙の型変換**（implicit conversion）とよびます。

混合演算

一般に算術式を記述していくと、整数型のデータや浮動小数点型のデータが混ざって計算されることがあります。しかし、いままで見てきたように + や-、*の演算子は同一の整数型に対するものか、あるいは同一の浮動小数点型に対するものしか用意されていませんでした。しかし、実際のプログラム上では、整数の値と浮動小数点の値を同じ演算の対象にすることができます。

```
1 + 1.2  // 整数値 + 浮動小数点値 →  この結果は浮動小数点値になります。
```

また、i を整数型の変数、x を浮動小数点型の変数とすると、

```
i + x   // この結果は浮動小数点型になります。
```

のように、異なる型どうしの演算を **混合演算**とよびます。しかし、整数データと浮動小数点データの加算回路が用意されているのではなく、この場合には、整数データがそれに対応する浮動小数点データに変換され、浮動小数点の加算回路で計算されるのです。

```
1   + 1.
    ↓
1.0 + 1.2   // 浮動小数点値 + 浮動小数点値
```

このようにデータ表現を変換すること（この場合は、整数型から浮動小数点型へ変換しました）を、前述のように **型変換**といいます。

一般に演算を行う際に、そのデータ型が異なる場合には、精度の高い方へ型変換が行われます。いままでの説明では、単に整数型と浮動小数点型でしたが、すべて網羅した型変換の順序は、次のとおりです。

```
_Bool → char → short int → int → long int → long long int → float → double → long
double
```

いま、次のように変数が定義されているとします。

```
short i;
long k;
float x;
double y;
long double z;
```

このとき、次の演算は右に示した型変換が行われます。

```
(1)  i+1         // i(short)  --> longへ型変換
                 // (int型 がshort型と同じ16ビットコンピュータの場合には型変換なし)
(2)  i+1200000   // i(short)  --> longへ型変換
(3)  i+k         // i(short)  --> longへ型変換
(4)  i+x         // i(short)  --> floatへ型変換
(5)  k+x         // k(long)   --> floatへ型変換
(6)  x+3.14      // x(float)  --> doubleへ型変換(3.14はdouble)
(7)  x+3.14f     // 型変換なし
(8)  x+y         // x(float)  --> doubleへ型変換
(9)  y+3.14      // 型変換なし
(10) y+z         // y(double) --> long doubleへ型変換
```

ここで、(5) については注意が必要です。なぜなら、long はたいてい 10 桁程度の精度をもっており、float が表現できる桁はせいぜい 6 桁程度です。したがって、long の精度が失われることがあります。その実例を、**リスト 3.17** に示します。

リスト 3.17 型変換による精度の消失

```
#include <stdio.h>

int main(void)
{
    long int i;
    float x;

    i = 123456789;
    x = 0;
    printf("i+x=%f\n", i + x); // i+xはfloat型になる

    return 0;
}
```

実行結果 3.17　実行結果

```
i+x=123456792.000000
```

リスト 3.17 (p.101)のプログラムは、i の値が float 型の x と加算されたため、float 型へと変換されます。しかし、i の値を float 型で完全には表現できず、おかしな値になっています。また、このようなプログラムに対し、コンパイル時にウォーニングを出すコンパイラもあります。

代入における型変換

次のプログラムを見てください。

```
float x;
x = 12;
```

この例では、整数データ（12）を float 型の変数 x に代入しています。この場合、整数データ（12）が型変換されて float 型データ 12.0×10^0 になって x に代入されます。

それでは、整数型変数に浮動小数点データを代入したら、どうなるのでしょうか。実は、このときにも型変換が行われます。

```
int k;
k = 12.345;
```

この場合には、浮動小数点データ（12.345）が整数データに型変換されます。この場合は、精度の高い方から低い方への変換になります。この場合、12.345 の小数点以下が切り捨てられ、12 という整数データになります。

また、次の **リスト 3.18** の例では、代入演算子の実行順序がよくわかる例になっています。

リスト 3.18　型変換と代入演算子の順序

```
01  #include <stdio.h>
02
03  int main(void)
04  {
05      int i;
06      double x, y;
07
08      x = i = y = 3.65;
09      printf("x=%f  i=%d  y=%f\n", x, i, y);
10
11      return 0;
12  }
```

実行結果 3.18 実行結果

```
x=3.000000  i=3  y=3.650000
```

リスト 3.18 (p.102)の 8 行目では、まず y に double 型のデータ 3.65 の値がそのまま格納されます。次に、i に 3.65 を代入しようとしますが、i が int 型のため「**暗黙の型変換**」が起き、小数点以下が切り捨てられて i に 3 が格納されます。次に、double 型の x に 3 を代入するので、x には 3.000000 が格納されることになります。

このように、型の違う数値どうしの計算においては、常に暗黙の型変換を意識してプログラミングをすることが重要です。

キャスト

ところで、i と j を int 型、f を double 型とすると、次の計算「i / j」は整数の除算で計算が行われるので、

```
i = 7;
j = 2;
f = i / j;
```

f には i / j = 7/2 → 3 → 3.0 が代入されます。3.5 を代入したければ、混合演算の機能を利用して、次のように記述すればよいでしょう。

```
f = (1.0 * i) / j;      // 1.0 * iがdouble型になるので、double型 ÷ int型となる
f = (0.0 + i) / j;      // 0.0 + iがdouble型になるので、double型 ÷ int型となる
```

このように計算すれば、f には 3.5 が代入されます。しかし、これではいかにも不自然ですし、無駄な計算をしなければなりません。そこで、**キャスト**（cast）という方法を用います。キャストは単項演算子の一種であって、次の一般形式を取ります。

```
(型名)変数
(型名)定数
(型名)(算術演算)
```

「**(型名)**」がキャストです。一般の演算子とは異なり、その演算子の中に型を指定します。キャストはキャストの直後にある変数の値、定数、算術演算の結果をキャストで指定された型へ型変換します。具体例で見てみましょう。たとえば、t を double 型、x と y を float 型、z を long double 型とします。

```
(int)t;                // double型の変数の値をint型に型変換
(float)3;              // int型の定数3をfloat型に型変換
(long double)(x+y); // x+yの演算結果（float型）をlong double型に型変換
```

最初の例では、(int) がキャストで、浮動小数点型である t を int 型に変換しています。たとえば、2.3 という浮動小数点の場合、(int)t は 2 という整数値と同じ意味になります。次の例では、int 型の定数 3 に (float) のキャストを適用し、この結果 int 型は float 型の 3.0 に型変換されます。最後の例では、float 型の演算 (x+y) の結果を long double 型へと型変換しています。

さきほどの (i / j) 問題は、キャストを用いると次のようになります。

```
f = (double)i / (double)j;
```

上記のようにする[*58]と、意図どおりに f に 3.5 が代入されます。このように、意図したように計算を行いたい場合に、明示的な型変換（キャスト）を行うことが必要な場合があります。

この節で学習したように、C では、ある型から別の型への変換が行われることがあります。それぞれの型から型への変換規則が厳密に決められています。整数型を浮動小数点型へ変換する場合、ほとんどのケースでは整数型の有効桁数を保って浮動小数点型に変換できますが、float 型に変換する場合、**精度の消失**が起こる可能性があります。

一方、浮動小数点型で表現可能なすべての領域を整数型で表現することはできません。浮動小数点型を整数型に変換するときは、もとの浮動小数点型の数値が変換先の整数型で表現可能（表現できる範囲に収まる）ならば、もとの数値の小数部分が切り捨てられて変換されます。表現可能でなければ、その値は**不定**（なにが入るかわからない）となります。また、すべての型変換において、変換元の数値が変換先の型で表現でなければ、その結果は不定となります。

*58　f=(double)i/j; あるいは、f=i/(double)j; でも**混合演算**となり、double 型への**型変換**が行われ、同じ結果になります。

制御の流れ

本章では、アルゴリズムを考える上で基礎となるさまざまな文について学習し、同時にプログラムの制御構造を理解します。まず、2.3.1 項で取り上げた条件分岐について詳しく解説し、その次に重要な繰り返しの制御について学習します。
本章の内容は、プログラムの実行の流れを制御するもので、いわば C の基本文法の動的な側面です。そのような意味では、3 章で学習した式や変数など静的な側面と対をなすものといえるでしょう。本章も、3 章に引き続き C の基本文法の学習になりますが、どれも本格的なアルゴリズムを構築するために不可欠な要素となります。本章を読み終えれば、ある程度プログラミングの楽しさが理解でき、おもしろいプログラムを作ることができるようになるでしょう。

04

4.1 文と制御の流れ

4.1.1 複雑なプログラムを作るには

3 章までのプログラムは、すべて上から下へ順番に文が実行されていました。しかし、上から下への流れだけでは、複雑なプログラムを作ることはできません。

プログラムから離れて、たとえば「社員を募集する」場合について考えてみましょう。

社員を募集する

1. 社員募集の広告を出す
2. 応募者が来たら、面接を行う
3. 採用条件を満たしていれば採用するが、満たしていなければ次の応募者を待つ
4. 採用人数になれば終了する

この手順を見てみると、手順 **2**、**3**、**4** に「**〜ならば**」という記述が見られます。これは条件を判断して処理を**条件分岐**することを意味します。また、「次の応募者を待つ」という記述がありますが、この記述によって面接に来た応募者を採用できなければ、次の応募者を待って再び「応募者が来たら、面接を行う」という手順を繰り返すことを示しています。これは「採用できるまで面接を繰り返す」という**ループ**（繰り返し）を意味しています。

条件分岐とループは、手順を組み立てる上で不可欠な要素です。これらの要素があるからこそ、複雑な仕事を手順としてまとめることができるといえます。4.1.2 項では、分岐や繰り返しのような文の流れを制御する構造について、より詳しく見ていきます。

4.1.2 基本制御構造とフローチャート

プログラムは 3 種類の基本的な制御によって、処理を構築できることが証明されています。この基本的な制御を**基本制御構造**とよびます。基本制御構造の一覧を **表 4.1** に示します。

■**表 4.1　基本制御構造**

構造名	説明
順　次	プログラム中の文を処理していく順に記述した構造
条件分岐	条件や式の値によってプログラムの処理の流れを分ける構造
ループ（繰り返し）	継続条件が満たされている間、ある範囲内に記述された処理を繰り返し実行する構造

文章だけだとわかりにくいので、この基本制御構造をフローチャートとよばれる図で表してみたいと思います。

フローチャート（flow chart：**流れ図**）とは、アルゴリズムやプロセス[*1]の処理の流れを表現する図です。処理の各ステップを長方形、ひし形などの多種多様な図形（部品）で表し、それらを矢印で接続して流れ（**フロー**）や順序（**シーケンス**）を表現します。

フローチャートは古い記法ではありますが、アルゴリズムのようなプログラムの処理の説明だけでなく、さまざまな分野で、いまなお多く使用されています。覚えておくとよいでしょう。

フローチャートについて、本書ではごく簡単な説明に留めます。**表 4.2** に、フローチャートの基本的な部品を示します。

■表 4.2 フローチャートの部品（一部）

部品（図）	部品名	説明
	端　子	プロセスの開始・終了を表す。図の中には「開始」「終了」といった単語か、それに類する文を記述する。
	処　理	具体的な処理を表す。図の中には具体的な処理を記述する。
	判　断	一般的に「Yes/No」または「真 / 偽」が答えとなる判断を表す。
	入出力	データの入力・出力を表す。

フローチャートを使って基本制御構造を表すと、**図 4.1** のようになります。

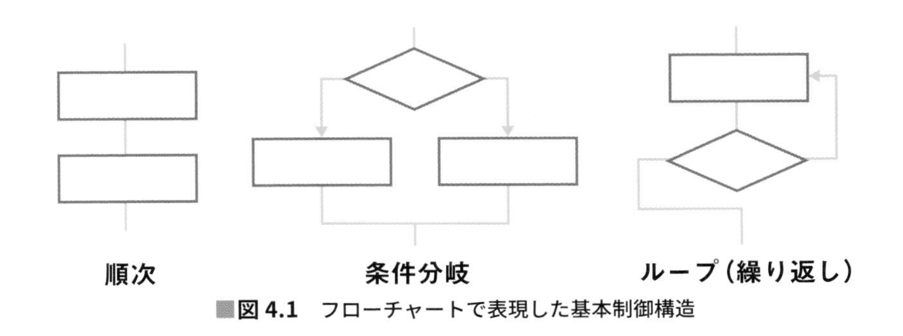

■図 4.1 フローチャートで表現した基本制御構造

本章冒頭の「社員を募集する」作業をフローチャートで表してみると、**図 4.2** のようになります。

*1 OS からメモリ領域などの割り当てを受けて処理を実行するプログラムのことを、**プロセス**といいます。

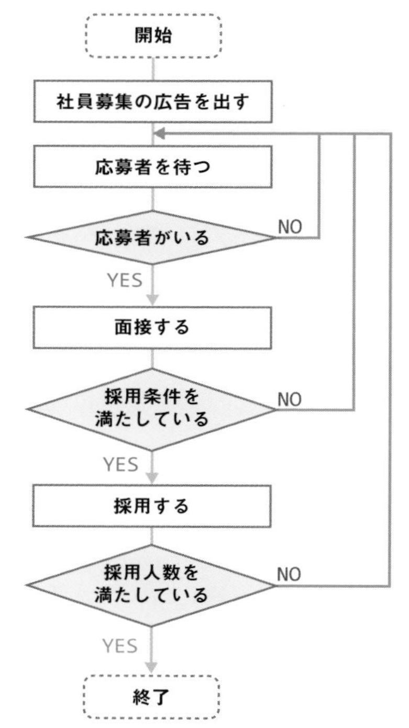

■**図 4.2**　社員を募集する作業のフローチャート

4.1.3　本章で学べること

本章では、C のプログラミングにおいて、分岐や繰り返しを用いて文の流れを制御する方法を示します。**表 4.3** は、制御構造とそれに対応するキーワードの一覧です。

■**表 4.3**　制御構造と対応するキーワードの一覧

制御構造	キーワード	該当する節
条件分岐	if, else, switch	4.2節
ループ（繰り返し）	for, while, do～while, continue, break	4.3節

表 4.3 に挙がったキーワード以外に、無条件で分岐する「goto」を 4.4 節で、**条件演算子**を 4.5 節で説明します。これらを修得すれば、さまざまなプログラムを作ることができ、プログラミングが格段におもしろくなることでしょう。

4.2　条件分岐処理

それでは、まず条件分岐について考えてみましょう。プログラムを作成する上で、**条件分岐**という論理構造は、非常に重要な役割をもっています。条件分岐がなければ、限定された画一的な処理しかできないということは、2 章の例でみたとおりです。C では条件分岐を行う文として、大きく次の 2 つが用意されています。

- if 文
- switch 文

if 文は、その名の示すとおり「**もし〜ならば...**をする」という判断を行います。たとえば、「雨が降っていれば、傘をもって出かける」というように、yes/no で答えることのできる条件の分岐処理に用います。

switch 文は、「スイッチ」という名前からもわかるように、テレビのチャンネルスイッチのように複数の選択候補の中から 1 つを選ぶ判断をすると考えればよいでしょう。たとえば、以下のような場合分けの処理に用います。

- 1 チャンネルは「ニュース」
- 3 チャンネルは「教育番組」
- 4 チャンネルは「スポーツ」 ...

if 文と switch 文に加え、本節では 表 4.3 に掲載した **else 文**についても説明します。

4.2.1 条件式

具体的な条件分岐の例に進む前に、まず条件の記述の仕方について整理しておきましょう。2.3.1 項で取り上げた if 文を思い出してください。0 での除算の問題は、次のように記述することで解決できました。

```
if ( b != 0 ) result = a / b;
```

この文の意味は「変数 b の値が 0 でなければ、変数 a を変数 b で割り算し、その結果を変数 result に格納する」というものです。if 文は、ある条件が満たされているかどうかによって、続く文を実行するかどうかを決定します。上の例では「b が 0 でないならば」という条件を「b != 0」と記述しています。C では条件も「式」として記述します。とくに、このように if 文で利用する条件の式を**条件式**とよびます。

条件式が取りうる値は、常に**真**（true）か**偽**（false）のどちらかしかありません。条件式が成立するかどうかを調べ、その条件式が真であるか偽であるかを決定することを「**条件式を評価する**」といいます。

条件式としてどのような比較ができるのでしょうか。まず、条件式には、＝（等しい）、≠（等しくない）、≧（以上）、≦（以下）、＞（大なり）、＜（小なり）などの関係を比較することができます。C では、これらの比較をそれぞれ「==」「!=」「>=」「<=」「>」「<」と記述します。これらを総称して**関係演算子**（relational operator）とよびます。

ここで示した「>」「<」以外の関係演算子は、2つの文字の組み合わせで記述することに注意してください。とくに等号は「==」のように2つ重ねて記述します[*2]が、慣れないうちは重ねて記述することを忘れがちです。また、「>=」や「<=」も、逆に「=<」「=>」と記述してしまうことがありますが、これは誤りです。

■表 4.4　関係演算子一覧

関係演算子	数学的表現	意味	Cでの表現	意味
==	=	等　号	a == b	a と b は等しい
!=	≠	不等号	a != b	a と b は等しくない
>=	≧	以　上	a >= b	a は b 以上である
<=	≦	以　下	a <= b	a は b 以下である
>	>	大なり	a > b	a は b よりも大きい
<	<	小なり	a < b	a は b よりも小さい

リスト 4.1　関係演算子

```
01 #include <stdio.h>
02
03 int main(void)
04 {
05     int Taro, Hanako, Jiro;
06
07     Taro = 20;   // 太郎の年齢
08     Hanako = 50; // 花子の年齢
09     Jiro = 20;   // 次郎の年齢
10
11     // 変数と定数の比較
12     if (Taro == 20)
13         printf("太郎は20歳です\n");
14     if (Hanako != 20)
15         printf("花子は20歳ではありません\n");
16     if (Hanako >= 20)
17         printf("花子は20歳以上です\n");
18     if (Taro < 20)
19         printf("次郎は20歳未満です\n");
20
21     // 変数と変数の比較
22     if (Taro > Jiro)
23         printf("太郎は次郎より年上です\n");
```

*2　1つだけ=を記述した場合には**代入演算子**となり、==と重ねて記述した場合には**関係演算子**になります。この違いを頭の中にしっかり入れておいてください。なお、ここの間に空白を入れて「= =」としてはいけません。

```
    if (Hanako > Taro)
        printf("花子は太郎より年上です\n");

    return 0;
}
```

Taro == 20 という条件式において、Taro や 20 のことを**被演算子（オペランド：operand）**とよびます。**リスト 4.1** (p.110) の 22 行目にあるように、被演算子は「変数と変数」という組み合わせ（Taro > Jiro）でも比較できます。

また、数値以外に文字どうしの比較を行うことができます。次に、文字の比較について見ていきましょう。

文字の比較

入力された文字を比較することを考えてみましょう。**scanf 文**で文字データを入力するには %c を用います。たとえば、char 型の変数 t に文字を入力するには、以下のようにします。

```
scanf( "%c", &t );
```

また、複数の文字を入力するには、次のような scanf 文を使用します。

```
scanf( "%c%c%c", &a, &b, &c );
```

これは、キーボードから 3 つの文字を入力して、それぞれを char 型の変数 a, b, c に格納する scanf 文です。3 文字を入力するには、%c を 3 つ重ねて %c%c%c と記述します。これはキーボードから順に 3 つの文字が入力されることを表しており、入力された値とそれが格納される変数との対応は、**図 4.3** のようになっています。

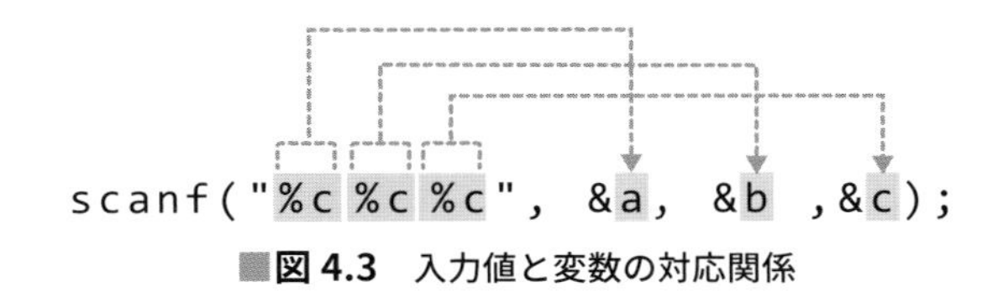

■図 4.3　入力値と変数の対応関係

次に、実際の入力例をいくつか示します。>>>は、ユーザに入力を促すプロンプトです。

```
>>> ABC        a[A]  b[B]  c[C]
>>> 123        a[1]  b[2]  c[3]
>>> x y        a[x]  b[ ]  c[y]
```

■図 4.4　実際の入力例

scanf の %d や %c などを **scan 変換文字**とよびます。このほかにも、short 型に対する %hd や long 型に対する %ld、float 型に対する %f、double 型に対する %lf などが利用できます[*3]。

それでは、入力された文字の比較を行ってみましょう。3 章では、プログラムの中で文字は文字コードとよばれる数値に置き換えられることを学習しました。文字は、その文字に対応する文字コード（数値）により比較されます。文字コードの大小を利用して文字の判定を行うプログラムを**リスト 4.2** に示します。

リスト 4.2　文字の比較

```
01 #include <stdio.h>
02 
03 int main(void)
04 {
05     char c1, c2;
06 
07     printf("A～Zまたはa～zの文字を2文字入力してください >>> ");
08     scanf("%c%c", &c1, &c2);
09 
10     if (c1 == 'a')
11         printf("1番目の文字はaです\n");
12     if (c1 == 'b')
13         printf("1番目の文字はbです\n");
14     if (c1 == 'c')
15         printf("1番目の文字はcです\n");
16     if (c1 == 'd')
17         printf("1番目の文字はdです\n");
18     if (c2 < 'a')
19         printf("2番目の文字は英小文字ではありません\n");
20 
21     printf("1番目(%c)の文字コードは10進数で%d、16進数で%xです\n", c1, c1, c1);
22     printf("2番目(%c)の文字コードは10進数で%d、16進数で%xです\n", c2, c2, c2);
23     return 0;
24 }
```

*3　double 型を printf で表示する場合、%f や %g を用いますが、scanf で入力するときは %lf を用います。

リスト4.2の18行目にある、`if ( c2 < 'a' )`という`if`文に注目してください。これは、「`c2 < 'a'`が真であるならば、**文字`c2`は英小文字ではない**」という意味です。付録1のASCIIコード表（**表A.1**）から、英小文字（aからz）の中では、文字aの文字コードが最も小さいことがわかります。英小文字の中で最も小さいaの文字コードよりも変数`c2`が小さければ、変数`c2`にセットされている文字は英小文字ではないということになります[*4]。21行目と22行目の`printf`は、確認のため入力した文字と文字コードを出力するものです[*5]。

実行結果4.2　実行結果

```
A〜Zまたはa〜zの文字を2文字入力してください >>> aA
1番目の文字はaである
2番目の文字は英小文字ではない
1番目(a)の文字コードは10進数で97、16進数で61です
2番目(A)の文字コードは10進数で65、16進数で41です
```

条件式の値

さて、ここでもう少し詳しく**関係演算**について説明しましょう。`a == 1`という関係演算は、aが1のときに`a == 1`の評価結果が真となり、aが1以外のときに偽となります。しかし、Cでは、この説明は少々不正確なのです。実は、Cでは`==`も演算子の一種ですから「演算結果」をもちます。`a == 1`が評価され真であれば`a == 1`の演算結果は1となり、偽であれば`a == 1`の演算結果は0となります。つまり、関係演算子は、**0（偽）か1（真）の`int`型の値**を返す演算子なのです。ですから、kを`int`型の変数とすると、

```
k = ( a == 1 );
```

のように、計算式の中に`a == 1`という関係演算を書くことができます。kには0か1の値が代入されます。したがって、次のような`if`文を書くこともできます。

```
k = ( a == 1 );
if ( k ) printf( "aは1である\n" );
```

また、次のプログラムの上の`if`文は常に真、下の`if`文は常に偽となります。

```
if ( 1 ) printf( "常に真\n" );
if ( 0 ) printf( "常に偽\n" );
```

*4　しかし、これは厳密には正しくありません。英小文字の中で最も大きい文字はzですが、これより大きい文字コード、たとえば、'}'を入力しても、これはaの文字コードよりも大きいので、「英小文字ではない」というメッセージは表示されないからです。

*5　プログラミングに慣れないうちは、入力データをディスプレイに表示することをおすすめします。というのは、プログラミングは正しいのに、データの入力法に誤りがあって、結果が正しくないことがよくあるからです。

さらには、次の if 文は、

```
a = x + y;
if( a != 0 ) printf( "ある処理\n" );
```

次のように 1 行で書けます[*6]。

```
if( a = x + y ) printf( "ある処理\n" );
```

しかし、これは a == x + y という記述と間違えやすく、おすすめできる書き方ではありません。関係演算子の返す値は 0 か 1 ですが、実際の真偽の判定は、**「0 ならば偽、非 0 ならば真**[*7]」という規則を用います。したがって、1, -23, 3.14159, 6.02e23 などは、すべて真として扱われます。

論理演算子

もう少し複雑な条件を考えてみましょう。

- 旅行に行くなら、暖かくて、食事がおいしいところ
- 旅行に行くなら、近いか、安く行けるところ
- 旅行に行くなら、混んでいないところ

これらは旅行の条件について述べています。最初の例を言い換えれば「暖かい、**かつ**、食事がおいしい」であり、2 つの条件が両方とも当てはまらなければ旅行の条件は満たされません。2 つめの例では「近い、**または**、安く行ける」であり、2 つの条件のうちどちらかが当てはまれば条件を満たします。最後の例は「混んで**いない**」という条件、つまり、「〜でない」という否定の条件を表現しています。

C の条件式でも、このように「〜かつ〜」(**AND**)、「〜または〜」(**OR**)、「〜でない」(**NOT**) といった判断を行うことができます。これらの判断を行う演算子を**論理演算子** (**logical operator**) とよびます。「〜かつ〜」という判断を行う演算子を **AND 論理演算子**とよび、プログラムでは「〜 && 〜」と記述します。「〜または〜」という判断を行う演算子を **OR 論理演算子** とよび、「〜 || 〜」と記述します。「〜でない」という判断を行う演算子を**否定演算子**とよび、「!〜」と記述します。

*6　条件の部分に代入文を書けることからわかるように、C では非常に柔軟な記述性をもっています。しかし、この柔軟性に気を許して複雑でわかりにくいプログラムを書いてしまうと、トラブルが発生したときに苦労します。

*7　正確には 0 (**整数型**)、0.0 (**浮動小数点型**)、NULL (**ポインタ型**／ 8 章で学習) はすべて偽、これら以外の値 (1, 5, -80, 0.25, -6.0e20 など) は真となります。

■表 4.5 論理演算子

	条件式	意味	プログラム表現例
AND 論理演算子	a && b	a かつ b	x > 0 && y == 0
OR 論理演算子	a || b	a または b	x == 1 || x == 3
否定演算子	!a	a ではない	!(x < 0 && y > 0)

前述の旅行の条件を、これらの演算子を用いて書くと次のようになります。

```
if( 暖かい && 食事がおいしい ) 旅行に行く
if( 近い    || 安く行ける ) 旅行に行く
if( !混んでいる ) 旅行に行く
```

実際のプログラムでは、次のように利用します。

```
if( a == 1 && b == 2 )  printf( "aが1かつbが2です\n" );
if( a == 1 || a == 2)   printf( "aは1あるいはaは2です\n" );
if( !(a == 1) )         printf( "aは1ではない\n" );
```

最後の例の否定演算子は、`if( a != 1 )`と書いたのと同じことになります。否定演算子は、このように 1 つの条件を否定する場合にはあまり用いられませんが、複数の条件を否定するときには便利です。また、この例からわかるように、否定演算子は単項演算子であり、否定する条件の前に置かれます。

落とし穴 4.1　数値データと文字データの混在入力

次のプログラムについて考えてみましょう。

```
double x;
char t;

scanf( "%lf%c", &x, &t );
```

このプログラムの入力データが、

```
3.14 a
```

だったとします。この場合、x には正しく 3.14 が代入されますが、t には'a'ではなく空白が代入されます。これは、3.14 の直後に区切り文字のつもりで入力した空白が、文字データとして扱われてしまったためです。正しくデータを読み込ませるためには、

```
3.14a
```

としなければなりません。しかし、入力すべき文字データが'e'だったらどうでしょう。

```
3.14e
```

と入力すると、確かに x=3.14、t='e'となりますが、次の入力データ

```
3.14e2w
```

では、$x = 3.14 \times 10^2$、t='w'となります。このような入力データはまぎらわしいことこの上ありません。一般的な解釈としては、文字データと数値データはなるべく分離して入力する方がよいということになります。

AND,OR 論理演算子

AND、OR 論理演算子が条件式に対してどのように作用するかについて見てみましょう。A,B を条件式とすると、これらを結合して 1 つの条件式とすることができます。

プログラムの形式：論理演算子による条件式の結合

```
if ( A && B ) // AND論理演算子による条件式の結合
if ( A || B ) // OR 論理演算子による条件式の結合
```

A && B は、A と B の両方が真のときだけ真となる条件式です。また、A || B は、A か B のどちらかが真であれば真となる条件式です。このようすを○（真）と×（偽）を使って **表 4.6** に示します。

■表 4.6　論理演算の真理値表

A の値	B の値	AND論理演算結果 A && B の結果	OR論理演算結果 A || B の結果
○	○	○	○
○	×	×	○
×	○	×	○
×	×	×	×

それでは AND、OR 論理演算子を用いた例を考えてみましょう。

ここでは、数値と文字を複数入力する **scanf 文**を用います。数値を複数入力するには**入力デー**

タの区切りが必要です。%d %d のように、scanf 変換文字のあいだにスペースを入れると、このスペースが入力データの区切りを表します。入力時に 0 個以上の空白が連続して入力された場合、これを区切りとみなします。また、タブ、改行記号もデータ区切りとして利用できます[*8]。つまり、

```
scanf( "%d %d", &x, &y );
```

に対しては、次のような入力が可能です。

```
>>>1 2          1→x 2→y
>>>123 456      123→x 456→y
>>>20[TAB]30    20→x 30→y
>>>4            // ここでEnter
8               4→x 8→y
```

これと同様に、文字データについても %c %c とすることで、データ区切りを利用した入力を行うことができます[*9]。それでは、実際のプログラムを **リスト 4.3** に示します。

リスト 4.3 AND と OR の利用例

```c
#include <stdio.h>

int main(void)
{
    int x, y;
    char c1, c2, c3;

    printf("数値2つと、文字を3文字入力してください ( x y c1 c2 c3 ) >>> ");
    scanf("%d %d %c %c %c", &x, &y, &c1, &c2, &c3);

    printf("入力値:x=%d,y=%d,c1=%c,c2=%c,c3=%c\n", x, y, c1, c2, c3);
    if (x >= 0 && x <= 100)
        printf("xは0以上かつ100以下の整数\n");
    if (y <= 0 || y >= 100)
        printf("yは0以下かまたは100以上の整数\n");
    if (c1 >= '0' && c1 <= '9')
        printf("入力文字c1は数字\n");
    if (c2 >= 'A' && c2 <= 'Z')
        printf("入力文字c2は英大文字\n");
    if (c3 == 'Y' || c3 == 'y')
        printf("入力文字c3はYまたはy\n");
```

*8 scanf に関してはトラブルが多いため、改行記号（リターンキー）はデータの区切りとして用いない方がよいでしょう。
*9 データ区切りである空白、タブなどをデータとして入力したい場合は、この方法ではできません。リスト 4.2 (p.112)の 8 行目のような、区切りなしの scanf を用いる必要があります。

```
23      printf("xの値は%dです\n", x);
24      printf("yの値は%dです\n", y);
25      printf("c1コードは10進数で%d、16進数で%xです\n", c1, c1);
26      printf("c2コードは10進数で%d、16進数で%xです\n", c2, c2);
27      printf("c3コードは10進数で%d、16進数で%xです\n", c3, c3);
28
29      return 0;
30  }
```

リスト 4.3 (p.117)での比較について説明しましょう。`if ( c2 >='A' && c2 <='Z' )` という文（18 行目）は、先に述べた文字コードを利用した例です。付録 2 の ASCII コード表を見ると、A から Z の文字が順番に並んでいます。つまり、変数 c2 が'A'以上で'Z'以下ならば、変数 c2 は必ず英大文字です。数字'0'から'9'に関しても、これと同じことがいえます（16 行目）。

実行結果 4.3　実行結果

```
数値2つと、文字を3文字入力してください ( x y c1 c2 c3 ) >>> 50 -10 5 X y
入力値:x=50,y=-10,c1=5,c2=x,c3=y
xは0以上かつ100以下の整数
yは0以下かまたは100以上の整数
入力文字c1は数字
入力文字c2は英大文字
入力文字c3はYまたはy
xの値は50です
yの値は-10です
c1コードは10進数で53、16進数で35です。
c2コードは10進数で88、16進数で58です。
c3コードは10進数で121、16進数で79です。
```

リスト 4.3 (p.117)の実行結果で、3 番目の入力値は 5 ですが、入力時に文字として入力したので[*10]、コンピュータの内部では 5 の文字コード $35_{(16)}$ がセットされています。

Coffee Break 4.1　代入と等号を間違えない工夫

関係演算の場合も、算術演算と同様に結果として値が生じます。そして、その値は int 型の 0 か 1 になります。これにより、比較結果を変数に保持しておいたり、if の条件式の中で代入を行うことが可能になっています。ただし、これによって困った問題が発生することもあります。

変数 k の値が 0 かどうかを条件式とする場合、次のように書きます。

```
if( k == 0 ) 文a;     // 正しい文
```

*10　3 番目の入力値である c1 は、scanf で %c によって入力されたので文字となります。

これは変数 k が 0 のときに文 a が実行されます。ここで等号と代入を間違えて書いてしまったらどうなるでしょう？

```
if( k = 0 ) 文b;      // 間違って代入にしてしまった
```

これは文法的には問題がないため、コンパイルできます。これを実行するとどうなるでしょうか。まず、変数 k に 0 が代入されたあと、その値が条件式として評価されます。このため、条件式の評価結果は常に 0（偽）になってしまいます。つまり、if 文を実行する前の k の値が 0 であってもなくても、文 b が実行されることはなく、if 文の実行後は変数 k の値が常に 0 になってしまうのです。

このようなミスは、非常に見つかりにくいバグとなってしまいます。単純な書き間違いを防ぐためには、次のような書き方をすることがあります。

```
if( 0 == k ) 文;      // 正しい文
```

多少奇妙に感じられるかもしれませんがこれは正しい文です。このように定数を等号の左側に書いておくことによって、代入と等号の書き間違いを防ぐことができます。もし、間違えて、

```
if( 0 = k ) 文;      // これはコンパイルエラー
```

と記述してしまっても、定数に対する代入はコンパイルエラーとなるため、この間違いがチェックされずに実行モジュールまで生き延びることはないのです。これは些細なテクニック[*a]ですが、プログラムのバグを減らすのに非常に効果があります。

*a　このような人為的な単純ミスを防ぐようなしくみを**フールプルーフ**（foolproof）、ポカよけなどとよぶことがあります。

否定演算子

否定演算子による条件式!a は、a が真ならば偽、a が偽ならば真を返します。

表 4.7　否定演算子の真理値表

A の値	否定演算の結果（A の値）
○	×
×	○

前述のように、否定演算子は単項演算子であり、おもに複数の条件を否定するために用います。

```
if ( !( a>0 && b==0 ) ) printf( "(a>0かつb==0)でない\n" );
if ( !( x>0 || y<0 ) )  printf( "(x>0あるいはy<0)でない\n" );
```

4.2.2 if 文

ここまで紹介してきた if 文は、すべて**単純 if 文**とよばれるものです。単純 if 文は「もし～ならば～をする」という論理構造を実現します。そして、「もし～」の部分の条件は、条件式として記述します。条件式は関係演算子を用いて、さまざまな比較条件を記述することができ、さらに論理演算子を使うことにより、複雑な条件を記述することが可能になります。

if 文の形式と処理の流れをフローチャートで示すと、**図 4.5** のようになります。

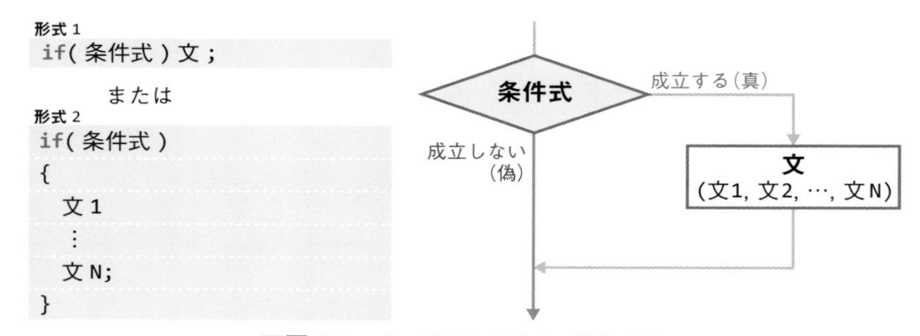

■図 4.5　プログラムの形式：単純 if 文

フローチャートによって、条件が成立する場合のみ文が実行されることが一目瞭然になっています。ここで、図 4.5 の左側のプログラムの記述（形式 1、形式 2）に注目してください。2 つの形式が記述されており、上にある形式 1 がこれまで見てきた単純 if 文の形式です。その下にある形式 2 が中括弧{ }を利用した if 文の記述形式です。実は、形式 2 の記述の仕方がより一般的なものといえます。if 文に中括弧を用いるとなにができるのか、見ていきます。

if 文で複数の文を実行させるには

単純 if 文は、条件式が真の場合に実行する文が 1 つでした。では、if 文で複数の文を実行させたい場合にはどうしたらよいのでしょうか。たとえば、以下のような場合です。

- 雨が降ったら、
- レインコートを着て、（文 1）
- 長靴を履き、（文 2）
- 傘を差す。（文 3）

if 文の条件式が真のとき複数の文を実行するには、**ブロック**（**block**）とよばれる中括弧{ }でくくられた形式を用いいます。除算とその結果を出力する文を、0 での除算を回避するように文ごとに書くと以下のようになります。

```
if( b!= 0 ) result = a / b;
if( b!= 0 ) printf( "%d / %d = \t%d\n", a, b, result );
if( b!= 0 ) result = a % b;
if( b!= 0 ) printf( "%d %% %d = \t%d\n", a, b, result );
```

このプログラムは、ブロックを使って、次のように記述することができます。

```
if ( b !=0 )
{
    ifresult = a / b;
    printf( "%d / %d = \t%d\n", a, b, result );
    result = a % b;
    printf( "%d %% %d = \t%d\n", a, b, result );
}
```

「もし～ならば～をする」という論理構造は単純 if 文と変わりませんが、ブロックを用いると「もし～ならば～と～をする」と表現することができます。新しい記述の仕方では行数こそ 6 行に増えていますが、1 つの条件式により、続く 4 つの文の実行が決定されるということが、よりわかりやすくなっています[*11]。この if 文は、単純 if 文のように、実行文が 1 つだけであっても{**文**}と記述できます[*12]。ブロックの中に記述する文の数は、いくつでもかまいません。

複文

ブロックは、関連した文を 1 つの集まりとしてまとめる機能があります。これを**複文**とよびます[*13]。複文は、if 文に限らず C ではよく用いられる形式で[*14]、次のような形式をもちます。

プログラムの形式：複文

```
{
    文1;
    文2;
    …
    文N;
}
```

*11 ソースプログラムについて無駄に行数を多くすることは感心できませんが、無理に少なくすることはもっとよくありません。行数が増えても読みやすさを優先する方がよいでしょう。
*12 たとえば、if(a==b){c=3;}のように書くことができます。
*13 「**複文**」に対して、1 つだけの文を「**単文**」とよびます。
*14 if 文に限らず C で用いられる中括弧{と}は、宣言や文を 1 つにまとめる機能をもっています。たとえば、if main(void){.....}という形式が出てきますが、これも main() という 1 つの集まりを意味します。

複文は0個以上の文を含むことができますが、それ自体（{から}まで）もまた1つの文として扱われます。「文である」ということは複文の最大の特徴です。この特徴のため、文を記述できるところならば、常に複文を記述することが可能です。最初に紹介した単純 if 文の文を複文に置き換えると、中括弧を用いた if 文の形式になります。

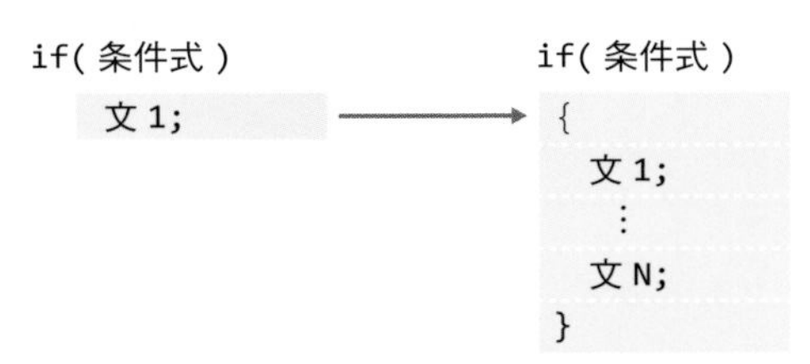

■図 4.6　単純 if 文を複文に置き換える

また、「複文は文である」ということから、複文の中にさらに複文を作ることも可能です。これを複文の**ネスト**[*15]（**nest**）といいます。

```
{
    文1;
    文2;
    {
        文3;
        文4;
    }
}
```

複文の終了を示す閉じ中括弧（}）のあとには、文の終了を示すセミコロン（;）は必要ありません。また、複文を記述するときは上のように**段付け**（**インデント**）して、複文のまとまりを明確にします。

ブロックをうまく用いると、実行単位が明確で文脈のわかりやすい、見やすいプログラムを書くことができます。後節で事例とともに説明しますが、見やすいプログラムは、バグも少ないのです。

落とし穴 4.2　ブロック形式を使わないと……

if 文を用いるときには、たとえ文が1つであってもブロックを用いた形式を使うように心がけてください。たとえば、変数 x の値が 1 のときに、y に 100、z に 200 を代入したいとします。このとき、

```
if( x == 1 ) y = 100; z = 200;
```

*15　ネストは重要な概念で、C では多用されます。ネストのことを**入れ子**とよぶ場合もあります。

と記述しても、実際には **図 4.7** のように処理されます。

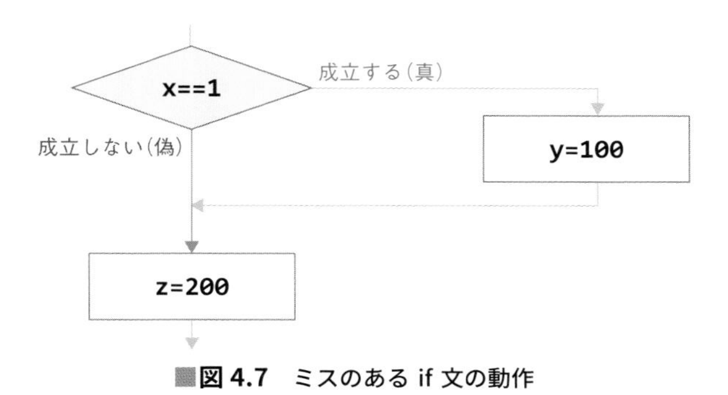

図 4.7 ミスのある if 文の動作

つまり、以下のように書いたことと同じです。

```
if( x == 1 ) y = 100;
z = 200;
```

つまり、このプログラムは、`z = 200` は条件の真偽に関係なく実行されてしまいます。このようなミスは文法上の間違いではないため、コンパイルエラーとして検出されません。多くの場合、実行結果が予期した値と違うことを見つけ、やっと「おかしいこと」に気がつくのです。そのため、非常に発見しにくいミスの 1 つであり、多くのトラブルの原因になっています。そこで、次のようにブロックで記述すれば、このようなミスは起こりにくくなります。

```
if( x == 1 )
{
    y = 100;
    z = 200;
}
```

また、単文であってもブロックで記述することにより、将来 `if` 文の中に、さらに文を追加したいときのミスを予防することになります。その例を具体的に説明します。たとえば、ブロック記述されていない文とブロック記述した文があるとします。

ブロック記述されていない文（修正前）

```
if ( x == 1 ) y = 100;
```

ブロック記述されている文（修正前）

```
if ( x == 1 )
{
    y = 100;
}
```

それぞれ前述したように `x == 1` のときに、`z = 200;` の一文を加えなければならなくなったとしましょう。修正を行った場合の修正箇所は、ブロック記述されていない文では2行目の{、4行目のz = 200;、5行目の}の3か所で、ブロック記述されている文では4行目のz = 200;の1か所です。

ブロック記述されていない文（修正後）

```
if ( x == 1 )
{              // <---追加
    y = 100;
    z = 200; // <---追加
}              // <---追加
```

ブロック記述されている文（修正後）

```
if ( x == 1 )
{
    y = 100;
    z = 200;  // <---追加(一か所のみ)
}
```

つまり、ブロック記述されている文の方がブロック記述されていない文より修正箇所が少なく、修正に伴うミスの可能性もそれだけ少ないということになります。[a]。

*a　人間の作業にはミスがつきものです。修正量が少ないということは、それだけミスをおかす危険も少ないといえます。

4.2.3 else文

単純if文では、条件式が成立したときには文（または複文）を実行しました。では、条件式が成立しない場合に、文（または複文）を実行させるには、どうしたらよいのでしょうか。

- 信号が青ならば、渡る。（文1）
- そうでなければ、渡らない。（文2）

これは、「もし～ならば～を行い、そうでなければ～を行う」という形式です。このような分岐処理を行うには、**else文**を用います。if-else文は、

「もし条件式が真ならば文1を行い、偽ならば文2を行う」

を表現します。

それでは、実際に例を示しましょう。整数型のデータを与えて、偶数ならば「偶数」、奇数ならば「奇数」と表示するプログラムを考えてみます。偶数か奇数かを判断するには「2で割った余りが0であるかどうか」で判断することができます。余りを求める算術演算子は「%」でしたね。

リスト 4.4 偶数か奇数かの判断

```
#include <stdio.h>

int main(void)
{
    int a;

    printf("入力データは? >>> ");
    scanf("%d", &a);

    printf("データは"); // ---> 必ず表示されます
    if (a % 2 == 0)
    {
        printf("偶数"); // ---> 入力データが偶数の場合に表示されます
    }
    else
    {
        printf("奇数"); // ---> 入力データが奇数の場合に表示されます。
    }
    printf("です\n"); // ---> 必ず表示されます

    return 0;
}
```

実行結果 4.4 実行結果

```
入力データは？ >>> 3
データは奇数です
```

では、if-else 文の形式と処理の流れを、**図 4.8** に示します。

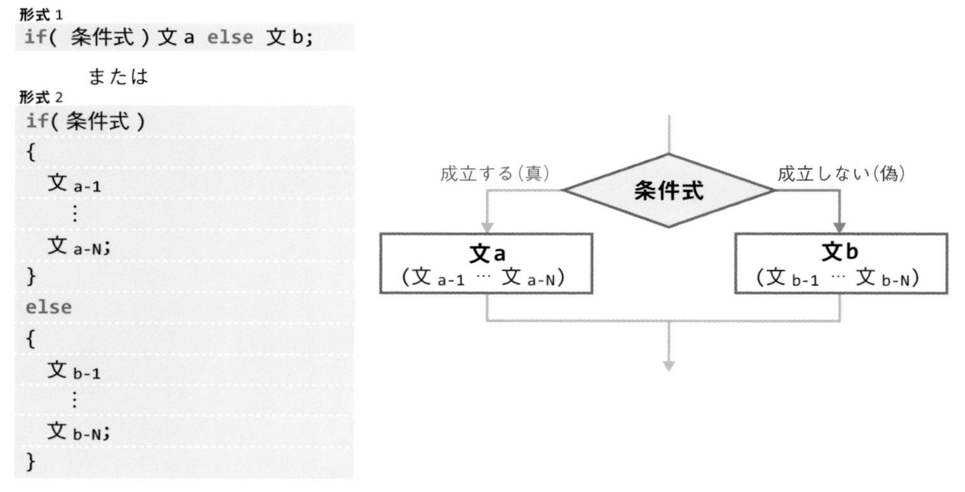

図 4.8　プログラムの形式：if-else 文

リスト 4.4 (p.125)ではブロック形式の if-else 文で記述しましたが、ブロックの中は 1 つだけの文なので、もちろんブロックを用いずに次のように記述することもできます。

```
if( a % 2 == 0 )
    printf( "偶数" ); // 入力データが偶数の場合に表示されます。
else
    printf( "奇数" ); // 入力データが奇数の場合に表示されます。
```

C では、条件式の中に「式」を書くことができます。リスト 4.4 (p.125)の `if( a % 2 == 0 )` では（11 行目)、a を 2 で割った余りが 0 ならば偶数であるという判断を行っています。「必ず表示されます」とリスト中にコメントのある printf 文（10 行目、19 行目）は、if-else 文の外にあるため必ず実行されます。つまり、「データは」と「です」は、条件に関係なく常に表示されます。

4.2.4　switch 文

条件分岐の制御構造をもつ制御文として、if 文のほかに、**switch 文**があると前述しました。if 文の条件式が真または偽の 2 つの場合しかないのに対して、switch 文は、テレビのチャンネルのように 2 つ以上の場合分け処理を行うことができます。このような場合分けの事例として、次のようなケースがあります。

- 1 年生なら音楽を履修、
- 2 年生なら書道を履修、
- 3 年生なら美術を履修する。

- 優勝者には海外旅行を、
- 2 位には国内旅行を、
- 3 位には高級ホテルの食事券を、
- それ以外の参加者にはタオルを配る。

switch 文はキーワード switch と、それに続く**式**と、ブロック{...}により構成されます。switch 文は、まず「式」を評価し、その結果に一致する**定数式**[*16]をもつ case に続く文を実行します[*17]。case の定数式は、switch 文の「式」と同じ型でなければいけません。break 文は、それが実行されるとプログラムの制御を switch 文の外（switch 文に続く文）に移します。では、switch 文の形式と処理の流れをフローチャートで示しましょう（**図 4.9**）。

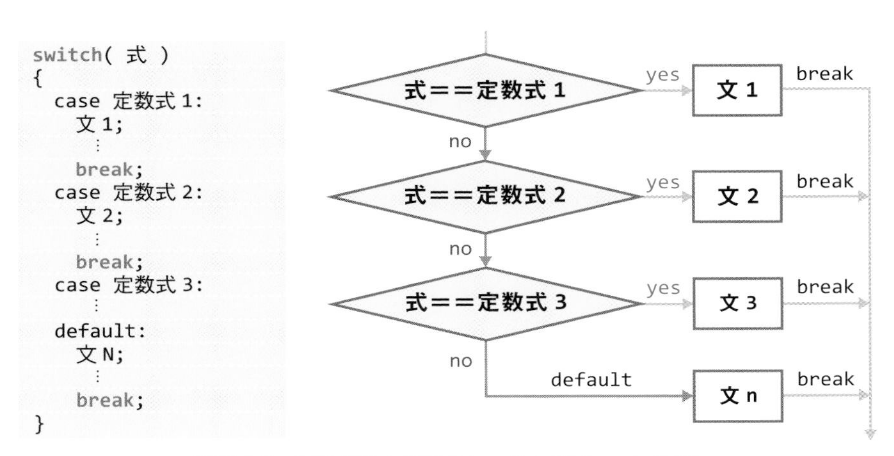

図 4.9 プログラムの形式：switch 文 (break あり)

switch 文の構成はとても複雑なので、まず基本的な使い方を実際のプログラム例で示しましょう。

ここで考えるのは、入賞者の判別を行うプログラムです。なにかのゲームが行われたとしましょう。そして、3 位までの入賞者には景品が用意されていたとします。**リスト 4.5** (p.128)は、順位に応じて景品を表示するプログラムです。

このプログラムでは、まず順位を入力させて（7 行目）、それを rank という変数に格納します（8 行目）。そして、switch 文を用いて変数 rank の値により分岐処理を行います（10 行目～24 行目）。1 位から 3 位に相当する case 1:から case 3:の中では、それぞれの順位の景品を表示します。変数 rank が 1 から 3 のどれにも該当しない場合は、default:のところ（21 行目）が実行され、参加賞が表示されます。**break 文**を実行すると、その switch 文を終了します（14 行目、17 行目、20 行目、23 行目）。なお、23 行目の break 文は記述しなくてもよいのですが、あとの修正時のこ

*16 定数だけから構成される式のことです。定数式はコンパイルするときに、その値を事前に計算して決定することができます。
*17 switch 文の「case 定数式:」と「default:」は 4.4.1 項で説明するラベルの特殊なものです。

とを考えると入れておくほうが望ましいといえます。

リスト 4.5　入賞者の判別

```
01 #include <stdio.h>
02
03 int main(void)
04 {
05     int rank;
06
07     printf("あなたの順位は？ >>> ");
08     scanf("%d", &rank);
09
10     switch (rank)
11     {
12     case 1:
13         printf("優勝したあなたには、海外旅行です。\n");
14         break;
15     case 2:
16         printf("2位のあなたには、国内旅行です。\n");
17         break;
18     case 3:
19         printf("3位のあなたには、ホテルの食事券です。\n");
20         break;
21     default:
22         printf("タオルをどうぞ。\n");
23         break;
24     }
25
26     return 0;
27 }
```

実行結果 4.5　実行結果

```
実行その1：
  あなたの順位は？ >>> 1
  優勝したあなたには、海外旅行です。
実行その2：
  あなたの順位は？ >>> 2
  2位のあなたには、国内旅行です。
実行その3：
  あなたの順位は？ >>> 3
  3位のあなたには、ホテルの食事券です。
実行その4：
  あなたの順位は？ >>> 100
  タオルをどうぞ。
```

ここで、switch 文の文法について整理しておきます。

1. switch 文の「式」の型は、整数型と 9.5.2 項で学習する列挙型のみ（浮動小数点型は使用不可）
2. case の定数式は、switch 文の「式」と同じ型でなければならない
3. 1 つの switch 文の中で、同じ値をもつ定数式は記述できない

たとえば、次のような case は記述できません。

```
case 10:
case 5+5:
```

「case 5+5:」自体は正しい記述ですが、この場合、式の評価結果が 10 となり、前の case 10:と重なるために誤りとなります。

4. default は複数記述できない
5. case、default は任意の順序で記述可能（だが、default は最後に書くのが望ましい）

慣例として default は最後に書くことになっています。とくに理由がないかぎり、これは守っておいた方がよいでしょう。ほかの人がプログラムを読んだときに混乱してしまうからです。

6. default は省略可能（だが、省略しない方が望ましい）

通常、default は省略すべきではないでしょう。switch 文の「式」が不測の値になってどの case の定数式にも一致しないことがあるからです。このようにイレギュラーなケースは、プログラムのバグや、入力ミスなどにより発生します。どの case でも処理されないような値が入力されたら、default でそれがわかるようにしておくべきです。

```
switch( value )
{
    case 0:
        printf( "値は0です。\n" );
        break;
    case 1:
        printf( "値は1です。\n" );
        break;
    default:
        printf( "error! 0または1以外の値が入力されました[値=%d]\n", value );
        break;
}
```

各 case の break については、処理内容によって付けたり付けなかったりします。break がないと 1 つの case の処理が終わったあとに、後続するほかの case や default の文が実行されます。これでは switch 文の場合分け構造が崩れてしまいますが、このようなふるまいを逆に利用する場合

もあります。次に、このような switch 文の利用について説明します。

breakを省略したswitch文

break 文を省略した場合の switch 文の形式とフローチャートを、**図 4.10** に示します。

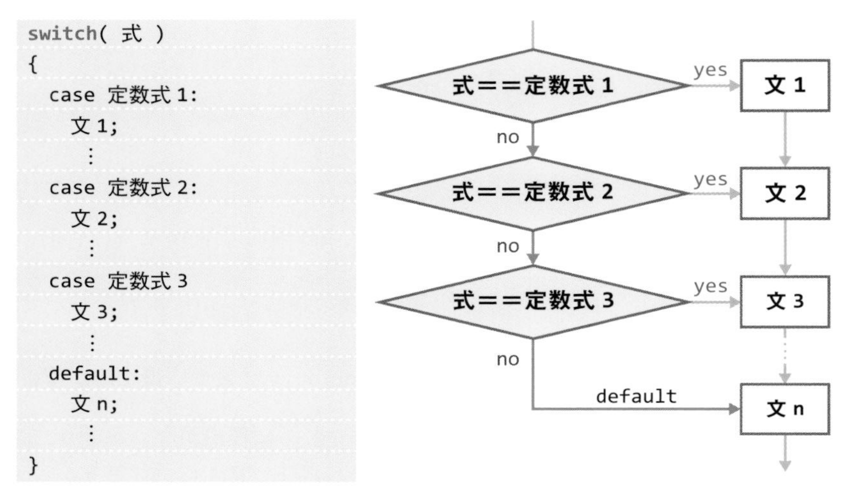

■図 4.10　プログラムの形式：switch 文（break なし）

break 文をすべて省略すると、最初に振り分けられた case から開始して、必ず最後の case または default まで処理が実行されます。つまり、「式」の値が「定数式 2」ならば「文 2」「文 3」...「文 n」と実行されます[*18]。さて、このような動作はどういう場面で利用できるでしょうか。

たとえば、入力文字が 0 から 9 ならば「入力文字は数字の〜です」と表示し、0 から 9 以外ならば「入力文字は数字ではありません」と表示する **リスト 4.6** (p.131)です。このような処理に対しては case ラベルを続けて記述します（12 行目〜21 行目)。入力された値がどれかの case ラベルの定数式と一致すれば、それ以降の文を break が現れるまで実行します。

なお、この記述は、

```
case '0': case '1'; case '2': case '3': case '4':
case '5': case '6'; case '7': case '8': case '9':
```

と書くこともできます。しかし、読みやすさの観点から、リスト 4.6 (p.131)のように、1 行に 1 つの case だけ記述することをおすすめします。

*18　もしも「文 3」のあとに break; があると、「式」の値が「定数式 2」のときは「文 2」「文 3」と実行され、そこで break が実行されて、switch 文の実行が終了します。この場合、default の文 n は実行されません。

リスト 4.6　break 文なし switch 文

```
#include <stdio.h>

int main(void)
{
    char c;

    printf("1文字入力してください >>> ");
    scanf("%c", &c);

    switch (c)
    {
    case '0': // '0'から'9'の場合
    case '1':
    case '2':
    case '3':
    case '4':
    case '5':
    case '6':
    case '7':
    case '8':
    case '9':
        printf("入力文字は数字の %c です。\n", c);
        break;
    default: // 数字以外の場合
        printf("入力文字は数字ではありません。\n");
        break;
    }

    return 0;
}
```

実行結果 4.6　実行結果

```
実行その1：
  1文字入力してください >>> 1
  入力文字は数字の　1　です。
実行その2：
  1文字入力してください >>> q
  入力文字は数字ではありません。
```

このように単一の処理に対して多重の条件がある場合には、複数の case に break 文を付けずに並べることで記述できます。ここで、もう 1 つ例を示しましょう。**リスト 4.7** (p.132)は、各 case と break の組み合わせで、各月の日数を判断するプログラムです。

リスト 4.7　switch 文で月の日数を判断する

```
01 #include <stdio.h>
02 
03 int main(void)
04 {
05     int month;
06 
07     printf("月を入力してください >>> ");
08     scanf("%d", &month);
09 
10     switch (month)
11     {
12     case 1:
13     case 3:
14     case 5:
15     case 7:
16     case 8:
17     case 10:
18     case 12:
19         printf("%d月は31日間あります。\n", month);
20         break;
21     case 4:
22     case 6:
23     case 9:
24     case 11:
25         printf("%d月は30日間あります。\n", month);
26         break;
27     case 2:
28         printf("%d月は28日間、または29日間です。\n", month);
29         break;
30     default:
31         printf("%d月は存在しません。\n", month);
32         break;
33     }
34 
35     return 0;
36 }
```

実行結果 4.7　実行結果

```
月を入力してください >>> 4
4月は30日間あります。
```

このように switch 文では、break 文の挿入位置により、多様な制御が可能になります。しかし、テレビのチャンネル切り換えのような基本の場合分けでは、必ず break 文が必要であることを忘れないでください。

4.2.5 多岐条件文

ここまでに説明した if 文では、1つの条件で分岐を実現するものでした。しかし、日常では3つ以上の条件で判断を下すことも少なくありません。

- 信号が赤だったら（条件 1） 止まり （文 1）
- 青だったら （条件 2） 渡り （文 2）
- 黄だったら （条件 3） 注意する（文 3）

これは複数の if 文を組み合わせて判断を行わなければなりません[*19]。このような処理に対して、C では**多岐条件文**（たき）[*20]が用意されています。

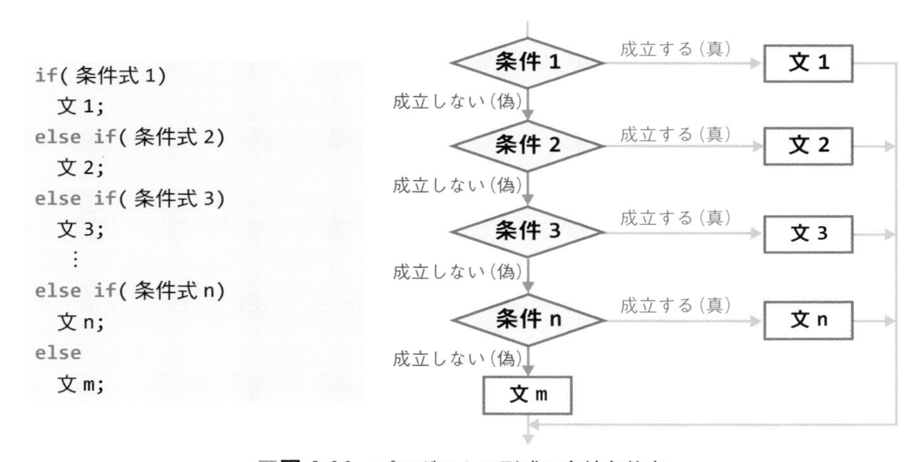

図 4.11 プログラムの形式：多岐条件文

条件分岐文では、複数の条件を記述することができます。そして、プログラムの実行は、それらの条件によって、ふるいにかけられるように制御されます。多岐条件文のフローチャートを見てください。条件式が成立する場合は、その if 文または else if 文の中身を実行したあと、速やかに多岐条件文の外に制御が移ります。しかし、条件式が成立しない場合、ふるいから落ちていくように次の条件へ、次の条件へと進んでいきます。すべての条件式が成立しない場合、else の文が実行されます。なお、else は省略することができます。

実際に、信号を横断する例を多岐条件文で示します。

*19 これは switch 文でも記述できますが、ここでは if 文を用いて表現することを考えます。switch 文と if 文の使い分けについては本項で後述します。

*20 この形式は、ネスト（後述）された if 文の特殊な形式です。しかし、この形式は用途が多いので、あえて多岐条件文という 1 つの構文として扱いました。

```
if( 信号 == 赤 )
{
    止まる。
}
else if( 信号 == 青 )
{
    渡る。
}
else if( 信号 == 黄 )
{
    注意する。
}
```

ここでの前提条件として、条件式の値（信号の色）は赤・青・黄の 3 つだけであり、その他の値はありえないものと仮定すれば、最後の (信号 == 黄) の条件式は省略できますから、次のようにも表現できます。

```
if( 信号 == 赤 )
{
    止まる。
}
else if( 信号 == 青 )
{
    渡る。
}
else // 黄色の条件を省略
{
    注意する。
}
```

この記述は、あくまでも信号機が 3 色であることを前提としていることに注意してください。条件式の値に赤、青、黄以外の値が入力された場合には、この 2 つの if 文は、異なる動作となってしまいます。つまり、信号機の色として、もしも「黒」が入力されたとしたら、最初の例では多岐条件文の中のどの文も実行されませんが、黄色の条件を省略しているあとの例では、「注意する」文が実行されます[*21]。

*21　これらのことを考えると、できるかぎり else は入れておいて、どの条件にも当てはまらなかった場合の処理を記述しておいたほうが安全であるといえます。このチェックを入れておくと、実行時のエラーを効率よく見つけることができます。

if 文と switch 文の使い分け

信号機の判断についてのプログラムを例に、if 文と switch 文の使い分けについて説明します。

switch 文

```
switch ( 信号 )
{
    case 赤:
        止まる。
        break;
    case 青:
        渡る。
        break;
    case 黄:
        注意する。
        break;
    default:
        // エラーチェック
        break;
}
```

if 文

```
if ( 信号 == 赤 )
{
    止まる。
}
else if ( 信号 == 青 )
{
    渡る。
}
else if ( 信号 == 黄 )
{
    注意する。
}
else
{
// エラーチェック
}
```

switch 文で表現できるものは、if 文でも表現できます。しかし、逆の場合は必ずしも表現できるとはいえません。複数の変数を用いた条件判断を行う場合は、switch 文では表現できません。

switch 文は、1 つの整数型の変数または列挙型について場合分けを記述するための形式であるといえるでしょう。以下に、同じ判断を行うプログラムを switch 文と if 文で書いてみます。これは、1 から 3 まで入力された数値をギリシャ数字に変換するプログラムです。

switch 文

```
int c;
switch ( c )
{
    case 1:
        printf( "Ⅰ" );
        break;
    case 2:
        printf( "Ⅱ" );
        break;
    case 3:
        printf( "Ⅲ" );
        break;
    default:
        printf( "" );   // エラーチェック
        break;
}
```

if 文

```
int c;
if ( c == 1 )
{
    printf( "Ⅰ" );
}
else if ( c == 2 )
{
    printf( "Ⅱ" );
}
else if ( c == 3 )
{
    printf( "Ⅲ" );
}
else
{
    printf( "" );   // エラーチェック
}
```

if 文のネスト

if 文の中に、さらに if 文を記述することができます。これを if 文の**入れ子**、または、**ネスト**(**nest**)[*22]とよびます。if 文の条件式の真偽により実行する文を複文の形にして、ブロック形式の if 文を導いたように、if の実行文の中に、さらに if 文を記述することができるのです。

図 4.12 は if 文がネストされたようすを示しており、左側はそのプログラムに相当します。

*22　複文のネストについては前述していますが、複文に限らず入れ子構造のことを**ネスト**とよびます。

```
if( 条件 )
{
  if( 条件 )
  {
    文
    ⋮
  }
  else
  {
    文
    ⋮
  }
}
else
{
  if( 条件 )
  {
    文
    ⋮
  }
  else
  {
    文
    ⋮
  }
}
```

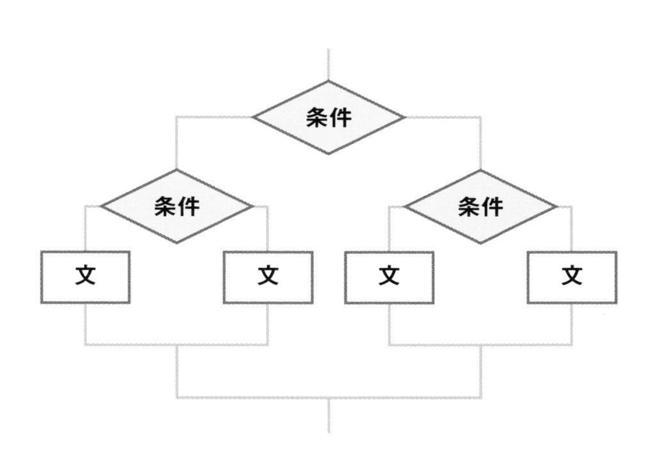

■図 4.12 ネストされた if 文

ネストを使用することで、さまざまなプログラムを作ることができます。その例として、多岐条件文を、ネストされた if-else 文で書いてみましょう。

```
if( 信号 == 赤 )
{
    止まる。
}
else if( 信号 == 青 )
{
    渡る。
}
else if( 信号 == 黄 )
{
    注意する。
}
```

上記のプログラムを if-else 文で書き変えてみます。

```
if( 信号 == 赤 )
{
    止まる。
}
else
{
    if( 信号 == 青 )
    {
        渡る。
    }
    else
    {
        if( 信号 == 黄 )
        {
            注意する。
        }
    }
}
```

しかし、このプログラムは、余分な中括弧（6 行目、12 行目、17 行目、18 行目）を取り除くと多岐条件文と同じ記述になります。

4.2.6 条件分岐の応用例

これまで学習した制御構造を用いて、具体的な問題をいくつか解いてみましょう。

たとえば、半径が 1 の円の円周上の座標を求めるプログラムを考えます。円周上の座標を (x, y) とすると円の半径は 1 ですから、$x = cos$ θ、$y = sin$ θ を計算することにより座標が求まります。ここではθを入力値として (x, y) を出力するプログラムを作成します。

プログラムの**仕様**[*23]は決まりましたが、三角関数を計算するにはどのようにしたらよいのでしょうか。実は C にはあらかじめ用意されている**数学関数群**[*24]があります。これらの数学関数群は、`<math.h>`[*25]というファイルの中に定義されています[*26]。代表的な数学関数を 表 4.8 に示します。

*23　プログラムの入力データ、処理内容、出力データなどの詳細を「**仕様**」といいます。
*24　ここで述べている**関数**とは、数学的な意味での関数を指します。
*25　**標準インクルードファイル**とよばれるものの 1 つで、数学ライブラリを利用するためのヘッダファイルです。
*26　UNIX では数学関数を使うときのコンパイル時「**-lm**(エルエム)」を指定する必要があります。たとえば、`$ gcc prog.c -lm` などとします。

■表 4.8　数学関数

関数	説明
sin(x)	xのsine（正弦）。単位はラジアン。
asin(x)	$\sin^{-1}(x)$。xの範囲[-1, 1]で関数値は[$-\pi/2$, $\pi/2$]の範囲を取る。
cos(x)	xのcosine（余弦）。単位はラジアン。
acos(x)	$\cos^{-1}(x)$。xの範囲[-1, 1]で関数値は[0, π]の範囲を取る。
tan(x)	xのtangent（正接）。単位はラジアン。
atan(x)	$\tan^{-1}(x)$。関数値は[$-\pi/2$, $\pi/2$]の範囲を取る。単位はラジアン。
atan2(x,y)	$\tan^{-1}(y/x)$。関数値は[$-\pi$, π]の範囲を取る。単位はラジアン。
exp(x)	指数関数。e^x
log(x)	x の自然対数。$\ln(x)$　$(x > 0)$
log10(x)	x の常用対数。$\log_{10(x)}$　$(x > 0)$
pow(x,y)	x の y 乗。x^y
sqrt(x)	x の平方根。$(x \geqq 0)$ $\sqrt{x}$
fabs(x)	x の絶対値。
ceil(x)	x 以上の最小の整数。ただし、関数値はdoubleになる。
floor(x)	x 以下の最大の整数。ただし、関数値はdoubleになる。
fmod(x,y)	x/y の浮動小数点の余り。関数値の符号は x と同じ。

これらの数学関数を用いる場合はプログラムの冒頭において、`#include<math.h>`という記述が必要となります。また、sin(x) の x、pow(x,y) の x や y のような変数のことを、とくに**引数**（ひきすう）といいます。この表に記載されている引数の型[*27]は、すべて double 型です。double 型以外の引数が記述された場合、その引数は double 型にキャストされます。たとえば、t を int 型の変数とすると、sin(t) と記載された場合には、sin((double)t) と解釈されます。したがって、sin(1) と記述しても、sin(1.0) と解釈されます。また、角度の単位は、**ラジアン**（**radian**）で入力しなければいけません。**度**（**degree**）をラジアンに変換するには、次の変換式を使います。

```
変換角度(radian) = ( 角度(degree) × π ) / 180.0
```

リスト 4.8　半径 1 の円周上の座標を求める

```
#include <math.h>
#include <stdio.h>
```

*27　引数は関数のパラメータとして記述された変数のことですから、当然、型をもちます。

```
03
04 int main(void)
05 {
06     int unit;
07     double angle;
08     double pi, th, x, y;
09
10     printf("入力角度　入力角度の単位(0:degree, 1:radian)の順に入力 >>> ");
11     scanf("%lf %d", &angle, &unit);
12
13     // 単位系の変換
14     pi = 3.141592653589793; // 円周率π
15     if (unit == 0)          // 入力角度の単位は度(degree)
16     {
17         th = (angle * pi) / 180.0; // 度(degree)をラジアン(radian)に変換する
18         printf("θ=%g[degree]での座標は", angle);
19     }
20     else if (unit == 1) // 入力角度の単位は度(radian)
21     {
22         th = angle;
23         printf("θ=%g[radian]での座標は", angle);
24     }
25     else // 入力角度の単位の指定が0でも1でもない
26     {
27         printf("入力データエラー:*** 単位 ***\n");
28         return 1; // エラーによるプログラム終了
29     }
30
31     x = cos(th); // x座標値を求める
32     y = sin(th); // y座標値を求める
33
34     printf("( %g, %g )です\n", x, y);
35
36     return 0; // プログラム正常終了
37 }
```

リスト 4.8 (p.139)において、scanf により入力データを変数 angle、unit にセットしています（11 行目）。入力値は 10 行目の出力からわかるように、最初に角度、次に角度の単位です。角度の単位は、度（degree）ならば 0、ラジアン（radian）ならば 1 と入力します。

if 文は、変数 unit にセットされた値により単位の変換を行うか否かの条件判断を行っています（15 行目〜29 行目）。もし、unit の値が 0 でも 1 でもなければ、入力データに誤りがあることをメッセージとして表示し（27 行目）、プログラムを終了します（28 行目）。

プログラムの終了には **return 文** を使用します。これまでも return 文は使用してきましたが、

return 文にはプログラムを終了させる働きがあります[*28]。return のあとに記述する値は、プログラムからプログラムを起動した側へ渡すことができる値です。これをプログラムの**終了コード**といいます。通常、プログラムが正常に終了したときには 0 を、エラーで終了した場合には **0 以外**を返却することになっており、リスト 4.8 (p.139)では、エラーの場合には 1 を返却（28 行目）しています[*29]。

実行結果 4.8 実行結果

```
(実行結果その1)
入力角度　入力角度の単位(0:degree, 1:radian)の順に入力 >>> 0 0
θ=0[degree]での座標は( 1, 0 )です

(実行結果その2)
入力角度　入力角度の単位(0:degree, 1:radian)の順に入力 >>> 45 0
θ=45[degree]での座標は( 0.707107, 0.707107 )です

(実行結果その3)
入力角度　入力角度の単位(0:degree, 1:radian)の順に入力 >>> 3.141592653589793 1
θ=3.14159 [radian]での座標は( -1, 1.22465e-16 )です
```

Coffee Break 4.2　プログラムの終了コード

プログラムにおいて、main() の中括弧{ }の最後に記述された **return 文**は、プログラムの終了コードを返すものであると述べました。では、この終了コードはどのように利用するのでしょうか？

異なるプログラムを複数組み合わせることによって、1 つのまとまった処理を行うことがあります。このような方式の処理を**バッチ処理**といいますが、バッチ処理の中では終了コードが重要な役割を果たします。

たとえば、大量のデータを**ソート（並べ替え）**してから計算を行い、その処理を印刷するという処理があった場合に、ソート・計算・印刷などをそれぞれ別のプログラムとして作成したとしましょう[*a]。一連の処理を行うには、これらを、順に実行しなければなりません。

1. ソートプログラム
2. 計算プログラム
3. 印刷プログラム

プログラムが正常に進んでいるうちはよいのですが、もし、計算プログラムになんらかのエラーが発生して途中で止まってしまったら、その後の印刷プログラムは誤った計算結果を印刷するこ

*28　正確には、return 文は関数の終了を制御するものですが、これについては 5 章で詳しく学習します。
*29　リスト 4.8 (p.139)の実行結果その 3 において、angle に π の値を入力した場合、sin π は 0 になるはずですが、実行結果では計算誤差のために 0 と表示されていません。もし、結果表示の printf（34 行目）で、%g ではなく、%f を用いると「0.000000」と表示されます。また、sin 関数や cos 関数の計算方式の違いなどにより、この計算結果とは違った値が出力されることもあります。

とになってしまいます。このように、プログラムが正常に終了したかどうか、次の処理に進んでよいかどうかを判断するために**終了コード**が必要なのです。計算プログラムがエラーになった場合、あらかじめ決めておいた値を終了コードとして返却することにより、次の印刷プログラムを実行してよいかどうかを判断することができます。

一般に、終了コードはプログラムの実行が正常に終了した場合は 0 の値を、なんらかの異常が発生した場合には 0 以外の値を返すようにします。また、**EXIT_SUCCESS**、**EXIT_FAILURE** といった**<stdlib.h>**に定義されているマクロ定数[*b]を値として使うこともあります。ちなみに、main 関数以外の関数の中で終了コードを返してプログラムを終了したい場合は、exit(0); のように<stdlib.h>で定義されている **exit 関数**を使います。

ところで、このように複数のプログラムを順番に実行するには、Windows では**バッチファイル**を、UNIX 系の OS では**シェルスクリプト**を作成します。具体的な方法については詳しく述べませんが、プログラムの終了コードを確認する方法だけは紹介しておきましょう。

終了コードは、バッチ処理の中で利用される特殊な変数に格納されます。Windows ならば「**ERRORLEVEL**」、Linux ならば「**$?**」という名前で参照できます。プログラムを実行したあと、コマンドから次のようにタイプすると、そのプログラムの終了コードを確認することができます。

```
echo %ERRORLEVEL% (Windowsの場合)
echo $? (Linuxの場合)
```

*a　それぞれのプログラム間でのデータの受け渡しは、通常、ファイル経由になります。
*b　マクロ定数については 6.4 節を参照してください。

2 次方程式の解を求める

次に、数学関数を用いて、2 次方程式 $ax^2 + bx + c = 0$ の実数解を求めてみましょう。判別式は $D = b^2 - 4ac$ で与えられるものとし、解の公式は $\dfrac{(-b \pm \sqrt{D})}{2a}$ で与えられるものとします[*30]。

*30　解の公式は、桁落ちが発生するので、実際のプログラムでは使わないほうがよいでしょう。$b^2 - 4ac \geqq 0$ のときに、$b > 0$ ならば $-b + \sqrt{b^2 - 4ac}$、$b < 0$ ならば $-b - \sqrt{b^2 - 4ac}$ の計算で桁落ちが発生します。実際の解きかたとしては、桁落ちの発生しないほうの解の公式で 1 つめの解を求め、2 つめの解は解と係数の関係を用いて求めます。詳しくは、応用編をご覧ください。

- 係数 a が 0 であり、係数 b が 0 であれば、(**条件 1**)
  - 定数式であり解はない、(**文 1**)
- 係数 a が 0 であり、係数 b が 0 でなければ、(**条件 2**)
  - 1 次式であり、1 つの解を求める、(**文 2**)
- 係数 a が 0 でなく、判別式 D が 0 以上ならば、(**条件 3**)
  - 解の公式より実数解を求める、(**文 3**)
- 係数 a が 0 でなく、判別式 D が 0 より小さいならば、(**条件 4**)
  - 虚数解となり、実数解はない。(**文 4**)

プログラム中の sqrt(D) は、D の平方根を求める数学関数です[*31]。数学では D の平方根を表す記号は $\sqrt{D}$ を使いますが、プログラムで記述する場合は「sqrt(D)」とするので注意してください。また、べき乗の演算子はないため、x^2 は「x * x」と表現します[*32]。ただし、printf のメッセージ中では、x^2 を「x^2」と表現しています。

リスト 4.9 では、ネストを用いて条件式を設定しています。ネストという制御構造を用いることにより、複雑な条件を簡単に記述できます。

リスト 4.9 2 次方程式の実数解を求める

```
01 #include <math.h>
02 #include <stdio.h>
03 
04 int main(void)
05 {
06     double a, b, c, D, x1, x2;
07 
08     printf("ax^2+bx+c=0のa b cを入力してください >>> ");
09     scanf("%lf %lf %lf", &a, &b, &c); // double型は%lfを用いて入力する
10 
11     if (a == 0.0)
12     {
13         if (b == 0.0)
14         {
15             printf("係数がおかしい。\n");
16         }
17         else
18         {
19             x1 = -c / b; // この場合、1次方程式となる
20             printf("解は、%gです。\n", x1);
```

*31 sqrt を含め C の数学関数は、計算できない値を誤って指定してもエラーとして実行を停止しません。たとえば、sqrt(-1) としても何事もなかったかのように実行を続けてしまいます。

*32 この処理は数学関数の pow 関数でもできますが、整数の場合には効率が悪くなります。詳しくは、**Coffee Break 4.3** (p.145)を参照してください。

```
21            }
22        }
23        else // 判別式での判断により解の有無を調べる
24        {
25            D = b * b - 4 * a * c; // 判別式D
26            if (D >= 0.0)           // 判別式Dが0以上
27            {
28                x1 = (-b + sqrt(D)) / (2 * a);
29                x2 = (-b - sqrt(D)) / (2 * a);
30                if (D == 0) // 重解
31                {
32                    printf("解は、重解となり%gです。\n", x1);
33                }
34                else
35                {
36                    printf("解は、%gと%gです。\n", x1, x2);
37                }
38            }
39            else // 判別式が0より小さい
40            {
41                printf("虚数解となるため、解はありません。\n");
42            }
43        }
44
45        return 0;
46    }
```

実行結果 4.9　実行結果

```
例1：ax^2+bx+c=0のa b cを入力してください >>> 0 0 1
     係数がおかしい。

例2：ax^2+bx+c=0のa b cを入力してください >>> 0 2 1
     解は、-0.5です。

例3：ax^2+bx+c=0のa b cを入力してください >>> 1 2 1
     解は、重解となり-1です。

例4：ax^2+bx+c=0のa b cを入力してください >>> 1 1 1
     虚数解となるため、解はありません。
```

Coffee Break 4.3　2 乗の計算

リスト 4.9 (p.143)のプログラムでは 2 乗の計算を行うのに、

```
b * b
```

としました。数学関数<math.h>の中には、double 型のべき乗を計算する関数 pow(x,y) がありますが、なぜこの関数を使用しないのでしょう。確かに、

```
pow( b, 2.0 )  あるいは  pow(b, 2)
```

とすることによって、2 乗の計算をすることができます。しかし、この pow(x, y) 関数は引数 y が double 型のため、対数計算によって答えを求める形になり、計算量および計算誤差の点で不利になります。

4.3 ループ（繰り返し）処理

ループとは「同じことを、ある条件が成立するまで何度も行う」という処理です。たとえば、日常的な行動を例にとってみれば、次の行動はそれぞれループであると考えられます。

- お金があるかぎり宝くじを買う
- グランドを 20 周回るまで休まない

プログラムを作成する上でも、**ループ処理**は非常に重要です。では、どのようにすれば実現できるでしょうか。C ではこれらのループ処理を行う文として、**for 文**、**while 文**、**do-while 文**といった文が用意されています。

「お金があるかぎり」「20 周回るまで」などのループを続けるための条件に相当する部分を、**ループの継続条件**といいます。ループの継続条件の判定の仕方には、以下の 2 つがあります。

- カウンタ方式
- 見張り方式

カウンタ方式とは、ループ内にループした回数を数える変数（**カウンタ変数**[*33]）を設定し、この

*33　通行量調査などで車が通過したときに手に持ったカウンタをカチッと押し、車の通過台数をカウントアップするカウンタと同様な働きをすることから**カウンタ変数**とよばれています。

変数により継続条件を決定するものです。一方、**見張り方式** とは、ある特定の条件を満足しているあいだはループを継続するもので、「お金があるかぎり」「20 周回るまで」などがループを継続するための条件に相当します。「20 周回るまで」という継続条件などは、カウンタ方式で示すこともできます。また、継続条件が常に真となるループを**無限ループ**とよびます[*34]。

4.3.1　for 文：順番に繰り返す

カウンタ方式のループ処理を作るには for **文**を使用します。for 文の形式と処理の流れを、**図 4.13** にフローチャートで示します。

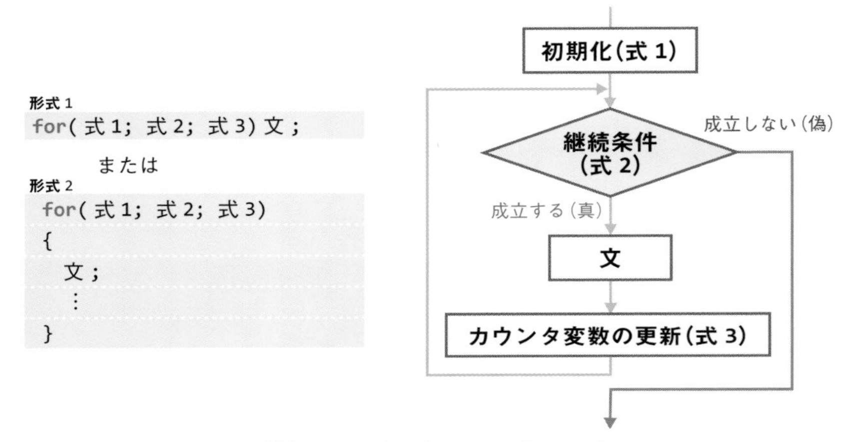

■**図 4.13　プログラムの形式：for 文**

for 文では、キーワード for に続く 3 つの式によりループを続ける条件を設定します。式 1 は、**カウンタ変数の初期値**を与えます。式 2 は、**ループの継続条件**を与えます。式 3 は、**カウンタ変数更新のための増分値**を与えます。式 2 が真のあいだは、本体{...}を繰り返し実行します。では、具体的に for 文を使用したプログラム例として、1 から 10 までの和を求める **リスト 4.10** を紹介しましょう。

リスト 4.10　1 から 10 までの和を求める

```
01  #include <stdio.h>
02  
03  int main(void)
04  {
05      int total = 0;
06  
07      for (int i = 1; i <= 10; i++)
```

*34　無限ループを使用してプログラムを組むこともありますが、使い方を間違えると数々の障害を起こす原因となります。

```
        {
            total = total + i;
        }
        printf("1から10までの和は%dです\n", total);

        return 0;
    }
```

このプログラムの計算手順を追ってみましょう。上記の例では 1 から 10 までの和を求めましたが、これをもっと一般化して 1 から n までの和を求める方法を考えてみます。本来であれば、

```
total <--- 1 + 2 + 3 + 4 + ...... + ( n - 1 ) + n
```

と考えます。……の部分の意味をコンピュータが理解してくれればよいのですが、残念ながらこのような記述はできません。上記の式を次のような手順に分解して、

```
手順0     total <--- 0;
手順1     total <--- total + 1;
手順2     total <--- total + 2;
手順3     total <--- total + 3;

  …中略…

手順n-1   total <--- total + ( n - 1 );
手順n     total <--- total + n;
```

と考えます。手順 0 で total という変数の内容を 0 にします。手順 1 では total（内容は 0）に 1 を加えたものを再び total にセットします。この結果、total の内容は 1 になり、最初の 1 が加えられた状態になります。次に、手順 2 で 2 が加えられますが、この結果 1 + 2 = 3 が total にセットされます。このように繰り返していくと、total には 1 から n までの和がセットされることになります。

実行結果 4.10 実行結果

```
1から10までの和は55です
```

インクリメント、デクリメント演算子

カウンタ変数のように 1 ずつ加える、または減らすような演算を行うために、C には**インクリメント**（increment）と**デクリメント**（decrement）という演算子があります。これらの演算子は、整数型（char, short, int など）や浮動小数点型（float や double など）で使えます。しかし、実際には、整数型に対してのみ使われることがほとんどです。

インクリメントとは、被演算子[*35]に 1 を加えることを意味し、次のように記述します。

```
i++
```

または、以下のように記述します。

```
++i;
```

インクリメント i++ や ++i が i に 1 を加えるのに対して、デクリメントは--i または i--と記述し、i から 1 減じます。この 2 つの演算子は使い方が同じなので、以下インクリメントについて説明します。たとえば、i の値が 2、j の値が 5 のときに、

```
++i;
j++;
```

を実行すると、i の値は 3、j の値は 6 になります。この演算子は、結果的には以下のプログラムと同じことになります。

```
i = i + 1;
j = j + 1;
```

ただし、++i; と i++; の値には大きな違いがあります。++i の値は i の値をインクリメントした**あとの値**になるのに対して、i++ の値は i の値をインクリメントする**前の値**になるという点です。これは、その値を使用する文脈[*36]によって ++i と i++ の効果が異なることを意味します。もし i が 5 のときに、

```
x = i++;
```

という演算を実行すると、x は 5、つまり i がインクリメントされる**前の値**になります。一方、i が 5 のときに、

*35　**被演算子（オペランド）**とは、演算対象の変数のことです。a + b の a と b、c++ の c が被演算子に相当します。
*36　**文脈**とは、プログラムのどのような場所で使われるかということです。

```
x= ++i;
```

では x は 6、つまり i がインクリメントされた**あとの値**になります。

x=i++ および x=++i を普通の演算子で表現すると、次のようになります。

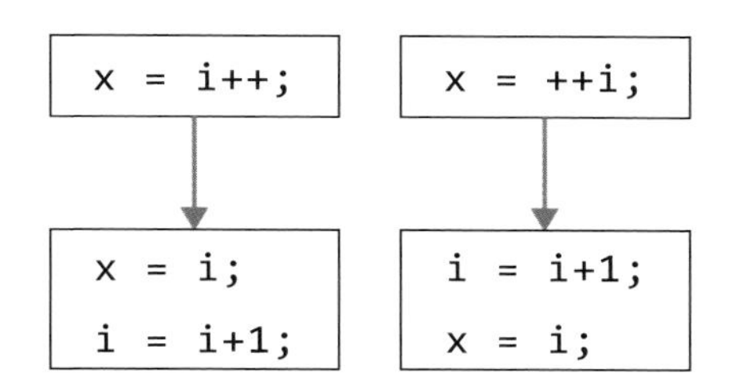

■図 4.14　x=i++ と x=++i の普通の演算子での表現

変数 i に 1 を加える位置に注意してください。

デクリメントは、被演算子に 1 を減じること以外は、インクリメントと同じ動作を行います。また、インクリメント、デクリメントの演算子は変数のみに適用可能であって、次のような式を書くことはできません。

```
(i + j)++
```

インクリメント演算子、デクリメント演算子の便利な点は、if 文や for 文の条件の中で用いることができる点です。たとえば、

```
i = i + 1;
if( i == 6 ) printf( "iは6です\n" );
```

というプログラムは、次のように 1 行で書けてしまいます。このような書きかたは、C ではよく用いられます。

```
if( ++i == 6 ) printf( "iは6です\n" );
```

カウンタ変数の型

カウンタ変数の型は、一般的に **整数型**にした方がトラブルが少なくて済みます。カウンタ変数を浮動小数点型にしてみたらどうなるでしょうか。0 から 0.9 ラジアンについて、*sine*（正弦）、*cosine*（余弦）の三角関数表を作成するプログラム例（**リスト 4.11** (p.150)）を示します。

リスト 4.11 sin, cos の三角関数

```
01  #include <math.h>
02  #include <stdio.h>
03
04  int main(void)
05  {
06      double t; // double型のカウンタ変数
07      double sine, cosine;
08
09      printf("三角関数\n");
10      printf("  t      sin       cos\n");
11      for (t = 0.0; t < 1.0; t += 0.1)    // カウンタ変数tを0.1アップしてループ実行
12      {
13          double sine = sin(t);
14          double cosine = cos(t);
15          printf(" %3.1f    %6.4f    %6.4f\n", t, sine, cosine);
16      }
17
18      return 0;
19  }
```

実行結果 4.11 実行結果

```
三角関数
 t     sin      cos
0.0   0.0000   1.0000
0.1   0.0998   0.9950
0.2   0.1987   0.9801
0.3   0.2955   0.9553
0.4   0.3894   0.9211
0.5   0.4794   0.8776
0.6   0.5646   0.8253
0.7   0.6442   0.7648
0.8   0.7174   0.6967
0.9   0.7833   0.6216
1.0   0.8415   0.5403
```

この実行結果を見ると、t=1.0 の結果が出力されています。プログラムの for 文の継続条件は

「t < 1.0」になっている（11 行目）ので、t==1.0 になっていれば、この条件が成立せずに for 文の本体を実行しないはずです。実は、これはコンピュータの計算誤差[*37]のせいなのです。整数型と違い、浮動小数点型の小数点以下の演算[*38]には誤差がつきものなのです。このような観点から、カウンタ変数は整数型にすべきと述べたわけです。

for 文内の式の省略

for に続く ( ) 内の 3 つの式は、それぞれ別個に省略することが可能です。たとえば、次の例は式 1 と式 3 を省略した例です。

```
for( ; 式2 ; ){ …… }
```

for 文の式を省略したプログラム例を次に示します。

for 文の式省略例（その 1）

```
int i = 1;                // 初期値設定
int n = 0;
for( ; i <= 10; i++ )     // 初期値省略
{
    n = n + i;
}
```

for 文の式省略例（その 2）

```
int i = 1;              //初期値設定
int n = 0;
for( ; i <= 10; )       // 初期値、増分省略
{
    n = n + i;
    i++;                // 増分処理
}
```

上の例その 1、その 2 は for 文の ( ) 内の式を省略し、省略したカウンタ変数の初期化やインクリメントを別の箇所で行っています。記述の仕方は異なりますが、上記の例その 1、その 2 はまったく同じ動作となります[*39]。for の中の式を省略するときも、式を区別するための 2 つのセミコロン「;」は省略できないことに注意してください。

---

*37 1 章で述べたように、0.1 を 10 回加えても 1.0 にはなりません。実行結果の中では、t の値がちゃんと 1.000000 と表示されていますが、実際の値は 0.999 …となります。**計算誤差**については、落とし穴 3.3 (p.79)を参照してください。

*38 ほとんどの小数点以下の数値は、有限桁の 2 進では正しく表現できません。

*39 その 1、その 2 の例は、省略記法を説明するためのものです。カウンタの初期化やインクリメント、ループの継続条件を 1 か所にまとめて記述できることが for 文の特徴ですので、特別な必要がないかぎり、これらの式は for 文の中に記述するべきでしょう。

for 文の実行は、第 2 式が偽であると判断された場合か、または for 文本体{...}に break[*40] 文が存在し、プログラムの制御が for 文の外へ移ると終了します。あるいは、4.4.1 項で学習する goto 文を用いて for 文を終了させることもできます。しかし、goto 文を用いるとプログラムの可読性が悪くなるので、goto 文でループを終了させることはやめましょう。

for 文中のコンマ式

次に、数当てゲームのプログラムである **リスト 4.12** を示します。このプログラムは、実行結果例からわかるとおり、ある数（この例では 2985、5 行目で定義）を当てるゲームです。ゲームをする人は、当たりだと思う数値を入力します。その数値が当たりでない場合は、ヒントとしてその数値が当たりの数値よりも「小さい」か「大きい」かを表現します。このヒントを見て、さらに次の数値を考えて入力します。30 回挑戦することができます。

この例題では for 文の初期値および、増分値を与える部分が**コンマ式**となっています。コンマ式を説明するために、まず次の 2 つの代入文について考えます。

```
a = 1;
b = 2;
```

この 2 つの代入文は、コンマ式によって、

```
a = 1, b = 2;
```

のようにして 1 つの文にすることができます。このコンマ（,）は演算子です。

for 文の式は、コンマで区切ればいくつでも式を記述することができます。リスト 4.12 の i, j のように、複数のカウンタ変数を設定することも可能です。

リスト 4.12　数当てゲーム

```
01  #include <stdio.h>
02
03  int main(void)
04  {
05      int num = 2985; // 当たりの回数
06      int i;          // 試行回数
07      int j;          // 残りの回数
08      int input_num;  // ユーザの入力した値
09
10      for (i = 0, j = 29; i < 30; i++, j--)
11      {
12          printf("%d回目の数字をどうぞ　？　>>> ", i + 1); // 30回の繰り返し
```

*40　for 文中の break については、4.3.5 項で説明します。

```
        scanf("%d", &input_num);

        if (input_num > num)
        {
            printf("大きいです　！　チャンスはあと%d回\n\n", j);
        }
        else if (input_num < num)
        {
            printf("小さいです　！　チャンスはあと%d回\n\n", j);
        }
        else
        {
            printf("\n\n ********** \n");
            printf(" * 大正解 *\n");
            printf(" **********\n ");
            break;
        }
    }

    return 0;
}
```

実行結果 4.12　実行結果

```
1回目の数字をどうぞ　？　>>> 1000
小さいです　！　チャンスはあと29回

2回目の数字をどうぞ　？　>>> 3000
大きいです　！　チャンスはあと28回

3回目の数字をどうぞ　？　>>> 2900
小さいです　！　チャンスはあと27回

4回目の数字をどうぞ　？　>>> 2950
小さいです　！　チャンスはあと26回

5回目の数字をどうぞ　？　>>> 2990
大きいです　！　チャンスはあと25回

6回目の数字をどうぞ　？　>>> 2980
小さいです　！　チャンスはあと24回

7回目の数字をどうぞ　？　>>> 2985

**********
```

```
* 大正解 *
***********
```

なお、コンマ式を用いると次のような記述も可能です。

```
a = 5, 6, 7, 8;
```

この場合、最後の 8 が a に代入されます。これを一般的に記述すると、

```
式1, 式2, …, 式n;
```

となります。この式が評価されるときには[*41]「式 1」から次々に式が評価され、最後の「式 n」の値が、この式の最終的な評価結果となります。

4.3.2 while 文：真のあいだ、繰り返す

while **文は、条件式が真のあいだは、本体**[*42]**を実行し続け、条件式が偽になれば終了する**という動作を表現します。では、while 文の形式と処理の流れを、**図 4.15** にフローチャートで示しましょう。

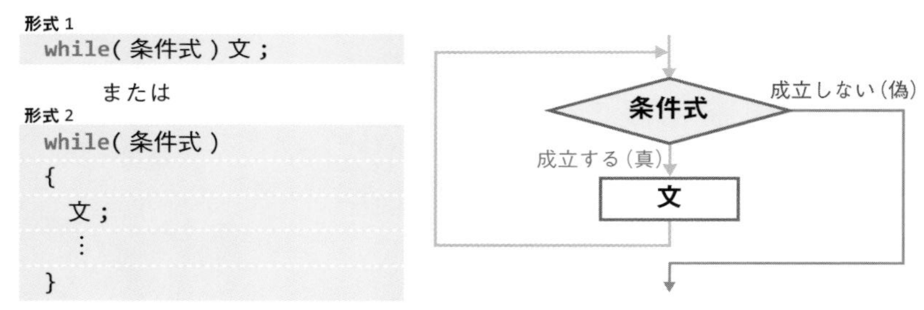

■図 4.15　プログラムの形式：while 文

「お金があるかぎり宝くじを買う」という例を while 文で示すと、次のように表せます。

プログラムの形式：while 文（その 1）

```
while( お金がある ) 宝くじを買う
```

または、以下のようにも表せます。

*41　コンマ式を用いた例として、たとえば、a = ++i, --j, k+1; という式では、i の値が 1 つ増え、j の値が 1 つ減り、k+1 の値が a に代入されます。

*42　キーワード while に続く{...}内に記述される文を総称して**本体**とよびます。これは for 文や do～while 文でも同様です。

プログラムの形式：while 文（その 2）

```
while( お金がある )
{
    宝くじを買う
}
```

例：数表

では、具体的に while 文を使用したプログラム例を示しましょう。**リスト 4.13** は、1 から 10 までの逆数、2 乗、平方根の数表を作成するものです。

リスト 4.13 数表

```
#include <math.h>
#include <stdio.h>

int main(void)
{
    int i = 1; // 変数iへ最初の値である1を代入する
    printf("         逆数        2乗       平方根\n");
    printf("---------------------------------\n");

    while (i <= 10) // iが10以下の間繰り返す
    {
        double value = i; // 実数計算をするのでiを実数化しvalueにセット
        double a = 1 / value;
        double b = value * value;
        double c = sqrt(value);
        printf("%5.1f    %5.3f    %6.1f     %6.4f\n", value, a, b, c);
        i = i + 1; // 変数iをカウントアップ
    }

    return 0;
}
```

「1 から 10 まで」というのがループを継続する条件ですから、これを while 文の条件式とします。条件式は、変数 i をループした回数を数える変数とすれば while(i <= 10) となります[*43]。

注意が必要な点は、変数 i はループした回数を数える変数ですから、毎回 1 回ずつカウントアップしなければならない（17 行目）、ということです[*44]。また、変数 i の最初の値として 1 を代入し

---

*43　「1 から 10 まで」であるから while(1<=i && i <=10) ではないかと思う人もいるでしょう。しかし、ループに入る前には、たいてい i の値を 0 あるいは 1 に設定しますので、通常は 1 <= i という条件の判定はしません。

*44　カウントアップを忘れると、i の値が変化しないため継続条件が真のままとなり、**無限ループ**になります。

ておく（6 行目）ことも忘れずに行わなければいけません[*45]。

実行結果 4.13 実行結果

```
        逆数      2乗      平方根
---------------------------------
  1.0   1.000      1.0    1.0000
  2.0   0.500      4.0    1.4142
  3.0   0.333      9.0    1.7321
  4.0   0.250     16.0    2.0000
  5.0   0.200     25.0    2.2361
  6.0   0.167     36.0    2.4495
  7.0   0.143     49.0    2.6458
  8.0   0.125     64.0    2.8284
  9.0   0.111     81.0    3.0000
 10.0   0.100    100.0    3.1623
```

ループの境界条件

「ループを何回繰り返したか？」ということは、プログラムの動作上大変重要なことです。繰り返しの回数は、ループのカウンタ変数と条件式によって決定されます。**境界条件**とは、このようなループの繰り返し回数を制御する条件を指します。

1 から 10 までの和を求める **リスト 4.14** を例にとって、境界条件を確認してみましょう。

リスト 4.14 1 から 10 までの和を求める

```
01  #include <stdio.h>
02
03  int main(void)
04  {
05      int i = 1;
06      int total = 0;
07
08      // 境界条件に等号が入らない場合
09      while (i < 10) // 間違いバージョン
10      {
11          total = total + i;
12          i++;
13      }
14      printf("[境界条件が「未満」の場合] 1から10までの和は%dです。変数iは%dです。\n",
    total, i);
15
```

*45　この値を変数の**初期値**とよびます。また、とくにループの条件式に使用される変数で、初期値やループを終了する場合の変数の値を**境界条件**とよびます。境界条件はループが意図した回数繰り返したかチェックを行う場合に用いられます。

```
    i = 0;
    total = 0;
    // 境界条件に等号が入る場合
    while (i <= 10) // 正解バージョン
    {
        total = total + i;
        i++;
    }
    printf("[境界条件が「以下」の場合] 1から10までの和は%dです。変数iは%dです。\n",
total, i);

    return 0;
}
```

実行結果 4.14 実行結果

```
[境界条件が「未満」の場合] 1から10までの和は45です。変数iは10です。
[境界条件が「以下」の場合] 1から10までの和は55です。変数iは11です。
```

これは、1 から 10 の和を求めるプログラムですが、条件式の関係演算子「<」（9 行目）と「<=」（19 行目）だけの違いで結果が異なってしまいました。意図した回数だけループが実行されたかなどは、比較的ミスの出やすい部分です。境界条件のチェック[*46]は必ず行うことを心がけるべきです。

getchar 関数と putchar 関数

while 文の利用例として、標準入力から入力した文字を標準出力へ出力する方法を示します。通常、**標準入力** とはキーボードからの入力データを指し、**標準出力** とはディスプレイへの表示を指します。標準入力からデータを読むためには、**getchar 関数**[*47]を使用します。標準出力へデータを出力するためには、**putchar 関数** を使用します。これらは **標準関数** とよばれ、次に示す **表 4.9** の機能をもっています。

■表 4.9 getchar 関数と putchar 関数

関数名	戻り値	機能
getchar()	読み込んだ文字	標準入力から1文字読み込む
putchar(c)	書き出した文字	標準出力へcで指定された1文字を書き出す

*46 リスト 4.14 (p.156) の境界条件が「以下」の場合を例に挙げると、(1)i が 0 のときはループを実行する、(2)i が 10 のときはループを実行する、(3)i が 11 のときはループを実行しない、というように、ループの開始・継続・終了の条件をプログラム上でチェックします。
*47 getchar 関数や putchar 関数は、**標準ヘッダファイル**の<stdio.h>でマクロとして定義されています。

リスト 4.15　入力した文字を出力する（その 1）

```
01 #include <stdio.h>
02 
03 int main(void)
04 {
05     int c = getchar(); // 1文字入力する
06     while (c != EOF)   // 入力された文字がEOF(データの終了)でない間繰り返す
07     {
08         putchar(c);    // cを出力する
09         c = getchar(); // 1文字入力する
10     }
11 
12     return 0;
13 }
```

実行結果 4.15　実行結果

```
abcdefghijk
abcdefghijk
```

c = getchar(); は、標準入力より 1 文字読み込み、結果を文字変数 c に格納します（5 行目、9 行目）。putchar(c); は 1 文字 c を標準出力へ出力します（8 行目）。また、while(c != EOF) の EOF とは end of file の略で、データの終了を意味します（6 行目）。EOF は<stdio.h>に定義されているマクロ[*48]なので、**リスト 4.15** の中では定義する必要はありません。

プログラムの実行結果の見方は、1 行目が入力データで、2 行目が出力データとなります。実際の動作としては、abcdefghijk を入力したあと、リターンキーを押す[*49]と、1 文字ずつ getchar で読み込まれ、abcdefghijk が 1 文字ずつ putchar で出力されます[*50]。EOF（UNIX の場合は CTRL + D、Windows の場合は CTRL + Z）を入力するとプログラムは終了します。

Coffee Break 4.4　getchar の補足

文字として表現すべき変数 c が int 型になっていることに気づかれた方も多いと思います。これは、getchar() が実は int 型の値として文字を返すからです。たとえば、'a'は ASCII コードでは 61（16 進数）ですが、61（16 進数）の char と int との表現には **表 4.10** のような違いがあります。

*48　マクロについては、3.1.7 項および 6.4 節を参照してください。
*49　リターンキーで入力終了とすることについては、Coffee Break 4.5 (p.160)を参照してください。
*50　このように、入力をそのまま出力することを**エコー**（echo）といいます。

■表 4.10 'a' の表現の違い

	2進数	16進数
char	01100001	0x61
int(32bits)	00000000000000000000000001100001	0x00000061

getchar() は、本来 01100001 という値を返すべきところを int 型で返してきます。

この理由は、EOF の値が-1 と定義されていることにあります[*a]。signed char 型を用いると-1 を表現できますが、char 型が signed か unsigned かはコンピュータ・コンパイラによって異なります。したがって、char 型で常に-1 を表現できるとは限らないのです。

また、int 型の-1 は、signed char 型の-1 とは厳密に異なります。

■表 4.11 − 1 の表現の違い

	2進数	16進数
signed char	11111111	0xFF
int(32bits)	11111111111111111111111111111111	0xFFFFFFFF

このように、int 型で-1 を表現すると、8 ビットしかない char 型では決して表現できない値にすることができるのです。したがって、文字コードとしてはありえない値、EOF を返すために、getchar() は int 型として文字を返すようにしているのです。文字コードは、0x00000000 から 0x000000FF までの値を用い、EOF は 0xFFFFFFFF を用います。

また、putchar(c) の場合には、引数 c の型は int 型になります。

---

*a この値は、インクルードファイル<stdio.h>の中に定義されています。

getchar() の継続条件

getchar の EOF の判定と while 文の継続条件は、**リスト 4.16** のように記述することもできます。

リスト 4.16 入力した文字を出力する（その 2）

```
#include <stdio.h>

int main(void)
{
    int c;

    while ((c = getchar()) != EOF) // 入力文字をcに代入し、それがEOFでなければループ
    {
```

```
09          putchar(c); // cを出力する
10      }
11
12      return 0;
13  }
```

これは、次のように考えます。まず、7 行目の getchar 関数が実行され、標準入力よりデータを取り込みます。そして、その値が c に代入されます。つまり、c=getchar() がまず実行されます。代入演算の結果は、代入された値そのもの[*51]ですから、(c=getchar()) という代入演算の結果の値は、標準入力より取り込まれた値そのものになります。したがって、それが EOF かどうかを検査すればよいわけです。

Coffee Break 4.5　文字の入力とバッファリング

getchar を使うときに注意しなければいけないことがあります。getchar は標準入力（多くはキーボード）から文字を 1 文字だけ入力するための関数ですが、多くの場合、キーボードから文字のキーを押しただけでは、実際の入力動作は行われません。リターンキーが押されて初めて getchar() の実行が開始されます。次のようなプログラムがあるとします。

```
c1 = getchar();
c2 = getchar();
c3 = getchar();
c4 = getchar();
```

いま、'ab'と 2 つの文字を入力したとしましょう。入力したにもかかわらず、この段階では、実行は最初の c1=getchar() のところで入力待ちとなっています。本来なら c1 に'a'、c2 に'b'が代入されてしかるべきです。それでは、ここでリターンキーを押してみましょう。すると、その瞬間、入力動作が開始され、いきなり、**c3=getchar()** まで実行が進んでしまいます。**c1** に**'a'**、**c2** に**'b'**、**c3** に**'\n'**（ASCII コードの 0A（16 進数））が代入されます。そして、**c4=getchar()** の入力待ちで停止します。

これは入出力動作の基本を学習しないとちょっと理解しにくいのですが、入出力の効率を高めるために、**バッファリング**という処理を行っているからなのです。つまり、リターンキーが押されるまでは、入力された文字は、ある場所にためられていきます。リターンキーが押されると、一気にそれらの文字がプログラムによって読み込まれるのです。

バッファリングのテクニックを駆使すると、非常に効率のよいプログラムが書けますが、このようなテクニックについては応用編に示します。なお、中にはバッファリングを行わないものもあります。そのような場合には、入力した文字がただちに getchar で読み込まれます。

---

*51　=演算子は、+ や - の演算子と同じように演算結果をもちました。たとえば、p=(t=5); は、(t=5) の演算結果 (もちろん t には 5 が代入されています) である 5 が p にも代入されていました。このことについては、3.2.1 項を参照してください。

4.3.3　do-while 文：真のあいだ、繰り返す

do-while 文は、条件式が真のあいだ本体を実行し続けます。do-while 文の形式と処理の流れを、図 4.16 のフローチャートに示します。

■図 4.16　プログラムの形式：do-while

do-while 文は、まず最初に本体を実行します。その後、条件式の評価を行い、それが真であればさらに本体を実行します。do-while 文は while 文と似た構造をもっています。しかし、条件式が偽の場合でも、**最初の 1 回は本体が実行される**という点で while 文と異なります。

また、do-while 文では、while(**条件式**) のあとのセミコロン (;) は必ず必要です（**リスト 4.17** の 11 行目）。このセミコロンは書き忘れることが多いので注意してください。

リスト 4.17　do-while 文によるプログラム例

```
01  #include <stdio.h>
02
03  int main(void) // 1 2 3 4 5 6 7 8 9 10 と表示するプログラム
04  {
05      int i = 0;
06
07      do
08      {
09          i++;
10          printf(" %d ", i);
11      } while (i < 10);
12
13      return 0;
14  }
```

4.3.4　continue：ループ内の以降の文を実行せず、次のループへ

continue 文は、ループ内の continue 文以降の文を実行せずに、ループの制御を継続条件の評価へ戻す機能をもっています。continue 文は、for / while / do-while 文の中で使用可能です。for

文内で使用される場合は、カウンタ変数の更新を行った上で継続条件の評価が行われます。

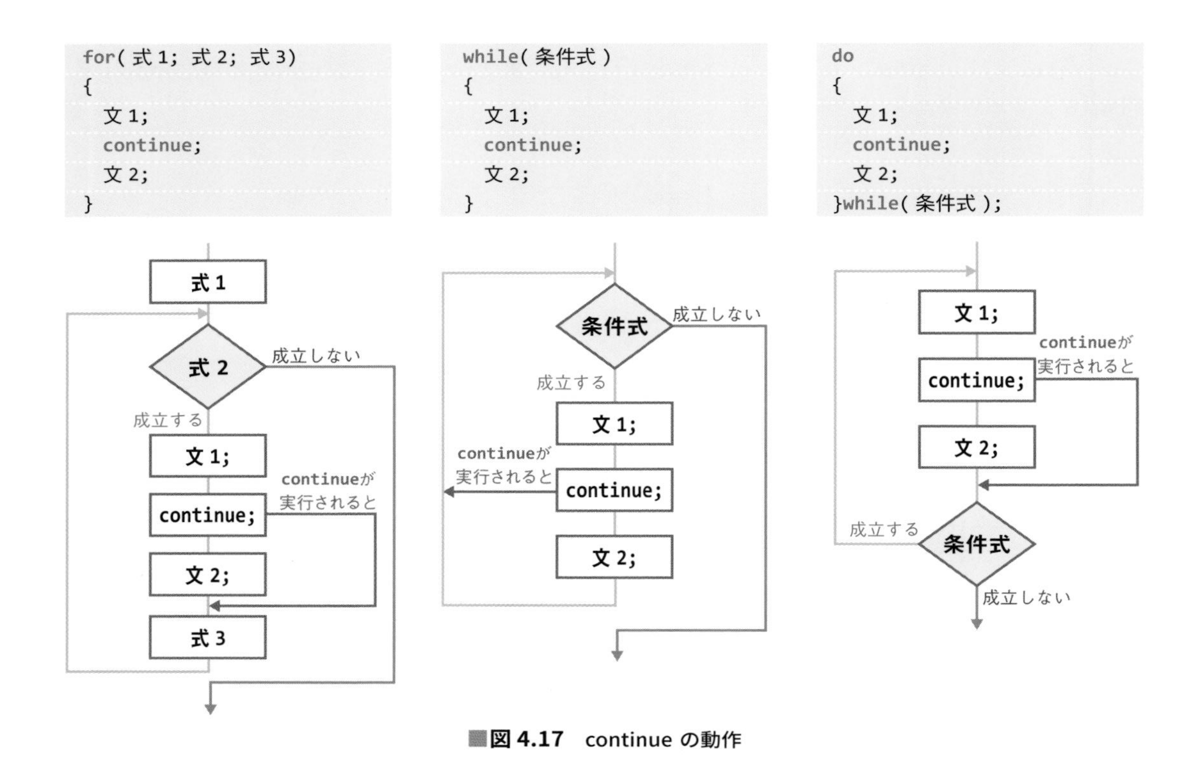

■図 4.17　continue の動作

まず、for 文内で continue 文を使用した例として、1 歳から 100 歳までの年齢のうち、厄年（やくどし）でない年齢を表示するプログラムを考えてみます。ここで女性の厄年を 19、33、37 歳、男性の厄年を 25、42、61 歳とします。1 歳から 100 歳までの繰り返し処理を行うので、年齢を保持する変数をそのままカウンタ変数として利用しましょう。このカウンタ変数と厄年の年齢とを比較し、一致したら continue 文で継続条件へジャンプすることにより、厄年の年齢を表示しないようにします。

リスト 4.18 内で age という変数を使っていますが、この変数は 11 行目で定義されています。age は for 文の**中だけで使う**カウンタ変数です。その場合、for 文の初期化部分の先頭で変数を定義することができます。

リスト 4.18　厄年ではない年齢を表示する

```
01  #include <stdio.h>
02
03  int main(void)
04  {
05      int isMale; // 性別 女性:0 / 男性:1
06
07      printf("性別を入力してください(女性:0／男性:1)>>>");
08      scanf("%d", &isMale);
```

```
    printf("安心できる年齢は・・・\n");

    for (int age = 1; age <= 100; age++)    // 年齢(age)を1歳から100歳までループ
    {
        if (isMale) // 男性か（男性のコードである1は真になる）
        {
            //男性の厄年
            if (age == 25)
            {
                continue;
            }
            if (age == 42)
            {
                continue;
            }
            if (age == 61)
            {
                continue;
            }
        }
        else    // 女性の処理
        {
            //女性の厄年
            if (age == 19)
            {
                continue;
            }
            if (age == 33)
            {
                continue;
            }
            if (age == 37)
            {
                continue;
            }
        }
        printf("\t%d歳\n", age);     // 厄年を表示
    }

    return 0;
}
```

次に、while 文内で continue 文を使用した例として、1 から 10 までのうちから偶数のものについて、逆数、2 乗、平方根の数表を作るプログラム（**リスト 4.19** (p.164)）を示します。continue 文が while 文内で使用される場合、while の評価式部分に処理が移動します。

リスト 4.19 偶数の数表

```
01 #include <math.h>
02 #include <stdio.h>
03
04 int main(void)
05 {
06     int s = 0;
07
08     printf("          逆数      2乗      平方根\n");
09     printf("   ------------------------------\n");
10     while ((++s) <= 10)
11     {
12         double value = s;
13         if (s % 2 == 1) // sが奇数ならば
14         {
15             continue; // whileの評価式部分「 (++s) <= 10 」に処理が移る
16         }
17         double a = 1 / value;
18         double b = value * value;
19         double c = sqrt(value);
20         printf(" %5.1f    %5.3f  %6.1f    %6.4f\n", value, a, b, c);
21     }
22
23     return 0;
24 }
```

実行結果 4.19 実行結果

```
          逆数      2乗      平方根
   ------------------------------
   2.0    0.500     4.0    1.4142
   4.0    0.250    16.0    2.0000
   6.0    0.167    36.0    2.4495
   8.0    0.125    64.0    2.8284
  10.0    0.100   100.0    3.1623
```

4.3.5 break

break 文は、switch 文またはループ処理を実現する for / while / do-while 文の中で使用され、プログラムの制御を自分が含まれる制御文の外に移す（抜ける）機能をもっています。switch 文中で break 文が使用される場合の動作は 4.2.5 項に記載しているので、そちらを参照してください。

for と while のループ処理中で break 文が使われた場合の処理の流れをプログラム例で示します。

プログラムの形式：for 文中で break 文が使われる場合

```
for(int i = 0; i < 10; i++ )
{
    処理A
    if (ループを中断する条件が真)
        break; //ループを抜ける(処理Bを実行せず、ループを抜けて、処理Cへ処理が移る)
    処理B
}
  処理C
```

プログラムの形式：while 文中で break 文が使われる場合

```
int i = 0;
while (i < 10)
{
    処理A
    if (ループを中断する条件が真)
        break; //ループを抜ける(処理Bを実行せず、ループを抜けて、処理Cへ処理が移る)
    処理B
    i++;
}
  処理C
```

ここで注意しなければいけないのは、ループがネストしている場合、break 文は自分が含まれるループの外にだけしか制御が移らないということです。次にその例を示します。

```
for(int i = 0; i < 10; i++)      //ループ1
{
    for(int j = 0; j < 10; j++) //ループ2
    {
        printf("ループ2: %d周目\n", j);
        break;  //ループ2から抜ける
    }

    printf("ループ1: %d周目\n", i);
```

```
    break;      //ループ1から抜ける
}
```

また、ネストされたループからの脱出は、4.4.1 項で説明する goto 文を利用する方法もあります。

4.3.6 無限ループ

ループという論理構造を実現するために、C は while、for、do-while 文の 3 つの文を用意しています。これらの 3 つの文は、すべて継続条件が真のあいだ、ループを継続するということでした。仮に、継続条件が真であり続けた場合、または継続条件がない場合、これらのループは **無限ループ**となります。for 文の場合は「for(;;)」[*52]、while 文の場合は「while(1)」[*53]などとします。無限ループを for(;;) とするか while(1) とするかは好みの問題です。

プログラムの形式：無限ループ

```
for( ; ; ) // for文版 無限ループ
{
    printf( "I love you.\n");
}

while( 1 ) // while文版 無限ループ
{
    printf( "I need you.\n");
}
```

無限ループは永遠に続くので、必ず終了させなければなりません[*54]。無限ループを脱出するために 4.3.5 項で説明した break 文を使用します。1 から 10 までの和を求めるプログラムである **リスト 4.20** を用いて例を示します

リスト 4.20 無限ループと break の使用例

```
01  #include <stdio.h>
02
03  int main(void)
04  {
05      int i = 1;
06      int n = 0;
```

*52　「for(式 1; 式 2; 式 3) において、式 1、式 2、式 3 のいずれも省略することができ、とくに継続条件である式 2 を省略すると、その結果は常に非 0 定数、すなわち真となる」という規則を利用しています。もちろん、for(;1;) としても for(;2;) としても同じですが、無限ループという意味を強調するなら for(;;) とすべきです。ちなみに、while 文の継続条件は省略できませんので、while() とすると、エラーになります。

*53　0 あるいは 0.0 以外は偽なので、while(2)、while(3)、while(0.1) などとしてもよいのですが、while(1) と書くのが普通です。

*54　無限ループを実行してしまった場合は、UNIX も Windows も CTRL + C で停止できます。

```
    for (;;) // for文版 無限ループ
    {
        n = n + i;
        if (i >= 10)
        {
            break; // forループを終了
        }
        i++;
    }
    printf("for文版: %d\n", n);

    i = 1;
    n = 0;

    while (1) // while文版 無限ループ
    {
        n = n + i;
        if (i >= 10)
        {
            break; // whileループを終了
        }
        i++;
    }
    printf("while文版: %d\n", n);

    return 0;
}
```

無限ループを抜けるのに、4.4.1 項で説明する goto 文を利用する方法もあります。

4.4 無条件分岐

4.4.1 goto 文

文は上から下へ逐次処理されることを前提としています。その制御の流れを変更する処理が、if 文や while 文などの分岐処理や繰り返し処理であることを学習してきました。ここでは「制御の流れを無条件に変える」**goto 文**について学習し、制御の流れと文の関係について再確認しましょう。

文には、ほかの文と識別するために、名前を付けることができます。この識別子を**ラベル（名札）**とよび、次の形式をとります。

プログラムの形式：ラベル

```
ラベル:  文;
```

これを**名札付き文**とよびます。たとえば、

```
clear: flag = 0:
set: flag = 1;
display: printf( "……" );
LOOP: for( … ) …
```

のように自由にラベルを付けることができます。ラベルに用いた識別子[*55]は、プログラムの中では唯一でなければなりません[*56]。また、ラベルは上記の例の最後のように大文字で書くことが多いです。実は、switch 文中の case および default もラベルなのですが、特殊なラベルとして扱われ、何度も使用することができます。

goto 文は、対応する名札付き文に無条件に制御を移す文で、次のような形式をしています。

```
goto ラベル;
```

Coffee Break 4.6　goto 文と break 文や continue 文

break 文や continue 文の動作を goto 文で説明してみましょう。

```
    while ( 1 )
    {
      …
      if ( a != 0 ) goto L_BREAK;    // break文と同じ動作
      if ( a == 0 ) goto L_CONTINUE;    // continue文と同じ動作
      …
L_CONTINUE:;
    }
L_BREAK:;
```

このように continue 文は、while 文の最後の}の直前へ、break 文は}の次へ制御が移る（**ジャンプする**、ともいいます）動作をします。

*55　識別子の命名規則は、3.1.2 項で説明した変数名の命名規則と同じです。
*56　C では、ラベルに用いる識別子は関数の中で唯一としています。**関数**については 5 章で説明します。ここではラベルに用いる識別子はプログラム内で唯一、つまり main 関数の中で一意であればよい、と考えてください。

4.4.2 goto 文を用いた例

if 文や while 文のおかげで goto 文をほとんど使用せずにプログラミングできますが、goto 文を使用することが、まれに便利である場合について説明します。

繰り返し制御の内側からの強制脱出

while 文や for 文などは、**リスト 4.21** のように、繰り返し文を何重にもネストさせることができます。このループを一挙に脱出したいときに、goto 文が使用される場合があります。

リスト 4.21 は、九九の掛け算を問題として表示し、解答をキーボードから入力させて、答えが合っていれば次の問題を表示し[*57]、その答えが合わなければ、すなわち解答者が計算間違いしたところでその正しい答えを出力し、プログラムを終了します。

リスト 4.21 goto 文による多重ループの強制脱出（掛け算問題）

```
01 #include <stdio.h>
02 
03 int main(void)
04 {
05     int i, j;
06 
07     for (i = 1; i < 10; i++) // for文1
08     {
09         for (j = 1; j < 10; j++) // for文2
10         {
11             printf("%dx%dは?\n", i, j);
12             int ans;
13             scanf("%d", &ans); // 答えを入力させる
14             if (ans != i * j)
15             {
16                 goto EXIT_ALL_LOOP;
17             }
18         }
19     }
20 
21 EXIT_ALL_LOOP:
22     printf("%dx%dの答えは%dです\n", i, j, i * j);
23 
24     return 0;
25 }
```

リスト 4.21 の 16 行目にある、goto EXIT_ALL_LOOP; の部分を break; としてしまうと、その時点の for 文（for 文 2）を抜けることはできますが、その前の for 文（for 文 1）を同時に抜けること

*57　このプログラムでは、1 × 1、1 × 2、...、1 × 9、2 × 1、2 × 2、2 × 3... と問題が与えられます。

はできません。

このように、2つ以上ネストされた繰り返しを抜けるために、goto 文を用いることができます。break 文では、その時点のループしか脱出できませんが（n 個目のループにある break 文ならば、(n-1) 個目のループへ脱出する）、goto 文は一挙に抜けることを可能にします[*58]。

リスト 4.22 は リスト 4.21 (p.169)と似ていますが、9 × 9 × 9 の掛け算にしてみました。このプログラムでは、goto 文を使用せずに記述しています。

リスト 4.22　フラグを使った強制脱出（掛け算問題）

```
01  #include <stdio.h>
02
03  int main(void)
04  {
05      int i, j, k;
06      int flag = 0; // 終了フラグ。値が0のときプログラムを継続、1のとき終了。初期値は0
07
08      for (i = 1; i < 10; i++) // for文1
09      {
10          for (j = 1; j < 10; j++) // for文2
11          {
12              for (k = 1; k < 10; k++) // for文3
13              {
14                  printf("%dx%dx%dは?\n", i, j, k);
15                  int ans;
16                  scanf("%d", &ans);    // 答えを入力させる
17                  if (ans != i * j * k) // この条件を満たした場合はループを抜けたい
18                  {
19                      flag = 1; // プログラムを終了させるため終了フラグを1にする
20                      break;    // for文3を抜ける
21                  }
22              }
23              if (flag == 1) // 終了フラグが1かどうか判定
24                  break;     // for文2を抜ける
25          }
26          if (flag == 1) // 終了フラグが1かどうか判定
27              break;     // for文3を抜ける
28      }
29
30      printf("%dx%dx%dの答えは%dです\n", i, j, k, i * j * k);
31
32      return 0;
33  }
```

*58　C では goto 文により、逆にループの外からループの中にいきなり飛び込むことも可能ですが、これは行わない方がよいでしょう。なぜなら、そのような制御構造は、一般にありえないからです。

リスト 4.22 では、goto 文を使用せずに、break 文でループの脱出を行っています。goto 文を使用した リスト 4.21 (p.169) と比べると、ループの終了フラグの設定と、そのフラグを判定する if 文が 2 か所も必要となってしまいます。

break 文だけですべてのループを抜けるようにするには、余分なフラグの設定や同じ条件判断を別の箇所でも行うことになる可能性があります。そのような場合には、かえって goto 文を使用した方がプログラムを読みやすくすることになります。

例外処理の記述

例外とは「通常ではないことが起きた場合」を指します。ここでは、例外状態をチェックし、**例外処理**を行う場合について考えてみます。その例外処理が非常に複雑で何十行にも及ぶ場合や、別の箇所で同じ処理を行っている場合などには、goto 文を使用すると簡潔なプログラムが書ける場合があります。

プログラムの形式：goto 文による例外処理

```
if( 例外条件 == 真 ) goto REIGAI;
```

以上、ループからの脱出と例外処理について説明しましたが、いずれの場合も後述する関数にすることで、goto 文を使用せずに見やすいプログラムに変更できることが多くあります。あるいは、アルゴリズムを変更することによって、goto 文を使用しない簡潔なプログラムになる場合も少なくありません。ですから、**goto 文を使用しようとしたときは、ほかの方法がないかどうかいつも考慮する**ように心がけてください。

例外処理では、goto 文が有効なケースとして、**ファイル処理**があります。詳しい内容は、10.4.5 項で説明します。

落とし穴 4.3　case ラベル？　default ラベル？

switch 文の中で使用する case ラベルや default ラベルの綴りを間違えるとどういうことになるのでしょうか？　次のプログラムを読んでみてください。

```
#include <stdio.h>

int main( void )
{
    int no;

    printf( "数値を入力してください。==> " );
    scanf( "%d", &no );

```

```
    switch ( no ) {
        case1 :          // case 1 : と書くところを……
            printf( "case1ラベル!!\n" );
            break;
        case 2 :         // 正しい書き方
            printf( "case 2ラベル!!\n" );
            break;
        defaults :       // 一見正しそうだが……
            printf( "defaultsラベル!!\n" );
            break;
    }
    return 0;
}
```

ラベルは、すべての文に対して付けることができることに注目してください。このプログラムを個々のラベルごとに順番に考えてみましょう。

1. **case1 ラベル**
   ラベルは"case1"です。「case1:printf("case1 ラベル!!\n");」として扱われますが、正しい文です。case ラベルではないので、switch 文の no が「1」だったとしても、この部分は実行されません。

2. **case2 ラベル**
   ラベルは"case"です。case と「:」のあいだに定数式 2 のある、正しい文です。switch 文の no が「2」の場合にこの部分は実行されます。

3. **defaults ラベル**
   ラベルは"defaults"です。「defaults:printf("defaults ラベル!!\n");」として扱われますが、正しい文です。default ラベルではないので、switch 内でどの case にも該当しない場合にこの部分は実行されません。

このように綴りを間違えても、構文エラーは 0 個でコンパイルエラーは出ませんが、期待する動作をしないことになります。ラベルの綴りは間違えないよう注意してください。

4.5 条件演算子

C には**三項演算子**である**条件演算子**が用意されています。この演算子は式として、

```
式1 ? 式2 : 式3
```

の形式をとり、**式 1 が「真ならば式 2 の値」がこの式の値となり、「偽ならば式 3 の値」がこの式の値**となります。次のプログラムは、もし変数 a が b よりも大きければ変数 i に 1 が代入され、小さいか等しければ 2 が代入されます。

```
i = ( a > b ) ? 1 : 2;
```

この処理は if 文でも記述できますが、次のように長くなります。

```
if ( a > b )
{
    i = 1;
}
else
{
    i = 2;
}
```

次の文は、変数 max_val に最大値を入れる例です。

```
if ( max_val < new_val ) max_val = new_val;
```

これを次のように、条件演算子を用いて表現することができます[*59]。

```
max_val = ( max_val < new_val ) ? new_val : max_val;
```

また、次の文は、変数 c が英小文字ならば大文字に変換する例です[*60]。

```
c = ( c >= 'a' && c <= 'z' ) ? 'A' -  'a' + c : c;
```

条件演算子は右辺値式になりえるので、式の中で自由に使用でき、**if 文を用いるよりも簡潔な表現が可能**な場合があることが利点といえます。たとえば、次の文は 1 つの式の中で a > b の判断を行い、大きい方を 10 倍して x に代入しています。

```
x = 10 * ( ( a > b ) ? a : b );
```

*59　この方式は多少効率が落ちることに注意してください。なぜなら、max_val >= new_val のときに、max_val = max_val という余分な操作が行われてしまうからです。

*60　この例も max_val の例と同じことが起きます。

関数

いよいよ、関数を勉強できるようになりました。いままでは printf や scanf のような関数をブラックボックスとして使用するだけでしたが、これからは「自作の」関数を定義して使用することができます。
関数を自由に自作できるようになると、大規模なプログラミングが可能になります。しかし、関数を使いこなせるようになるためには、引数の処理の仕方や実行のしくみなど、プログラムの基本的な動作原理についての知識が必要になります。
関数の導入とともに扱う変数の種類も増えます。いままでは auto とよばれる種類の変数（本章で説明します）を扱ってきただけでしたが、本章からさまざまな種類の変数を学習します。

5.1 関数

数学などでおなじみの関数は、入力と出力を備えたブラックボックスとみなすことができます。たとえば、与えられた数の 2 乗を計算する簡単な関数 $f(x) = x^2$ を考えてみましょう。入力は任意の実数で、出力はその数の 2 乗になります。

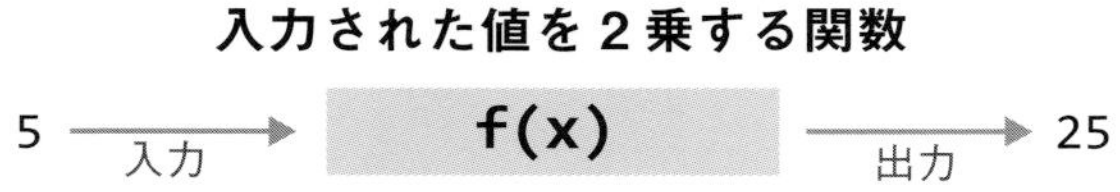

入力された値を 2 乗する関数

5 —入力→ **f(x)** —出力→ 25

■図 5.1　一般的な関数の概念

C における**関数**（function）も **図 5.1** の関数と同様に考えることができます。つまり、入力を与えて関数を実行する[*1]と、関数の中ではプログラムに従ってなんらかの計算が行われ、望みの出力が得られることになります。

5.1.1 簡単な関数の定義

これまで、printf、scanf などの**入出力関数**を用いてきました。これらは**標準関数**とよばれ、<stdio.h>などをおまじないとして用いてきました。しかし、このようにできあいの関数を用いるほかに、C では自作の関数を利用できます。本章では、最初にべき乗を計算する関数を作成することによって直感的に関数の概念を説明し、その後、組み合わせ数を求める関数を用いて詳しく説明していきます。

<math.h>に x^y を求める関数 pow(x,y) が宣言されていますが、これは実数を対象とした関数です。このため、取り扱う数値が整数と限定できる場合には、関数 pow(x,y) を使用するよりも整数を対象としたべき乗計算プログラムを使用するほうが、実行速度の面でははるかに効率的であるといえます[*2]。プログラムの最適化ということから、ここでは整数の正のべき乗を計算する関数を作ってみましょう。たとえば、

```
Y = powint( 2, 3 );
```

とすると、2^3 を求める powint という関数ができます。powint という関数があると仮定すると、2^0 から 2^{10} まで 1 つずつ増やして 2 のべき乗を求めるプログラムは、次のようになります[*3]。

*1　関数を実行することを、「関数を**呼び出す**（invoke）」ともいいます。

*2　実数の計算よりも整数の計算の方が圧倒的に速いのです。

*3　**リスト 5.1** (p.177)のプログラムは、関数 powint の中でループを用いて、毎回 2^i を計算しています。これは、ループの中で次々に 2^i を生成した方が、もちろん効率の面で優れています。しかし、一般的には、このように 0 から 10 までのべき乗を順次計算するようなことはあまりなく、関数化した方が利点は多いです。

リスト 5.1 整数の正のべき乗を計算する関数（その 1）

```
#include <stdio.h>

int main(void)
{
    int i, j;

    for (i = 0; i <= 10; i++)
    {
        j = powint(2, i);  // 2のi乗の計算
        printf("%d\t%d\n", i, j);
    }

    return 0;
}
```

しかし、残念ながらこのプログラムをコンパイルすると、powint という関数を用いている場所（9 行目）で、「この関数はない」というエラーメッセージが表示されてしまいます[*4]。つまり、powint という関数を、プログラムの中に記述しなければなりません。一般的な関数の定義は、次のように行います。

プログラムの形式：関数の定義

```
関数の型名　関数名(引数名1の型名　引数名1, …, 引数名nの型名　引数名n)
{
    変数定義
    文1
    文2

  …中略…

    return 関数値;
}
```

引数（ひきすう）（**argument** あるいは **parameter**）とは、関数に与える変数や変数の値のことです。powint(2,i) の場合、2 や i を引数とよびます[*5]。たとえば、powint という関数を定義するプログラムは、**リスト 5.2** (p.178)のようになります。

*4　正確には、リンク時にエラーとなります。
*5　とくに 2 を第 1 引数、i を第 2 引数といいます。

リスト 5.2　整数の正のべき乗を計算する関数（その 2）

```
01 int powint(int x, int p) // 関数の定義
02 {
03     int y = 1;            // 正の整数xのp乗を求める関数
04
05     while (p-- > 0)       // pの値を次々に減らしていって
06     {                     // 0になるまで繰り返す。したがって
07         y *= x;           // このループはp回繰り返される
08     }
09
10     return y;             // yをこの関数の値とする
11 }
```

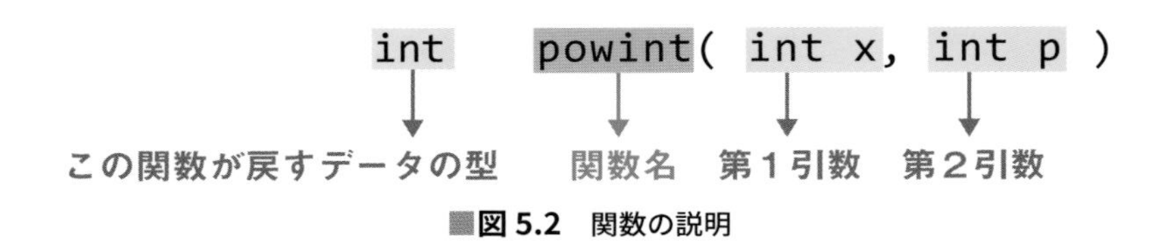

■図 5.2　関数の説明

この場合の powint 関数の定義は、int powint(int x, int p)（リスト 5.2 の 1 行目）となります。これは powint という関数が、その第 1 引数が int 型で、第 2 引数も int 型であることを示しています。また、powint の前の int は、この関数が int 型を値として返すことを示しています。int x の x は、関数の**第 1 引数**を、この関数では x とよぶことを意味しています。同じように、int p の p は、関数の**第 2 引数**を、この関数では p とよぶことを意味しています。

この関数の呼び出し powint(2,i); が実行される（リスト 5.1 (p.177)の 9 行目）と、2 が x に、i の値が p に代入されて、この関数が実行されます[*6]。なお、ここで関数呼び出し側（main 関数内）の powint に記述された引数（この例では、2 と i）を**実引数**（**actual argument**）とよび、関数定義に記述された引数（この例では、x と p）を**仮引数**（**formal argument**）とよびます。

■図 5.3　powint 関数の概念

関数の最後に実行される return **文**（リスト 5.2 の 10 行目）によって、その中に記述された値が、

*6　この説明（関数の呼び出し手順）については、5.1.3 項でより詳しく説明します。

その関数の値になります。これは関数の呼び出し側に戻される値（つまり、この関数の実行結果）で、そのため return といいます。return 文の一般形式は、return 式; です。いままで main の最後には、必ず return で値を返していたことを思い出してください。実は、C の main は関数の 1 つにすぎないのです。main 関数は、プログラムの実行が正常に終了した場合、0 を返す約束になっているのです。

リスト 5.3 整数の正のべき乗を計算する関数（その 3）

```
01  #include <stdio.h>
02
03  int powint(int x, int p) // 関数の定義
04  {
05      int y = 1;           // 正の整数xのp乗を求める関数
06
07      while (p-- > 0)      // pの値を次々に減らしていって
08      {                    // 0になるまで繰り返す。したがって
09          y *= x;          // このループはp回繰り返される
10      }
11
12      return y;            // yをこの関数の値とする
13  }
14
15  int main(void)
16  {
17      int i, j;
18
19      for (i = 0; i <= 10; i++)
20      {
21          j = powint(2, i);
22          printf("%d\t%d\n", i, j);
23      }
24
25      return 0;
26  }
```

3 行目〜13 行目は powint 関数の定義、15 行目〜25 行目は main 関数の定義です。**リスト 5.3** の実行のようすを以下に示します。

1. main の最初の実行文から始まる（19 行目）
2. for 文の働きによって、i の値が 0 となる（19 行目）
3. powint(2,0) が評価される（21 行目）
4. 2 → x, 0 → p とコピーされ、powint 関数に実行が移る（3 行目）
5. powint の結果、y に 1 が入り、「return y」で 1 が powint 関数の結果となる（12 行目）
6. for 文の働きによって、i の値が 1（19 行目）となり、powint(2,1) が評価される（21 行目）
7. 以降、i の値が 10 になるまで繰り返し

実行結果 5.3 実行結果

```
0       1
1       2
2       4
3       8
4       16
5       32
6       64
7       128
8       256
9       512
10      1024
```

しかし、リスト 5.3 (p.179)は一般的なプログラム構造ではありません[*7]。関数を用いた一般的なプログラムの全体構造を、5.1.2 項以降で詳しく説明しましょう。

5.1.2 関数を含むプログラム構造

プログラムの一般形式

図 5.4 に、関数を用いた一般的なプログラム形式を示します。

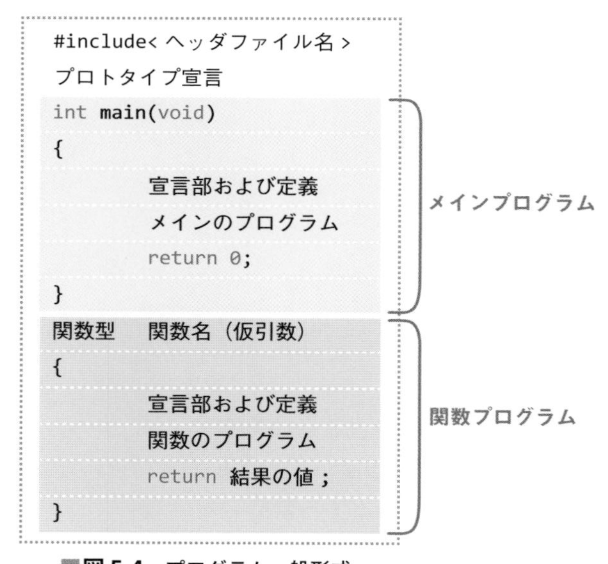

図 5.4　プログラム一般形式

*7　もちろん、このプログラムをコンパイルすれば問題なく動作しますが、通常はこのような形式のプログラムは書きません。

いままでプログラムとよんでいたmain関数の部分は、関数のプログラムと区別するため、**メインプログラム**（main program）とよびます。もちろん、プログラムの実行は、メインプログラムの最初の文から開始されます。関数のプログラムは、その関数を呼び出されて初めて実行されます。もし、メインプログラムの中で関数プログラムの呼び出しが一度も行われないと、その関数のプログラムはソースファイルに記述されていても一度も実行されません。

プロトタイプ宣言とは、そのプログラム内で使用する関数の名前や引数の順序と型を指定するために設けられた文法規則です。Cコンパイラは、上から下へ**一度だけ**、プログラムを読み込んでコンパイルします。プロトタイプ宣言がないと、コンパイラは引数の情報が不明なので「int型を返す関数」とみなしてとりあえずコンパイルします。しかし、この仮定は多くの場合うまくいきません。そのため、プロトタイプ宣言がないと、関数呼び出しのコンパイルができないと考えた方がよいでしょう。リスト5.3(p.179)においては**関数定義が先にある**ので、プロトタイプ宣言は不要となります。

いままではプログラムの最初に、おまじないとして、

```
#include <stdio.h>
```

などを記述してきました。ここでは、この**インクルード**の機能について説明します。

Cコンパイラには、**プリプロセッサ**（preprocessor）という機能があります。これは、コンパイルをする前処理としてソースファイルを読み込んで、ソースファイルに記述されている命令によって、ほかのファイルを読み込んだり、文字の置換[*8]などを行い、ソースファイルを加工する機能です。#で始まる行がプリプロセッサへ指示を与える行で、ソースファイルのどこにでも書くことができます。

ここでインクルード機能は、以下のように記述します。

```
#include <ファイル名>
#include "ファイル名"
```

これは、指示されたファイル名のファイルを読み込み、その場所へファイル内容を展開することを指示しています[*9]。つまり、

```
#include <stdio.h>
```

とは「<stdio.h>というファイルを読み込んで、その場所へその内容を展開しなさい」という指示なのです。この動作例を次に示します。

*8　**置換（マクロ）**は応用編で詳しく説明しています。そちらを参照してください。

*9　ここで、<**ファイル名**>や"**ファイル名**"の中に空白を書かないでください。たとえば<**[半角スペース] ファイル名 [半角スペース]**>と書くと、**[半角スペース] ファイル名 [半角スペース]** という名前のファイルを探しにいき、「そのようなファイルはない」というエラーメッセージが表示されてしまいます。

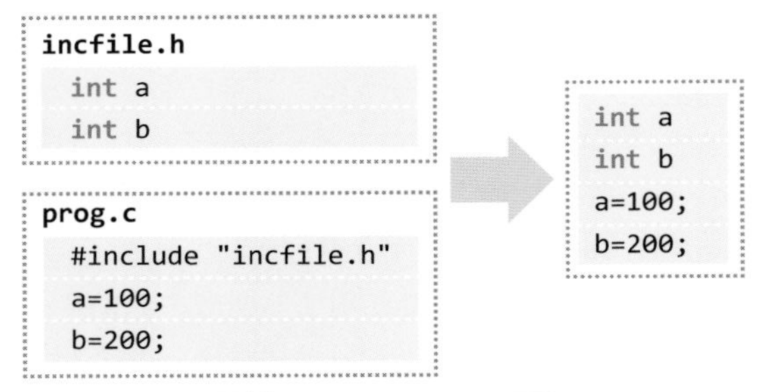

■図 5.5　ファイルの展開

いままで使用してきた<stdio.h>というファイルには、printf のプロトタイプ宣言などが記述されています。この<stdio.h>というファイルは**標準ヘッダファイル**[*10]とよばれるもので、**標準関数**を使うために必要な記述（たとえば、各関数のプロトタイプ宣言など）が書かれているファイルです。

printf 関数を使うときは<stdio.h>、**sin 関数**や **cos 関数**を使うときには<math.h>というファイルを読み込む必要があります。そして、この標準ヘッダファイルを読み込むときには、ファイル名を「<」と>」で囲みます。また、自分の作ったファイルを読み込むときには、ファイル名を「"」と「"」で囲みます。このインクルードされるファイルを**インクルードファイル**とよぶこともあります。

また、通常ソースファイルとヘッダファイルを区別するために、ファイルの拡張子を「.c」[*11]と「.h」としています。

ヘッダファイルの拡張子

ソースファイル：XXXXXX.c
ヘッダファイル：XXXXXX.h

このことから、powint 関数を一般的なプログラム構造として記述すると、**リスト 5.4** のようになります。

リスト 5.4　**整数の正のべき乗を計算する関数（その 4）**

```
01  #include <stdio.h>
02
03  int powint(int x, int p); // powint関数のプロトタイプ宣言
04
05  int main(void)
06  {
07      int i, j;
08
```

*10　一般に、宣言や定義が記述されており、プログラムの先頭に読み込まれるので**ヘッダファイル**とよばれています。
*11　処理系によっては、.cpp や.C の場合もあります（C++ の処理系の場合）。

```
09      for (i = 0; i <= 10; i++)
10      {
11          j = powint(2, i);
12          printf("%d\t%d\n", i, j);
13      }
14
15      return 0;
16  }
17
18  int powint(int x, int p) // powint関数の定義
19  {
20      int y = 1;           // 正の整数xのp乗を求める関数
21
22      while (p-- > 0)      // pの値を次々に減らしていって
23      {                    // 0になるまで繰り返す。したがって
24          y *= x;          // このループはp回繰り返される
25      }
26
27      return y;            // yをこの関数の値とする
28  }
```

リスト 5.3 (p.179)と違う点は、main 関数で powint 関数を使用する（11 行目）ため、powint 関数の呼び出しを行う前に powint 関数のプロトタイプ宣言（3 行目）を行っている点です。プロトタイプ宣言は、一般に以下のようにします。

プログラムの形式：関数のプロトタイプ宣言

```
関数の型名　関数名(引数名1の型名　引数名1, …,引数名nの型名　引数名n);
```

この宣言により、関数の型、関数の引数の型などが明確になり、コンパイルでのエラー検出率が大幅に向上しています。たとえば、リスト 5.4 (p.182)の main 関数で使用している int 型の i（7 行目）を、

```
double  i;
```

のように double 型として定義すると、printf 行の powint 関数を呼び出すところ（11 行目）で、「関数の仮引数と実引数[*12]のベース型が異なっています。実引数を仮引数の型に変換します」のようなウォーニングとなります。

関数のプロトタイプ宣言では、その引数名を記述しても記述しなくてもよいことになっているので、**リスト 5.5** (p.184)のように宣言（3 行目）してもかまいません。

*12　**仮引数**と**実引数**については、5.1.3 項で説明します。

リスト 5.5　整数の正のべき乗を計算する関数（その 5）

```
01  #include <stdio.h>
02
03  int powint(int, int);  // powint関数のプロトタイプ宣言
04
05  int main(void)
06  {
07      int i;
08
09      for (i = 0; i <= 10; i++)
10      {
11          printf("%d\t%d\n", i, powint(2, i));
12      }
13
14      return 0;
15  }
```

また、関数の定義では、その多くを省略することができます。たとえば、常に 0 を返す zero 関数は、**リスト 5.6**、**リスト 5.7** のように定義できます。なお、リスト 5.6 と リスト 5.7 の 1 行目で「**int zero(void)**」あるいは「**zero()**」と定義していますが、これは zero 関数を呼び出すときに「zero()」と引数を書かないことを意味しています。

リスト 5.6　常にゼロを返す関数（その 1）

```
01  int zero(void)
02  {
03      return 0;
04  }
```

リスト 5.7　常にゼロを返す関数（その 2、省略形）

```
01  zero()
02  {
03      return 0;
04  }
```

関数の戻り値の型を省略すると、int が指定されたことになります[*13]。ただし、このような記述はややこしく混乱を招きやすいので、むやみに省略しすぎるのは避けた方がよいでしょう。

さて、**リスト 5.8** (p.185)は、powint という関数を main 関数の前でプロトタイプ宣言（引数名を省略、3 行目）し、main 関数のあとで定義する（17 行目〜27 行目）ことによって、i を 0 から 10 まで 1 ずつ増して（9 行目）2 のべき乗を求めています。リスト 5.8 (p.185)は、いままで説明し

*13　関数の型を省略すると int 型になり、引数を省略すると void 型の引数になります。

た内容をすべて取り込んだ完全なプログラムです。

リスト 5.8 整数の正のべき乗を計算する関数（完全形）

```
#include <stdio.h>

int powint(int, int);     // この引数名を省略している点がリスト5.4と異なる

int main(void)
{
    int i;

    for (i = 0; i <= 10; i++)
    {
        printf("%d\t%d\n", i, powint(2, i));
    }

    return 0;
}

int powint(int x, int p) // powint関数の定義
{
    int y = 1;            // 正の整数xのp乗を求める関数

    while (p-- > 0)       // pの値を次々に減らしていって
    {                     // 0になるまで繰り返す。したがって
        y *= x;           // このループはp回繰り返される
    }

    return y;             // yをこの関数の値とする
}
```

実行結果 5.8 実行結果

```
0       1
1       2
2       4
3       8
4       16
5       32
6       64
7       128
8       256
9       512
10      1024
```

いままで学習してきたプログラム構造は、関数の導入によって、次のように拡大できます。

プログラムの形式：関数を導入したプログラムの構造

```
ヘッダファイルの指定（#include）

関数のプロトタイプ宣言

int main( void )
{
    変数定義
    文1
    文2

  …中略…

    文n
    return x;
}

宣言した関数の定義
{
    変数定義
    文1
    文2

  …中略…

    文n
    return 式;
}
```

5.1.3 関数の呼び出し手順

combi 関数をまず定義する

さて、関数のだいたいの概念が理解できたかと思います。しかし、本当に関数を理解するためには、もっといろいろなことを厳密に理解しなければなりません。そこで、別の例題を通して、さらに詳しく説明することにします。今度は、次のような組み合わせ数を求める関数 ${}_n\mathrm{C}_r$ を自作することを考えてみましょう。

n を 0 から 5 まで、r を 0 から n まで変化させて、それぞれの r, n の組に対するすべての組み合わせ数を表示するプログラムを考えてみましょう。${}_n\mathrm{C}_r = \frac{n!}{r!(n-r)!}$ ですから、以下のステップが必要です。

1. $n!$ を求めて
2. $r!$ を求めて
3. $(n-r)!$ を求めて
4. ${}_n\mathrm{C}_r$ を計算する

さて、それでは実際のプログラム（**リスト 5.9**）を見てみましょう。このプログラムでは、`combi(n,r)` という関数を定義して用いています。

リスト 5.9 組み合わせを求める関数 combi

```
01  #include <stdio.h>
02
03  int combi(int, int);          // combi関数のプロトタイプ宣言
04
05  int main(void)                // main関数のはじまり
06  {
07      int t, m;
08
09      for (t = 0; t <= 5; t++) // main関数の実行開始位置
10      {
11          for (m = 0; m <= t; m++)
12          {
13              printf("%dC%d=%d\t", t, m, combi(t, m)); // combi関数の呼び出し位置
14          }
15          printf("\n");
16      }
17
18      return 0;
19  }                             // main関数の終わり
20
21  int combi(int n, int r)             // combi関数の定義開始
22  {
23      int i, nk = 1, rk = 1, nr = 1; // combi関数のデータ初期化
24
25      for (i = 1; i <= n; i++)
26      {
27          nk *= i;                    // n!を求める
28      }
29
30      for (i = 1; i <= r; i++)
31      {
32          rk *= i;                    // r!を求める
33      }
34
```

```
35      for (i = 1; i <= (n - r); i++)
36      {
37          nr *= i;                    // (n-r)!を求める
38      }
39
40      return nk / (rk * nr);          // n C rを求める
41
42  }                                   // combi関数の定義終了
```

リスト 5.9 (p.187)は、実際には main 関数の最初の for 文（9 行目）から実行が始まります。21 行目の **int combi(int n, int r)** からが、関数の定義をプログラム化した部分です（21 行目〜42 行目）。この部分は、関数の呼び出しがなければ実行されません。この例では、main 関数の printf の引数に記載された **combi(t,m)** が、この combi 関数の呼び出しです（13 行目）。関数が呼び出されると、プログラムの実行は、その関数の定義の実行に移ります（23 行目）。

この例の場合、combi 関数の先頭でデータを初期化している部分[*14]、**nk = 1, rk = 1, nk = 1**（23 行目）から実行が始まり、最後の return 文で実行が終了します。まず、main 関数から combi 関数の関数呼び出し（13 行目）が行われると、呼び出し側の **combi(t,m)** の t の値が関数定義の n に、また呼び出し側の m の値が関数定義の r にコピーされます。つまり、 **図 5.6** のように動作が行われます。

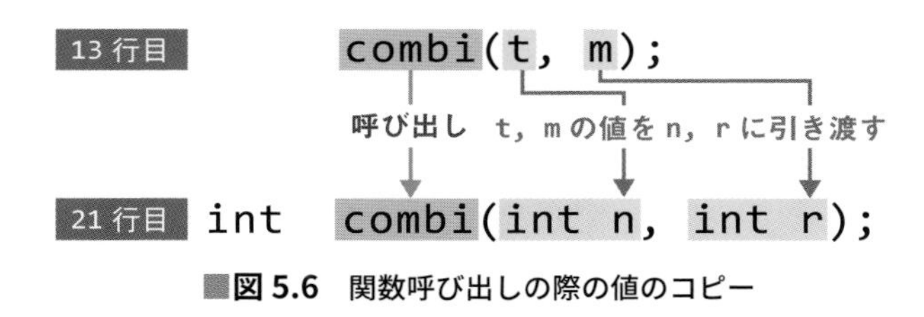

図 5.6　関数呼び出しの際の値のコピー

たとえば、関数呼び出し側の t の値が 2 ならば、その値 2 が関数定義の n の値になり、m の値が 3 ならば、その値 3 が r の値になります。一般に関数呼び出し側の t や m のことを**実引数**、関数定義の n や r のことを、**仮引数**とよぶことは前述しました。関数定義の意味について、もう少し詳しく以下に示しましょう。

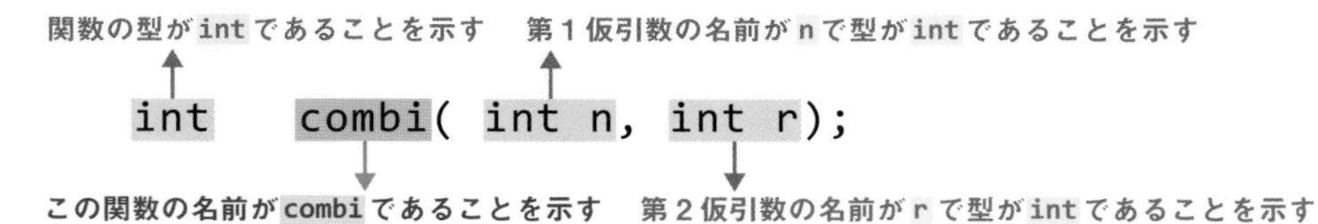

図 5.7　関数定義の意味

このように、引数の処理が行われたのちに実際の combi 関数の実行が始まり、関数定義の return

*14　この部分（23 行目）は、combi 関数が呼ばれるたびに毎回実行されることに注意してください。

文（40 行目）により、計算結果（nCr）が関数値として返されます。

関数呼び出し手順の詳細

それでは、具体的に リスト 5.9 (p.187)の流れをもう一度追ってみましょう。t = 2, m = 1 のときに、関数呼び出しを含む printf 文（13 行目）を実行したとします。

```
printf( "%dC%d=%d\t", t, m, combi(t, m) );
```

これは、関数 combi を呼び出している文なので、関数 combi が呼び出されます。このとき、実引数の値（t の値である 2 と m の値である 1）が仮引数（それぞれ、n と r）に引き渡されます。

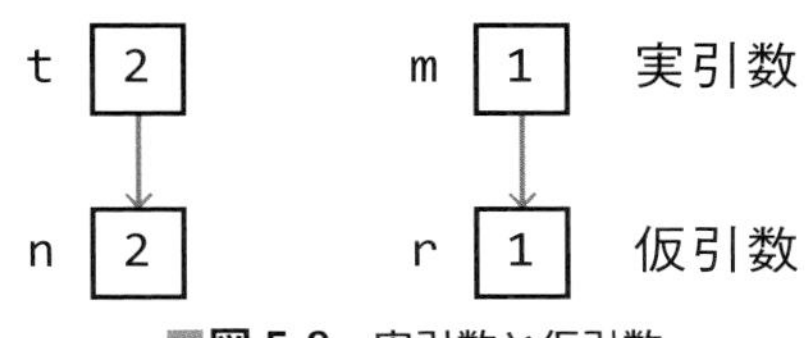

図 5.8 実引数と仮引数

したがって、n の値は 2、r の値は 1 になります。前述のように、関数 combi の実行は、変数 nk の初期化である nk=1 という文から始まります（リスト 5.9 (p.187)の 23 行目）。まず、ここで変数 n、rk、nr の初期化が行われます。次に、n の値は 2 ですから、最初の for 文（25 行目）は i=1 から 2 ということになります。したがって、nk は 2 になります。

ところで、n=0 の場合には、最初の for 文は i=1 から 0 になります。そのため、この for 文は一度も実行されず、最初に代入された 1 がそのまま nk の値となり、0!=1 を満たしていることがわかります。

さて、この n=2, r=1 の場合、rk は 1!=1 になり、同様に nr も 1 となります。したがって、式 nk/(rk*nr)（40 行目）の実行結果は、2/(1*1)=2 になり、これがこの関数の結果となります。したがって、この関数の実行が終了すると、printf 文に実行が移り（13 行目）、関数 combi(1,m) の実行結果の値 2 が printf("%dC%d=%d\t", t, m, combi(t, m)); の 3 番目の %d に代入されます。

まとめると、関数の呼び出し手順は次のようになります。

1. 関数呼び出しが行われる
2. 実引数の値を、仮引数にコピー
3. その関数の定義部分を実行する
4. 実行した結果をその関数の値として返す
5. 関数を呼び出したプログラムへ制御が戻る

なお、このように関数呼び出しのときに実引数の値を仮引数に渡す方法を、**値渡し**（**call by value**）とよびます。

それでは、リスト 5.9 (p.187)の実行結果を以下に示しましょう。

実行結果 5.9　実行結果

```
0C0=1
1C0=1   1C1=1
2C0=1   2C1=2   2C2=1
3C0=1   3C1=3   3C2=3   3C3=1
4C0=1   4C1=4   4C2=6   4C3=4   4C4=1
5C0=1   5C1=5   5C2=10  5C3=10  5C4=5   5C5=1
```

ところで、上記の関数呼び出し手順 2 で実引数に算術式があると、それらを評価してからその値を実引数としてその関数に渡します。たとえば、i=3，j=7，m=2 のとき、

```
combi ( i + j, m + 5 ) ;
```

は、関数 combi の実引数の中の i+j，m+5 が最初に評価（計算）されて、

```
combi(10, 7);
```

として実行されます。なお、実際のプログラムでは、

$$ {}_n\mathrm{C}_r = \frac{n}{1} \times \frac{n-1}{2} \times \cdots \times \frac{n-r+1}{r} $$

を用いて計算した方が、ある程度 n や r の値が大きくなっても、整数計算のオーバーフローが生じないので無難です（詳しくは応用編を参照してください）。

Coffee Break 5.1　関数のデバッグ

関数は正しく定義しても、ほかの部分でその関数を呼び出さないかぎり、決してその関数は実行されません。関数の部分を何度修正しても、その関数に対するほかからの呼び出しがないと、何度コンパイルして実行してもその関数はまったく実行されないので結果は同じです。このような場合、有効なデバッグ手法があります。関数の実行の最初に、その関数に実行が移ったことを示すメッセージとともに、受け取った引数の値を表示する printf を入れるのです。

リスト 5.10　printf を使ったデバッグの例

```
01  double mysin( double xx ) // sinを求める関数
02  {
03
04      …中略…
05
06      printf( "mysinが呼ばれました :mysin(%5.1f)\n", xx); // 関数の実行文の最初に置く
```

このプログラムを実行すると、以下のように mysin 関数の実行の状況がよくわかります。

実行結果 5.10 実行結果

```
mysinが呼ばれました :mysin(  0.0)
mysinが呼ばれました :mysin(  1.0)
mysinが呼ばれました :mysin(  2.0)
```

5.1.4 ローカル変数

次の関数定義において、変数 i、nk、rk、nr のことを**ローカル変数**（local variable）とよびます。ローカル変数および仮引数は、それが定義されている関数の中だけで有効です。

プログラムの形式：ローカル変数（その 1）

```
int combi( int n, int r)
{
    int   i, nk, rk, nr;

  …中略…

}
```

たとえば、次のように、2 つの関数 f1、f2 が定義されているとします。

プログラムの形式：ローカル変数（その 2）

```
double f1( double a )
{
    double x, y, z;

      …中略…

}
double f2( long int a )
{
    long int x, y, z;

    …中略…

}
```

この 2 つの関数にそれぞれ現れる仮引数 a、およびローカル変数 x、y、z の名前は同じですが、まったく異なる変数として扱われます。また、メインプログラムで宣言した変数は、メインプログラムの中だけで有効です。これらの変数はメインプログラムに対するローカル変数といえます。たとえば、以下のような宣言が可能です。

プログラムの形式：ローカル変数（その 3）

```
int main( void )
{
    double a, x, y, z;

    …中略…

}
double f2( long int a )
{
    long int x, y, z;

    …中略…

}
```

なお、メインプログラムに対する変数と関数内のローカル変数を同じ名前にした理由は、「名前が同じでも異なるものであることを強調するため」だけです。一般には、このようなことをすると変数名の区別がつかなくなり、わかりにくくなります。慣れないうちは、同じ名前を付けることを避けた方がよいでしょう。

5.1.5 sqrt 関数を作ってみよう

一般に、平方根を求める **sqrt 関数**は、自分で作らなくても始めから C に備わっているのですが、勉強のために作ってみることにしましょう。ただし、sqrt という名前は C の標準関数名ですので、自分で作成する関数の名前として用いることは可能です[*15]が、好ましくありません。そこで、「自作」という意味を込めて、mysqrt という名前にします。

ニュートン法による平方根

平方根はニュートン法を使って求めることができます。x という値の平方根 $\sqrt{x}$ を求めるためには、まず適当な推測値 y を決めます。この推測値 y と x/y の平均をとると、さらによい（真の値に近い）推測値を求めることができます[*16]。この計算を繰り返していけば、推測値は x の平方根に

*15　ただし、sqrt を自分が作る関数名として使用する場合、<math.h>をインクルードしないという条件があります。<math.h>をインクルードすると、プロトタイプ宣言によって、そこで定義されている sqrt という関数名は**予約済み識別子**として扱われ、変数名や関数名として使えなくなってしまいます。

*16　**ニュートン法**では一般的な方程式の解を求めることができますが、ここで示しているアルゴリズムはその特別な場合です。

近づいていきます。

2 の平方根を求める例に基づいて、この手順を具体的に見ていきましょう。最初の推測値は 1 とします。

表 5.1 2 の平方根を求める手順

推測値y	商x/y	平均値(y+x/y)/2
1	2/1 = 2	(1 + 2)/2 = 1.5
1.5	2/1.5 = 1.333333	(1.5 + 1.333333)/2 = 1.416667
1.41667	2/1.416667 = 1.411764	(1.416667 + 1.411764) / 2 = 1.414216
1.414216	……	……

このように、先に進むにしたがって、推測値が真の値（1.41421356...）にどんどん近づきます。

コンピュータで表現できる実数の値には限界があるので、推測値が十分よい値になった時点で計算を打ち切る必要があります。十分よい値の基準はいろいろな考え方がありますが、とりあえず推測値 y の 2 乗（y^2）と被開平数 x の差が、前もって決めておいた許容値（ここでは 1.0×10^{-10}）より小さくなるまで計算を繰り返すことにします[*17]。

リスト 5.11 sqrt の計算と表示

```
01  #include <math.h>
02  #include <stdio.h>
03
04  double mysqrt(double x);                      // mysqrt関数のプロトタイプ宣言
05
06  int main(void)
07  {
08      double x;
09
10      printf("\tx\tsqrt x\t\tmysqrt x\n");    // タイトル表示
11      for (x = 1; x <= 10; x += 1)             // x=1.0, 2.0, 3.0, …, 10.0
12      {
13          printf("\t%3.1f\t%12.10f\t%12.10f\n", x, sqrt(x), mysqrt(x));
14      }
15
16      return 0;
17  }
18
19  double mysqrt(double x)                       // square rootを求める関数
20  {
```

*17 非常に小さい数の平方根を求めたい場合には、この方法だと値の精度が悪くなってしまうため、不適切であることがわかります。十分よい値になったと判断する別の戦略として、推測値の変化に注目して、変化が非常に小さくなったところで計算を打ち切るという方法があります。

```
21      const double eps = 1.0e-10;             // 打ち切り計算誤差
22      double guess = 1.0;                     // 推測値
23
24      while (fabs(guess * guess - x) >= eps) // 推測値がよくなるまで繰り返す
25      {
26          guess = (guess + x / guess) / 2.0; // 推測値の更新
27      }
28
29      return guess;                           // 関数の戻り値
30  }
```

実行結果 5.11　実行結果

```
x       sqrt x          mysqrt x
1.0     1.0000000000    1.0000000000
2.0     1.4142135624    1.4142135624
3.0     1.7320508076    1.7320508076
4.0     2.0000000000    2.0000000000
5.0     2.2360679775    2.2360679775
6.0     2.4494897428    2.4494897428
7.0     2.6457513111    2.6457513111
8.0     2.8284271247    2.8284271247
9.0     3.0000000000    3.0000000000
10.0    3.1622776602    3.1622776602
```

5.2 関数宣言と引数

5.2.1 引数の記述形式と関数の型

関数の引数の一般的な記述形式は、次のとおりです。

引数がある場合

```
関数の型名　関数名（引数名1の型名　引数名1，…　，引数名nの型名 引数名n）
```

引数がない場合

```
関数の型名　関数名（void）
```

引数のある場合とない場合の例をいくつか示しましょう。

```
double ex1( double x, double y, doubke z, int i, int j, int k );
void   ex2( int x );
void   ex3( void );
```

ex1 は、最初の 3 つ (x, y, z) が実数型、次の 3 つ (i, j, k) が整数型を引数として受け取り、実数型（倍精度）を返す関数です。

ex2 は、int 型の引数 x を受け取り、void 型を返す関数です。**void 型**とは、存在しないオブジェクトを意味します。**オブジェクト**（**object**）とは、変数や定数、関数などのことを総称したよび方です。ex2 は**関数値を返さない関数**として宣言しています（5.3.2 項で説明）。

ex3 は、void 型の引数を受け取り、void 型を返す関数です。ex3 のように宣言すると、引数をなにも受け取らず、関数値も返さない関数になります。「**void 型の引数**」とは、「**引数がない**」という意味です。関数 ex3 を呼び出すときは、「ex3();」と呼び出します[*18]。

5.2.2 引数の個数と型の一致

関数の呼び出しにおける実引数と関数のプロトタイプ宣言における仮引数は、その個数と対応する型が一致しなければなりません。ただし、対応する型が一致していなくても、実引数の型を仮引数に変換できる場合、関数に引数が渡される前に自動的に型変換されます。

たとえば、以下の関数宣言の場合、その呼び出し側は必ず 4 個の引数で、かつ、その引数の型は **int 型→ int 型→ double 型→ int 型**の順になっていなければいけません。

```
double ex4( int x, int y, double z, int k );
```

具体的な関数呼び出しの例で示すと、**リスト 5.12** のようになります。

リスト 5.12 関数の引数と個数と型の一致

```
01 #include <stdio.h>
02
03 int main(void)
04 {
05     int a, b, c;
06     double t;
07     double ex4(int, int, double, int); // 関数ex4のプロトタイプ宣言
08
09     ex4(a, b, t, c);
```

*18 この関数 ex3 を実行しても、なにも起こらないのではないかと思う人もいるかもしれません。しかし、関数 ex3 内で printf 文によって計算結果を出力したり、10 章で学習する**ファイル入出力**を行うことで意味のある関数になります。

```
10     ex4(1, 2, 3.0, 4);
11     ex4(a, b, 5, c);                    // 実引数の5に注意
12
13     return 0;
14 }
15
16 double ex4(int a, int b, double t, int c)
17 {
18     return a + b + t + c;
19 }
```

3 番目の呼び出し（11 行目）の例のように、仮引数が実数型（16 行目の double）ならば、実引数に整数型の定数（11 行目の 5）を記述しても自動的に 5.0 に**型変換** して、仮引数 t にコピーされます。

なお、 リスト 5.12 (p.195)では、main 関数のローカル変数定義のところで関数 ex4 のプロトタイプ宣言をしています（7 行目）。プロトタイプ宣言は、このようにローカル変数と一緒に宣言できます。また、次のように、ほかの変数の定義と混在させて宣言することもできます。

```
double  t,  ex4( int, int, double, int );   // 変数tの定義とex4関数のプロトタイプ宣言
```

5.2.3 関数の名前の重複の禁止

max(10,20) なら 20、maz(24,12) なら 24 というように、2 つの引数のうちの大きい方を返す関数 max を作成してみましょう。プログラムは、**リスト 5.13** のようになります。

リスト 5.13 max 関数

```
01 #include <stdio.h>
02
03 int max(int, int);
04
05 int main(void)
06 {
07     int i, j;
08
09     printf("数字を入力してください>>>");
10     scanf("%d %d", &i, &j);
11     printf("the bigger is %d\n", max(i, j));
12     return 0;
13 }
14
```

```
15  int max(int former, int latter)
16  {
17      return (former > latter) ? former : latter;
18  }
```

max 関数の return 文（17 行目）は、条件演算子を使っています。これは、次の if 文のプログラム、

```
if (former > latter) { return former; } else { return latter; }
```

と同じです。この関数の場合、仮引数は former と latter です。これらは、プロトタイプ宣言で整数型であることがわかります。このプログラムの実行は、main 関数の printf 文（9 行目）から始まります。そして、scanf 文（10 行目）の実行によりデータが入力され、それぞれ i と j にセットされます。いま仮に i に 14、j に 12 がセットされたとします。次の文は printf(. . . max(i, j));（11 行目）ですので、関数 max の呼び出しが行われます。実引数 i、j の値が、それぞれ仮引数である former、latter にセットされます。つまり、次の図のように、順番の同じものが対応します。

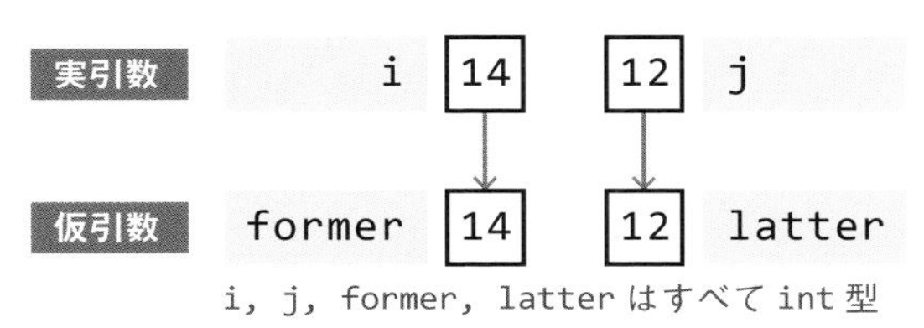

図 5.9　実引数と仮引数の対応関係

このとき、former の型が int 型なので i の型も int 型、latter の型が int 型なので j の型も int 型でなければなりません。前節でも述べたように、評価されたあとの実引数と仮引数は、その個数が一致していることはもちろん、型も一致していなければなりません。ただし、容易に型変換可能な場合[*19]は、実引数の値を自動的にプロトタイプ宣言で指定した型に変換してくれます。

ところで、この max 関数では、int 型の最大値を求めることしかできません。そこで、int 型の max 関数に加えて、double 型の max 関数も定義するにはどうしたらよいでしょうか。そこで、**リスト 5.14** (p.198)のようなプログラムを書きたいのですが、C は同じ名前の関数を二度定義することができないので、これはエラーとなります。

*19　**「容易に型変換が可能な場合」**とは、実引数が char 型や short 型で仮引数が int 型の場合、実引数が int 型で仮引数が double 型の場合、実引数が float 型で仮引数が double 型の場合などが当てはまります。

リスト 5.14　誤りのある max 関数の例

```
01  #include <stdio.h>
02
03  int max(int, int);           // max関数のプロトタイプ宣言
04  double max(double, double); // max関数のプロトタイプ宣言
05
06  int main(void)
07  {
08      int i, j;
09      double x, y;
10
11      printf("整数を入力してください>>>");
12      scanf("%d %d", &i, &j);
13      printf("bigger is %d\n", max(i, j));      // max関数の呼び出し
14
15      printf("実数を入力してください>>>");
16      scanf("%lf %lf", &x, &y);
17      printf("the bigger is %g\n", max(x, y)); // max関数の呼び出し
18
19      return 0;
20  }
21
22  int max(int former, int latter)                // max関数の定義
23  {
24      return (former > latter) ? former : latter;
25  }
26
27  double max(double former, double latter)      // max関数の定義
28  {
29      return (former > latter) ? former : latter;
30  }
```

リスト 5.14 に現れるエラーは、max という同じ名前の関数を二度定義[*20]しているということです。したがって、このような場合には、**リスト 5.15** のように異なる名前に修正してください。

リスト 5.15　正しい max 関数の例

```
01  #include <stdio.h>
02
03  int maxint(int, int);                 // maxint関数のプロトタイプ宣言
04  double maxdouble(double, double); // maxdouble関数のプロトタイプ宣言
05
06  int main(void)
```

*20　C++ では、関数の戻り値の型、仮引数の型や個数が異なっていれば、同じ名前の関数を定義することが許されています。

```
{
    int i, j;
    double x, y;

    printf("整数を入力してください>>>");
    scanf("%d %d", &i, &j);
    printf("bigger is %d\n", maxint(i, j));        // maxint関数の呼び出し

    printf("実数を入力してください>>>");
    scanf("%lf %lf", &x, &y);
    printf("the bigger is %g\n", maxdouble(x, y)); // maxdouble関数の呼び出し

    return 0;
}

int maxint(int former, int latter)                 // maxint関数の定義
{
    return (former > latter) ? former : latter;
}

double maxdouble(double former, double latter)     // maxdouble関数の定義
{
    return (former > latter) ? former : latter;
}
```

このプログラムでは、int 型の関数を **maxint**、double 型の関数を **maxdouble** としています。もちろん、いくつかの制限はありますが、関数名はこのように内容がわかりやすい名前を付けるべきでしょう。ただし、この例で maxdouble 関数の実引数に対して整数型を記述するとどうなるでしょう。仮引数が実数の場合に、実引数に整数が記述されると、それが実数に型変換されてから仮引数に渡されます。つまり、maxdouble(10, 20) という関数呼び出しの場合、former には 10.0、latter には 20.0 がコピーされ、この関数の実行結果は double 型の 20.0 になります。

Coffee Break 5.2　総称選択

C11 では、新しく**総称選択**（_Generic）が使えるようになりました。詳しい説明は省きますが、総称選択を使用すると、引数の型に応じて別の関数を呼び出すマクロを記述できます。この総称選択を用いて、引数が int なら maxint 関数を、引数が double なら maxdouble 関数を呼び出す max 関数を作成してみます。**リスト 5.16** (p.200)の 6 行目の max 関数の定義がそれに当たります。

リスト 5.16　総称選択を用いた max 関数

```
01  #include <stdio.h>
02
03  int maxint(int, int);
04  double maxdouble(double, double);
05
06  #define max(X,Y) _Generic((X, Y), double: maxdouble, int: maxint)(X,Y)
07
08  int main(void)
09  {
10      int i, j;
11      double x, y;
12
13      printf("整数を入力してください>>>");
14      scanf("%d %d", &i, &j);
15      printf("bigger is %d\n", max(i, j));        // max → maxintが呼ばれる
16
17      printf("実数を入力してください>>>");
18      scanf("%lf %lf", &x, &y);
19      printf("the bigger is %g\n", max(x, y));    // max → maxdoubleが呼ばれる
20
21      return 0;
22  }
23
24  int maxint(int former, int latter)              // maxint関数の定義
25  {
26      return (former > latter) ? former : latter;
27  }
28
29  double maxdouble(double former, double latter)  // maxdouble関数の定義
30  {
31      return (former > latter) ? former : latter;
32  }
```

5.3　いろいろな関数の例

本節では、いろいろな種類の関数を例にして、関数に慣れていきましょう。

5.3.1 関数の中から別の関数を呼び出す

前節で説明した組み合わせを求める combi 関数について、もう少し簡潔に記述してみましょう。まずは、**階乗**（**factorial**）を求める fact 関数を用意します。すると、組み合わせを求める関数は、fact 関数を用いて非常に簡潔に記述できます。このプログラムを、**リスト 5.17** (p.201)に示します。

リスト 5.17 組み合わせを求めるより簡潔なプログラム

```
01 #include <stdio.h>
02 
03 int combi(int, int);                          // combi関数のプロトタイプ宣言
04 int fact(int);                                // fact関数のプロトタイプ宣言
05 
06 int main(void)
07 {
08     int t, m;
09 
10     for (t = 0; t <= 5; t++)
11     {
12         for (m = 0; m <= t; m++)
13         {
14             printf("%dC%d=%d\t", t, m, combi(t, m)); // combi関数の呼び出し
15         }
16         printf("\n");
17     }
18 
19     return 0;
20 }
21 
22 int combi(int n, int r)                       // 組み合わせを求める関数の定義
23 {
24     return fact(n) / (fact(r) * fact(n - r)); // n C rを求める（fact関数の呼び出し）
25 }
26 
27 int fact(int n)                               // 階乗を求める関数の定義
28 {
29     int i, fact;
30 
31     fact = 1;
32     for (i = 1; i <= n; i++)
33     {
34         fact *= i;                            // n!を求める
35     }
36 
37     return fact;
38 }
```

リスト5.17(p.201)では、組み合わせを求める combi 関数（22行目〜25行目）を定義し、階乗を求める fact 関数（27行目〜38行目）を定義していますが、fact 関数を用いることによって、combi 関数の本体はわずか1行で記述できます（24行目）。

ところで、ここで重要な規則があります。main 関数で combi 関数が呼び出され（14行目）、さらに combi 関数で fact 関数が呼び出されています（24行目）。この呼び出し状況は、次のようになっています。

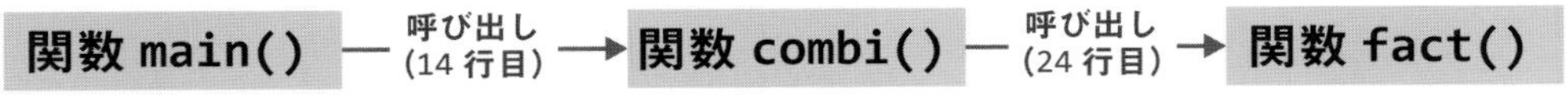

関数 main() — 呼び出し (14行目) → 関数 combi() — 呼び出し (24行目) → 関数 fact()

■図5.10　各関数の呼び出し関係

呼び出しの階層がこのようになっても、プログラムを書くときに、最初に combi 関数を定義して、次に fact 関数を定義する必要はありません。つまり、関数をプログラムで呼び出そうとしたときには、プログラム内のどこかでその関数が定義されていればよいのです。プログラムが以下の構造をとっても、問題はありません。

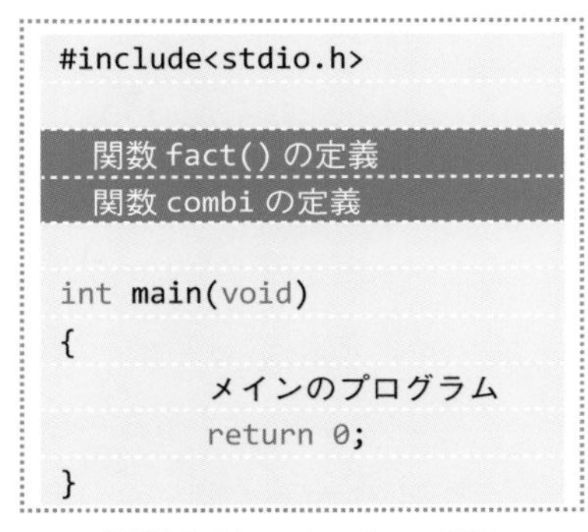

■図5.11　プログラム構造

5.3.2　void 型関数

関数値を返さない関数を自分で作ることができます。本書ではこれを void 型関数とよぶことにします。次の問題について考えてみましょう。

以下に与えられた5組の整数の最大公約数を印字しなさい。

```
10,5    52,16    13,19    44,22    96,33
```

この問題を解くために、次のような gcmprint 関数を用意しましょう。たとえば gcmprint(10,5); と呼び出すと、次のように 10 と 5 の最大公約数を画面に印字してくれる関数です。

```
10 gcm 5 = 5
```

リスト 5.18 では、最大公約数を求めるためにユークリッドの互除法を用いています。

リスト 5.18　最大公約数を求めるプログラム（その 1）

```
#include <stdio.h>

void gcmprint(int, int);      // gcmprint関数のプロトタイプ宣言

int main(void)
{
    gcmprint(10, 5);          // 10と5の最大公約数を求めて表示
    gcmprint(52, 16);
    gcmprint(13, 19);
    gcmprint(44, 22);
    gcmprint(96, 33);

    return 0;
}

void gcmprint(int x, int y)  // gcmprint関数の定義：xとyの最大公約数を求めて表示
{
    int z;

    printf("%d\tgcm\t%d\t=\t", x, y);
    while ((z = x % y) != 0) // xをyで割った余りをzに代入し
    {                         // zが0以外のあいだループする
        x = y;                // xにyを代入し
        y = z;                // yに余りzを代入する
    }
    printf("%d\n", y);        // 最大公約数の印字
}
```

実行結果 5.18　実行結果

```
10      gcm     5       =       5
52      gcm     16      =       4
13      gcm     19      =       1
44      gcm     22      =       22
96      gcm     33      =       3
```

void 型関数の宣言の規則は、関数値を返す関数と同じです。しかし、void 型の関数は、これまでの関数と異なり結果を持ち帰りません。x = gcmprint(x); と記述すると、コンパイラはウォーニングメッセージを出しますが、実行はできてしまいます。しかし、void 型関数の関数値は不定となるので、このあとの処理として x の値を使用しても意味がありません。また、関数 print を次のように int 型で宣言／定義した場合、この例では return 文がないため、x=print(10); とすると printf 関数の戻り値は不定となり、x の値がなにになるかわかりません。これらの点は、関数を書くときの基本的な注意点です。

```
int print( int x )
{
    printf( "x=%d\n", x );
}
```

void 型関数の引数の規則やその処理過程、仮引数の指定法やローカル変数の規則などは、これまでの関数の規則と同じです。

void 型関数定義の一般記述則は、次のようになります。return は書かなくてもかまいません。その場合、関数の最後の文を実行すると、その関数は終了します。return 文を書くのであれば「return;」と値を返さないように、式の部分を書かないようにする必要があります。

プログラムの形式：void 型関数の定義の一般記述則

```
void　関数名(引数の記述)
{
   この関数内だけで用いる定数・型定義・変数の宣言および定義
   文；
}
```

5.3.3 void 型関数とほかの型をもつ関数の組み合わせ

gcmprint 関数は、2 つの引数の最大公約数を返す gcm という関数を定義することでさらに簡潔になります。gcm 関数において、たとえば gcm(15,5) は 5 を返します。**リスト 5.19** ように、int 型の関数や void 型の関数を混在させて記述してもかまいません。

リスト 5.19　最大公約数を求めるプログラム（その 2）

```
01  #include <stdio.h>
02  
03  void gcmprint(int, int);      // gcmprint関数のプロトタイプ宣言
04  int gcm(int, int);            // gcm関数のプロトタイプ宣言
```

```
int main(void)
{
    gcmprint(10, 5);          // 10と5の最大公約数を表示する
    gcmprint(52, 16);
    gcmprint(13, 19);
    gcmprint(44, 22);
    gcmprint(96, 33);

    return 0;
}

void gcmprint(int x, int y)  // xとyの最大公約数を表示する
{
    printf("%d\tgcm\t%d\t=\t%d\n", x, y, gcm(x, y));
}

int gcm(int x, int y)        // xとyの最大公約数を求めて返す
{
    int z;

    while ((z = x % y) != 0) // xをyで割った余りをzに代入し
    {                        // zが0以外のあいだループする
        x = y;               // xにyを代入し
        y = z;               // yに余りzを代入する
    }

    return y;                // 関数値として最大公約数を返す
}
```

5.4　さまざまな変数

Cでは、変数をある関数やブロックの内部だけで局所的に使うことができ、また、逆にプログラム中すべての関数から使えるように指定することもできます。**記憶クラス**（**storage class**）とは、これらの変数[21]の性質を規定するものです。つまり、記憶クラスによって変数の領域が確保される場所や、その変数の**通用範囲**（**スコープ**：**scope**）が決められるわけです。記憶クラスを正しく理解し、適切な記憶クラスを指定することは、Cを使いこなすためにはなくてはならないテクニックの1つです。通用範囲については、5.5節で説明します。

Cには、記憶クラスを指定するためのキーワードが4つ準備されています。それは、`static`、`auto`、

*21　関数にも記憶クラスを指定することができます。その方法については、応用編で説明します。

register、extern[*22]です。これらのキーワードを**記憶クラス指定子**（storage class specifiers）とよびます。

5.4.1 自動変数

関数の仮引数やローカル変数は、その関数が呼ばれると生成され、その関数が終了すると消え去ってしまいます（5.1.4 項「ローカル変数」参照）。

たとえば、次の関数で見てみましょう。

```
void proc( int a )
{
    int b;

    printf( "a=%d, b=%d\n", a, b);
    a = 12;
    b = 10;
}
```

この関数が次のように 2 回、異なる引数で呼び出されたとします。

```
proc(1);     // 1回目の呼び出し
  …中略・さまざまな処理…

proc(2);     // 2回目の呼び出し
```

最初の呼び出しの際には、proc 関数の仮引数である a には、実引数の 1 がセットされます（1 行目）。しかし、b の値はこの時点ではまだなにも設定されていないので、どんな値が格納されているかわかりません（これを、「b の値は**不定**である」といいます）。

たとえば、最初の呼び出しの結果、printf 文（5 行目）によって、次のように[*23]表示されるかもしれません。

```
a = 1, b = 4201276
```

proc 関数では、printf 文を実行したあと、a の値を 12 に（6 行目）、b 値を 10 に（7 行目）セットします。そして、この関数の実行を終了します。さて、再び proc 関数が実引数 2 で呼ばれまし

---

*22　記憶クラスを指定する**キーワード**には、static、auto、register、extern のほかに typedef があります。typedef は C の構文上、記憶クラス指定になっていますが、実際には記憶領域を取らず、変数などの型を指定するために使われます。

*23　a の値は引数として渡された 1 です。また b の値は、メモリ上に残っているデータ（このような値を一般に**ゴミ**とよんでいます）です。なぜこのように無意味なデータ（ゴミ）が残っているかについては応用編で説明します。

た。当然、proc 関数の仮引数 a の値は 12 ではなく 2 になります。それでは b の値はどうなっているのでしょうか。

b の値は前回にこの関数が呼ばれたとき、最後に 10 がセットされているので、その 10 がそのまま残っていると思うのが普通でしょう。ところが、実際には前回に呼ばれたときの b の値は残っていないのです。ここでも b には、なにが入っているのかわかりません（b の値は不定）。たとえば、この表示は、

```
a = 2, b = 1243279
```

などとなります。この理由を理解するには、関数が呼ばれたときのプログラム内部の処理過程を理解する必要があります。本節では、この過程を概念的に説明します。実際の具体的な処理過程については、応用編で扱います。

まず、最初の proc(1) の呼び出しが実行されます。このときに、proc 関数に対する仮引数 a の「箱」が用意されます。つまり、記憶装置上のどこかの場所[*24]に、仮引数 a のための場所が確保されるわけです。場所が確保されるだけですから、箱の中にどんな値が入っているかはわかりません。

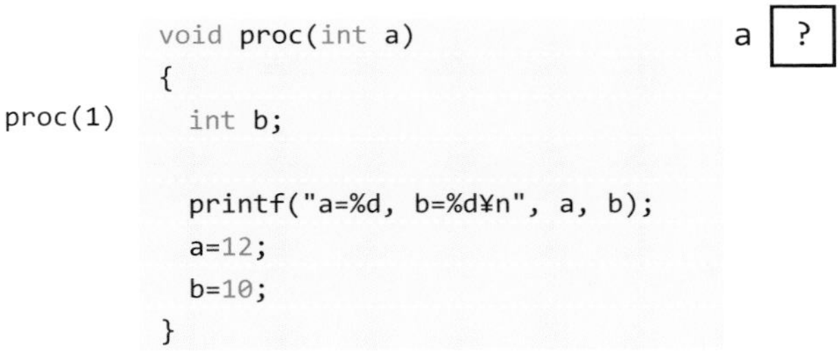

```
proc(1)     void proc(int a)            a [?]
            {
              int b;

              printf("a=%d, b=%d¥n", a, b);
              a=12;
              b=10;
            }
```

■図 5.12　関数が呼ばれたときの処理過程（その 1）

そして、実引数の値 1 が、仮引数 a にセットされます。

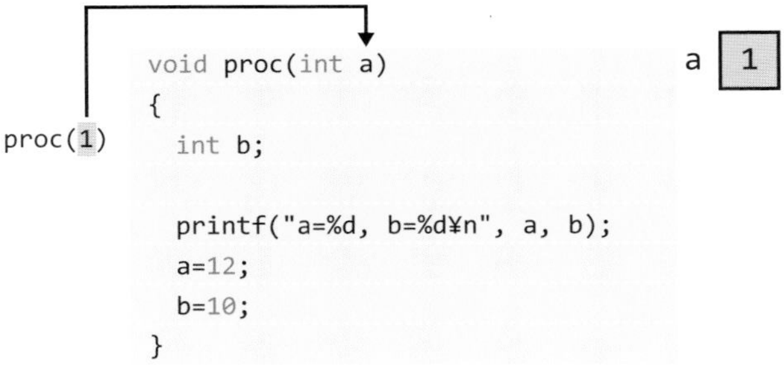

```
proc(1)     void proc(int a)            a [1]
            {
              int b;

              printf("a=%d, b=%d¥n", a, b);
              a=12;
              b=10;
            }
```

■図 5.13　関数が呼ばれたときの処理過程（その 2）

さらに、proc(1) の呼び出しによって、proc 関数が起動されます。このとき、proc 関数に対する

*24　実際には、**スタック**（stack）と呼ばれる領域に引数のための場所がとられます。スタックについては、応用編で扱います。

ローカル変数 b の箱が作られます。このときも、やはり b の箱には、どんな値が格納されているかわかりません。

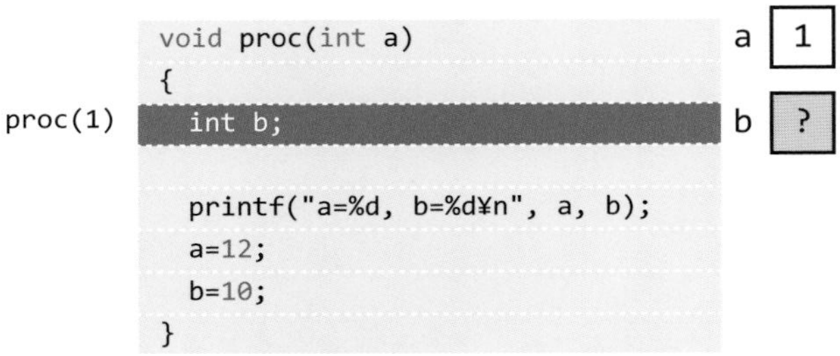

```
void proc(int a)                    a [1]
{
  int b;                 proc(1)    b [?]

  printf("a=%d, b=%d¥n", a, b);
  a=12;
  b=10;
}
```

■図 5.14　関数が呼ばれたときの処理過程（その 3）

proc 関数の最後の行 b=10 を実行し終えたときは、次の状態になっています。

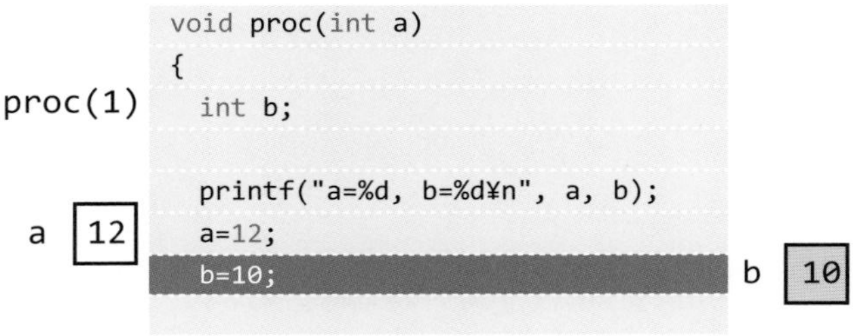

```
void proc(int a)
{
  int b;                 proc(1)

  printf("a=%d, b=%d¥n", a, b);
  a=12;                  a [12]
  b=10;                             b [10]
```

■図 5.15　関数が呼ばれたときの処理過程（その 4）

さて、重要な点はここからです。proc 関数の実行が終わると、仮引数 a の箱もローカル変数 b の箱もなくなってしまうのです[25]。つまり、proc(1) の呼び出しが終了し、これからまさに proc(2) を実行しようとする直前の状態は、次のようになっています。

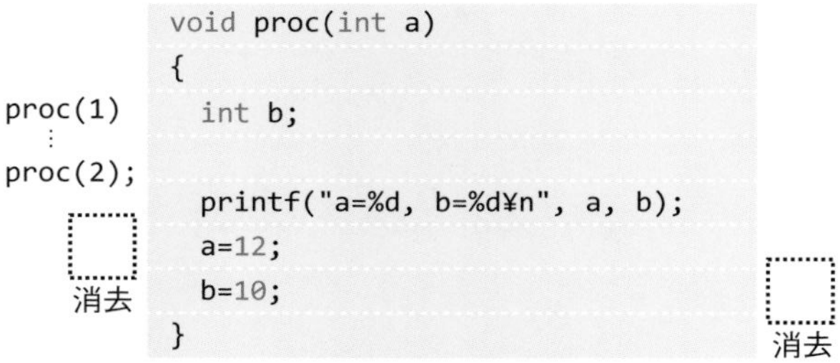

```
void proc(int a)
{
  int b;                 proc(1)
                            ⋮
                         proc(2);
  printf("a=%d, b=%d¥n", a, b);
  a=12;                  [ ] 消去
  b=10;
}                                   [ ] 消去
```

■図 5.16　関数が呼ばれたときの処理過程（その 5）

つまり、仮引数 a の箱、ローカル変数 b の箱は、両方とも消え去ってしまっているのです。もち

*25　実際にはメモリから変数の値が消えるのではなく、その領域を別の変数の領域として使うということです。

ろん、その内部にセットされていた値もなくなります[*26]。

そして、なにか別の処理[*27]が実行されたあとで、proc(2) の呼び出しにより、新たに仮引数 a の箱が用意されるのです。ここでは、この箱を a' と表します。この箱 a' は proc(1) が呼ばれたときに作られた箱 a とは別の箱[*28]だという点に注意してください。

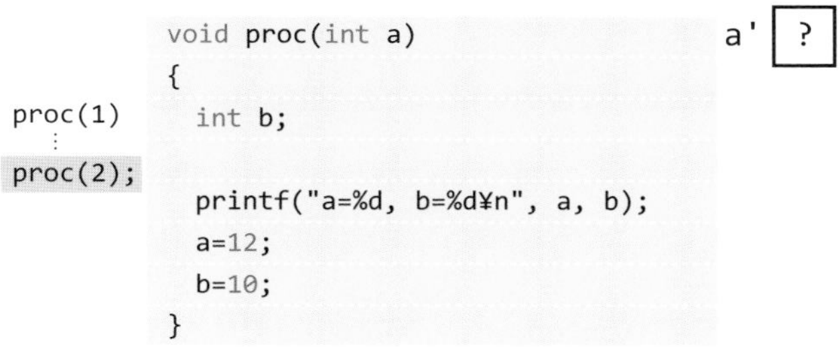

proc(1)
⋮
proc(2);
void proc(int a)
{
int b;
printf("a=%d, b=%d¥n", a, b);
a=12;
b=10;
}
a'
?

■図 5.17　関数が呼ばれたときの処理過程（その 6）

そして、今度は箱 a' の中に 2 がセットされています。

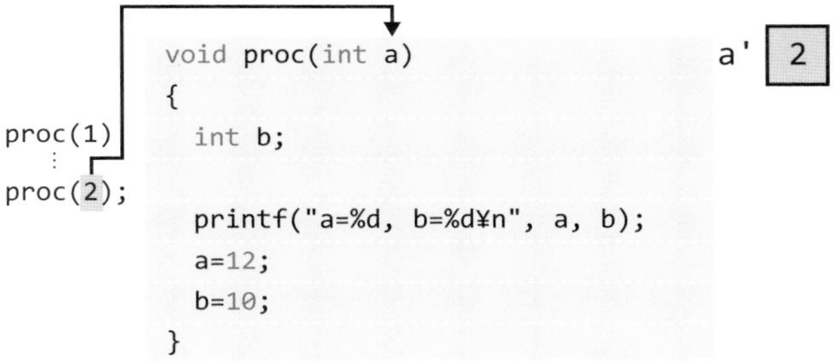

proc(1)
⋮
proc(2);
void proc(int a)
{
int b;
printf("a=%d, b=%d¥n", a, b);
a=12;
b=10;
}
a'
2

■図 5.18　関数が呼ばれたときの処理過程（その 7）

proc(2) の呼び出しによって proc 関数が再び起動され、ローカル変数 b の箱も再び作られます。この箱をここでは b' と表します。このときもやはり、箱 b' の値がなにになっているのかはわかりません。

---

*26　実際にはメモリ上に以前の値は残っています。しかし、その場所をこの変数のために使用しなくなり、値を取り出すことが保証されなくなるので、このような表現を使っています。

*27　ここで、あいだに別の処理が入っていることが重要な意味をもってきます。そのことがスタックの説明（応用編）に読み終えれば納得できるでしょう。

*28　メモリ上に確保される領域のアドレスが異なる（異なる確率が高い）という意味です。どのような仕掛けで変数に、箱（メモリ）が割り当てられるかについては、応用編を参照してください。

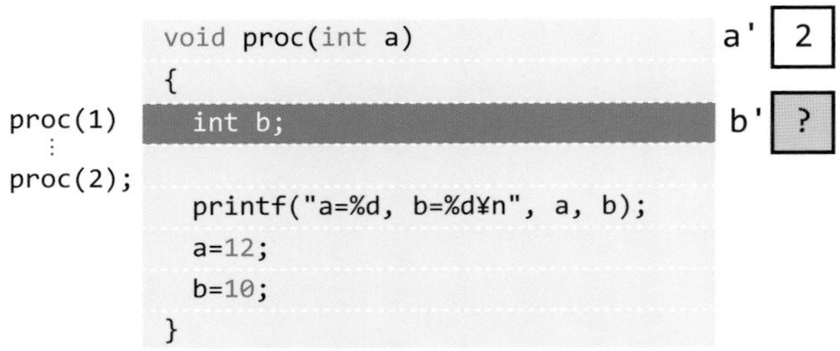

```
proc(1)        void proc(int a)                      a'  2
  ⋮            {
proc(2);         int b;                              b'  ?

                 printf("a=%d, b=%d¥n", a, b);
                 a=12;
                 b=10;
               }
```

■図 5.19　関数が呼ばれたときの処理過程（その 8）

以上のように、仮引数やローカル変数の箱は、その関数が呼び出されるたびに新しく作られます。このように、「関数に実行が移った際に自動的に生成され、その関数から抜け出ると消滅する変数」のことを、一般に**自動変数**（**automatic variable**）[*29]とよびます。

5.4.2 グローバル変数

自分自身が何回呼ばれたかを返す times **関数**を作るには、どうしたらよいでしょうか。たとえば、その関数の使用例は、**リスト 5.20** のようになります。

リスト 5.20 times 関数の使用例

```
01 #include <stdio.h>
02
03 int times(void);            // times関数のプロトタイプ宣言
04
05 int main(void)
06 {
07     int k;
08
09     k = times();            // times()は1を返す
10     printf("%dtimes\n", k);
11     k = times() + times(); // times()は2回呼ばれる
12     k = times();            // このtimes()は4を返す
13     printf("%dtimes\n", k);
14
15     return 0;
16 }
```

このとき、times 関数を **リスト 5.21** (p.211)のように作ればよいように思えますが、残念ながらこれではうまく動作しません。

*29　これまでのプログラム例の変数はすべて**自動変数**です。しかし、main プログラム内で定義された自動変数なので、プログラム実行のほぼ直後に作成され、プログラム終了のほんの直前に消滅していました。

リスト 5.21 自分自身が呼ばれた回数を返す関数（誤りの例）

```
int times(void)
{
    int x;

    return ++x;
}
```

リスト 5.20 (p.210) と リスト 5.21 の実行結果を以下に示しますが、正しくありません。

実行結果 5.20 実行結果（リスト 5.20、リスト 5.21 共通）

```
4219081times
4219001times
```

うまくいかない理由の 1 つは、自動変数 x の値をどこかで 0 に初期化しておかなければならないのに、それをしていないことです。もう 1 つの理由は、x は自動変数なので、この関数の実行が終了すると、その値は消えてしまうからです。

times 関数を正しく作り上げるには、変数 x をグローバル変数として定義する方法があります。**グローバル変数**（global valiable）とは、関数の外側で定義された変数のことです。グローバル変数は、定義された直後から、そのファイルの中のどこからでも参照できます。グローバル変数を使った times 関数は、たとえば **リスト 5.22** のようになります。

リスト 5.22 自分自身が呼ばれた回数を返す関数（グローバル変数版）

```
#include <stdio.h>

int times(void);            // times関数のプロトタイプ宣言

int x;                      // グローバル変数（関数の外側で定義）

int main(void)
{
    int k;

    x = 0;                  // グローバル変数xを0に初期化

    k = times();            // times()は1を返す
    printf("%dtimes\n", k);
    k = times() + times();  // times()は2回呼ばれる
    k = times();            // このtimes()は4を返す
    printf("%dtimes\n", k);

    return 0;
```

```
20 }
21
22 int times(void)              // times関数の定義（呼ばれた回数を返す関数）
23 {
24     return ++x;              // グローバル変数xを1増加して、その値を返す
25 }
```

実行結果 5.22　実行結果

```
1times
4times
```

リスト 5.22 (p.211)では、メインプログラムの最初で、x の値を 0 に初期化（11 行目）しています。times 関数が 1, 2, 3. . . という値を次々に返すことを利用して、自分が呼ばれた回数を求めています。

関数の実行を終えるたびに変数領域（変数の「箱」）が消滅する変数を自動変数とよぶ一方、変数領域がプログラム実行中ずっと保持される変数を**静的な変数**とよびます。グローバル変数は静的な変数です。

5.4.3　static 変数

さて、リスト 5.22 (p.211)は times 関数を正しく実現していますが、プログラムの作り方としては、あまりおすすめできるものではありません。なぜならば、グローバル変数 x は、プログラムのどこでもその値を変更できるからです。とんでもない場所で間違えて x の値を書き換えてしまうと、times 関数は正しく動かなくなります。times 関数にとって変数 x の値は、いわば「命より大切な値」です[*30]。

times 関数にとって、変数 x は自分のところだけで管理したい変数で、ほかの関数には触らせたくない大切な変数です。それが、公衆の面前に立たされるグローバル変数では困ります。

そこで、**static 変数** を用います。自分が呼ばれた回数を返す関数を使用して、1 から 10 までの和を求めるプログラムを、**リスト 5.23** に示します。

リスト 5.23　自分自身が呼ばれた回数を返す関数（static 変数版）

```
01 #include <stdio.h>
02
03 int times(void);    // times関数のプロトタイプ宣言
```

*30　たとえば、リスト 5.22 (p.211) では、グローバル変数 x を main 関数で初期化（11 行目）しています。本来、この初期化は times 関数のなかで行われるものです。プログラムが長い場合、プログラムのどこかでグローバル変数の値が不正に書き換えられてしまうと発見が困難になるので注意しましょう。

```
int main(void)
{
    int count = 0; // カウンタ
    int total = 0; // 1からiまでの合計

    for (count = 0; count < 10; count++)
    {
        total += times();
    }
    printf("1 + 2 + ... + 10 = %d\n", total);

    return 0;
}

int times(void)
{
    static int x;  // static変数x（0に初期化されている）

    return ++x;
}
```

実行結果 5.23 実行結果

```
1 + 2 + ... + 10 = 55
```

リスト 5.23 (p.212)のように、ローカル変数にキーワード static を付けて定義する（21 行目）と、プログラムの実行が始まってから終わるまで、その箱が存在している変数になります。このようにキーワード static を付けて定義された変数のことを **static 変数**（**static variable**）といいます。

リスト 5.23 (p.212)では、static 変数 x を初期化していませんが、静的な変数（グローバル変数・static 変数）は明示的に初期化しない場合には、に 0 に初期化されることが保証されています。また、static int x = 0; と明示的に初期化してもかまいません。この場合、初期化は main 関数の実行に先立って一度だけ行われます。

リスト 5.24 static 変数 x の初期化例（正しい例）

```
int times(void)
{
    static int x = 0;  // static変数x

    return ++x;
}
```

しかし、times関数の中で、**リスト5.25**の5行目のようにx = 0;と記述してはいけません。なぜなら、この代入式はtimes関数が呼び出されるごとにx = 0;が実行され、times関数は、必ず常に1を返す関数になってしまうからです。

リスト5.25　static変数xの初期化例（誤りの例）

```
01 int times(void)
02 {
03     static int x;  // static変数x
04 
05     x = 0;         // times関数が呼び出されるごとに0になってしまう
06 
07     return ++x;
08 }
```

5.4.4 auto変数

Cでは、自動変数として仮引数やローカル変数が用意されていますが、実はローカル変数に対しても記憶クラス指定子のキーワードautoがあります。ただし、コンパイラは、関数内で記憶クラス指定子を付けずに定義される変数をauto付きの変数であると認識しますから、キーワードautoを実際に使用することはまれです。K&R[*31]ではauto変数という言葉は出てきませんが、記憶クラス指定子autoの付いた変数という意味で、本書では**auto変数**とよびます。

5.4.5 register変数

記憶クラス指定子キーワードregister付きで定義された変数を**register変数**とよびます。register変数は自動変数になり、（可能なかぎり）そのコンピュータで最も高速な機械語命令に翻訳されます。もともとは「CPUのレジスタに変数を配置する」という意味でしたが、現在では必ずしもレジスタに配置されるわけではありません。その上、近年ではコンパイラの最適化が進んでおり、register変数を指定しなくても十分に最適化されるため、皆さんがregister変数を利用する機会はほとんどないでしょう。

5.4.6 自動変数の初期化と静的な変数の初期化

本節の最初の部分で見たように、変数が自動変数（auto変数）であれば、明示的に初期化されない場合、その値は不定になります。これに対して、静的な変数（static変数やグローバル変数）が

*31　K & Rとは、Cを設計し開発したBrian W.KernighanとDennis M.Ritchieが著したCの書籍（日本語版『プログラミング言語C第2版』石田晴久訳、共立出版、1989年）のことです。

明示的に初期化されない場合には、すべて 0 に初期化[*32]されます。

変数は定義の中で明示的に初期化できます。定義のあとに等号と式を書けば、その式の値が変数の初期値になります。

静的な変数の初期化

静的な変数の場合には、コンパイル時に計算されますので、初期値は定数式[*33]でなければなりません。

静的な変数の初期化例を見てみましょう。たとえば、グローバル変数の場合には、次のように初期化します。

```
char    c = 'A';     // 文字'A'のコードが設定されます
                     // (ASCIIコードでは0x41)
char    s = 0x36;    // 0x36が設定されます
                     // (ASCIIコードでは文字'6'のコード)
int     i = 0;       // 0が設定されます
int     max = MAX_SIZE + 1;      // MAX_SIZEは#define MAX_SIZE 100のように
                                 // 定義済みとするとこの場合、101が設定されます
double pi = 3.141592653589793;   // 3.141592653589793が設定されます
```

また、static 変数の場合には、それぞれにキーワード static が付くだけで、次のように初期化します。

```
static char c = 'A';
static char s = 0x36;
static int  i = 0;
static int  max     = MAX_SIZE + 1;
static double pi    = 3.141592653589793;
```

自動変数の初期化

自動変数の場合には、その変数が使われている関数またはブロック[*34]が実行されるごとに初期化が行われます。つまり、その時点で計算可能になっていればよいため、初期化のための式は定数式である必要はありません。

もちろん、正しい式でなければいけませんが、式の中にほかの変数や関数呼び出しなどがあってもかまいません。たとえば、次のようになります。

---

*32 変数の型によらず、**その変数領域全体に 0 が設定される**ということです。実際にはコンパイラが変数の領域を確保し初期化が行われていればその値を設定し、初期化が行われていなければ、その領域全体に 0 を設定しています。

*33 **定数式**とは、値の明らかな式のことです。

*34 ループの中も同様です。for(...) { int k = 0; }

```
char s = 'c';

  …中略…

char c = s - 'a';           // 変数sはすでに定義されている
int max = max_size() + 1;   // max_size関数はすでに定義されている
double f = sin( x );        // 変数 x はすでに定義されている
```

繰り返しになりますが、明示的に初期化されていないときには、静的な変数は 0 に初期化されますが、自動変数の値は不定です。

5.5 変数の通用範囲（スコープ）

本節では変数の**通用範囲（スコープ）**について[*35]説明します。通用範囲とは、定義された変数が使える範囲のことです。

通用範囲を説明するときに**コンパイル単位**という用語を使っていますが、コンパイル単位とは 1 つのファイルと考えてください。詳しくは、応用編で説明します。

5.5.1 自動的な変数の通用範囲

自動的な変数には、関数の仮引数、auto 変数があります。

関数の仮引数の通用範囲は、その関数のブロック内です。そのイメージを示します。

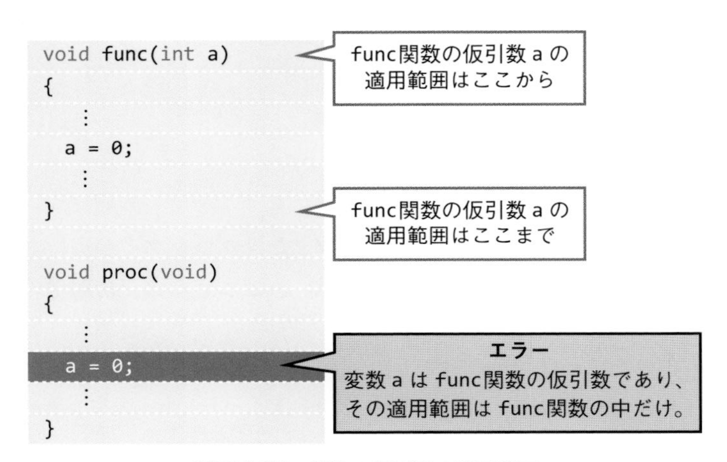

■図 5.20　関数の仮引数の適用範囲

*35　変数に限らず一般の**スコープ**についての詳しい説明は、応用編で行います。

また、関数の仮引数には register 以外の記憶クラス指定子を付けることはできません。

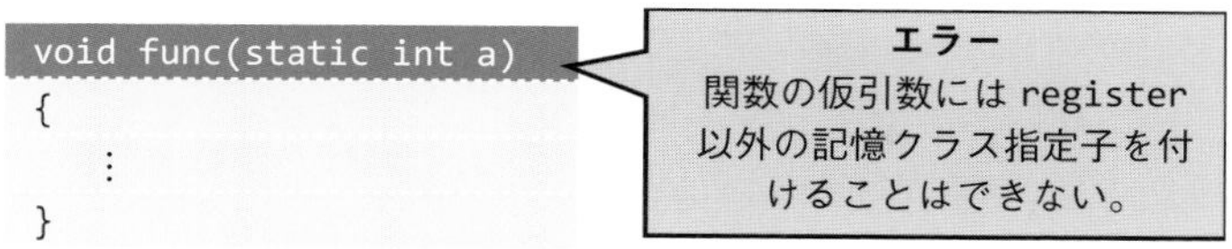

```
void func(static int a)
{
    ⋮
}
```

エラー
関数の仮引数には register 以外の記憶クラス指定子を付けることはできない。

■図 5.21　関数の仮引数と register

auto 変数の通用範囲は、**図 5.22** に示すように、その変数が定義されたブロックの終わりまでです。

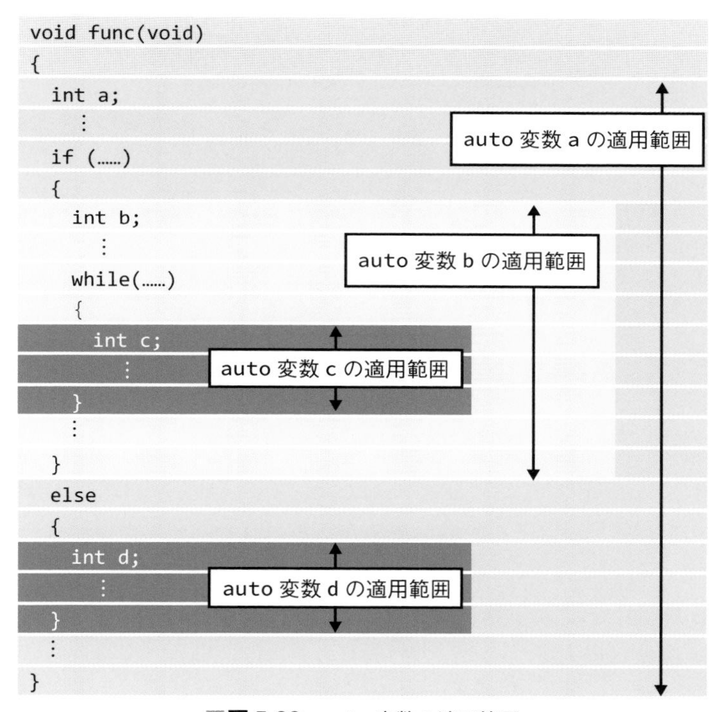

■図 5.22　auto 変数の適用範囲

5.5.2　静的な変数の通用範囲

静的な変数には、**static 変数** と **グローバル変数**があります。static 変数の通用範囲は、もしそれがブロックの中で定義された変数なら、その定義の直後からそのブロックが終わるまでです。関数の外側で定義された変数なら、通用範囲はその定義の直後から、そのコンパイル単位が終わるまでです。関数の外側で定義された変数は、グローバル変数であると前述しましたが、グローバル変数に記憶クラス指定子 static を付けて定義すると、特別な意味をもつ static 変数となり、ほかのコンパイル単位から見えなく[*36]なります。

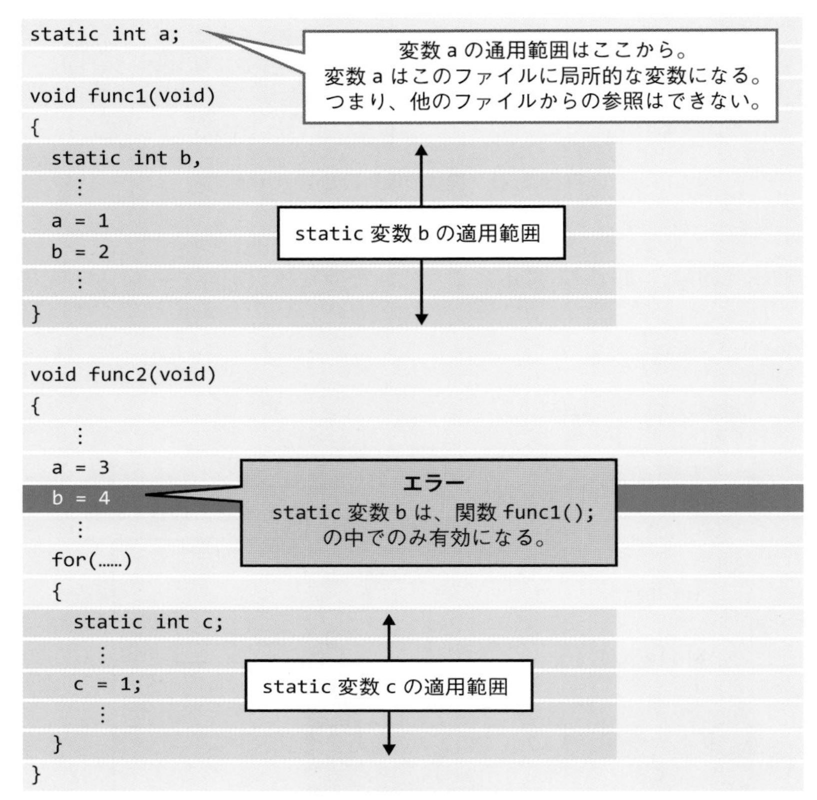

■図 5.23　static 変数の適用範囲

グローバル変数の通用範囲は、その定義の直後からそのコンパイル単位が終わるまでです。ただし、**extern 宣言**[*37]をすれば、ほかのコンパイル単位からも参照可能です。

extern 宣言の通用範囲は、ブロックに従います。つまりブロック内の宣言は、そのブロックの終わりまで有効です。関数（最大ブロック）の外側での宣言は、宣言の直後から、そのコンパイル単位の終わりまで有効です。

*36　「**見えなくなる**」とは、値を参照したり、設定したりできなくなることです。
*37　**extern 宣言**についての説明は、応用編で行います。ここでは参考程度にとどめておいてください。

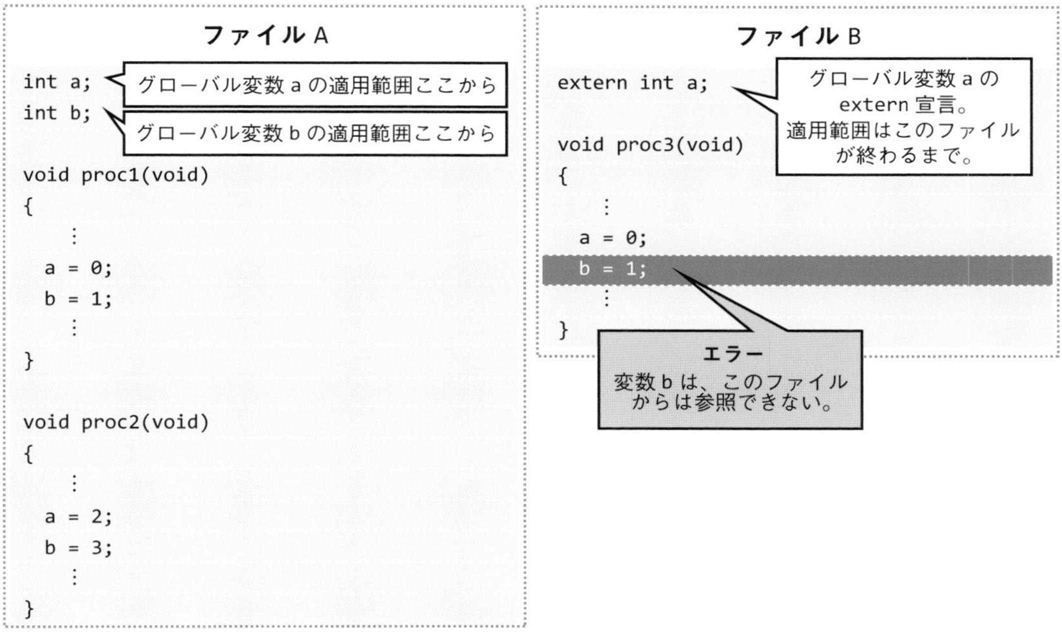

ファイルA

```
int a;
int b;

void proc1(void)
{
    ⋮
  a = 0;
  b = 1;
    ⋮
}

void proc2(void)
{
    ⋮
  a = 2;
  b = 3;
    ⋮
}
```

グローバル変数aの適用範囲ここから

グローバル変数bの適用範囲ここから

ファイルB

```
extern int a;

void proc3(void)
{
    ⋮
  a = 0;
  b = 1;
    ⋮
}
```

グローバル変数aの
extern宣言。
適用範囲はこのファイル
が終わるまで。

エラー
変数bは、このファイル
からは参照できない。

■図5.24　グローバル変数の適用範囲

配列

本章からは、多数のデータを扱うためのプログラミングテクニックを学習します。プログラムで使用するデータは変数とよばれる箱に格納されることを 3 章で学びましたが、扱うデータの個数が 100 個、1,000 個、10,000 個と増えていくと、変数だけではプログラムを組めません。そこで、配列という概念を導入します。
配列を学習する場合は、どのようなプログラムのときに配列を用いるかの見極めが大変重要となります。本章では、配列の使い方について具体例を交えながら説明していきます。配列を学習すると、ある程度のレベルのアルゴリズム（たとえば、データの並べ替えなど）が理解できるようになります。がんばって学習してください。

6.1 配列の概念

6.1.1 配列の考え方

プログラムを作るときには、データを変数という箱に入れて、これに変数名という名前を付けて扱ってきました。しかし、この方法では、プログラムの作成が困難になる場合があります。

いま、文房具のストックが **表 6.1** のようになっているとします。

■表 6.1　文房具のストック

番号	1	2	3	4	5
内容	消しゴム	クリップ	のり	鉛筆	付箋紙
数量	15	200	18	55	30

これらの数量が、tray1, tray2, . . . ,tray5 という int 型の変数に格納されているとしましょう。

```
int tray1 = 15;     // 消しゴム
int tray2 = 200;    // クリップ
int tray3 = 18;     // のり
int tray4 = 55;     // 鉛筆
int tray5 = 30;     // 付箋紙
```

たとえば、消しゴムの数量を表示したければ tray1 を参照して、次のプログラムが作成できます。

```
printf( "%d\n", tray1 );  // tray1(消しゴム)の数量を表示する
```

これは、 **図 6.1** のように「個々の変数を用意して使用している」と考えられます。

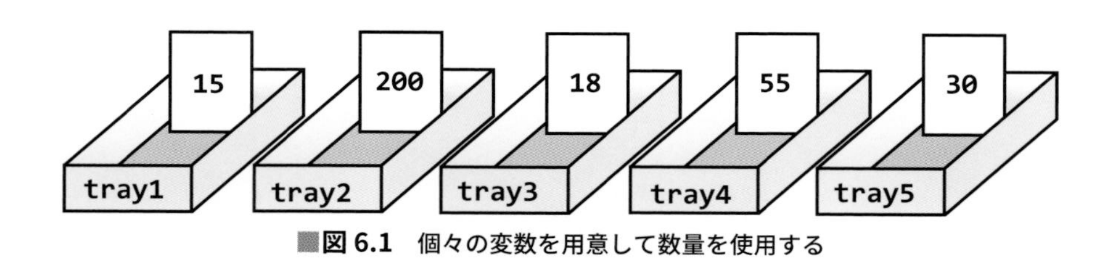

■図 6.1　個々の変数を用意して数量を使用する

それでは、文房具の種類が多くなったらどうでしょうか？　たとえば、tray7,......,tray100

程度ならば、変数を増やしてプログラミングすることは可能でしょう。しかし、tray1000 まで、1,000 個の変数を定義しなければいけないとしたら、それはほとんど不可能です。

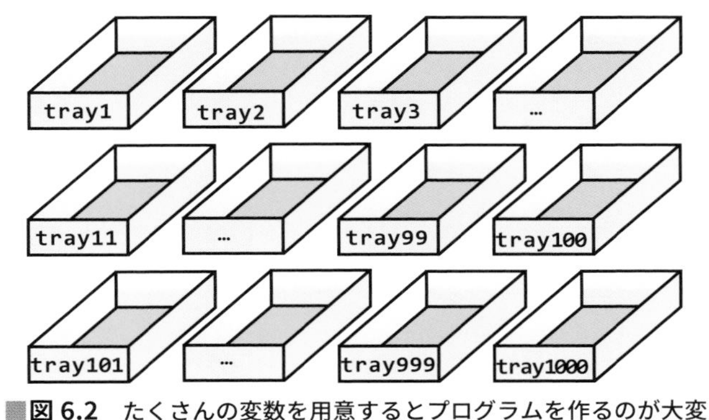

■図 6.2　たくさんの変数を用意するとプログラムを作るのが大変

ここで、配列の出番です。**配列**（array）は、「個々の変数をひとかたまりにした変数」といえます。いままでは、プログラムの中で値を保持するためには、必要な分だけ変数を作って対応してきました。そして、作った数だけ変数名も用意しました。しかしこの方法では、どの名前を付けた変数になにが入っているのかを覚えているのも一苦労です。

配列を使うと、たった 1 つの変数名で複数の値を保持することができるようになり、プログラムの煩雑さから解放されます。

配列を図で表現すると、 **図 6.3** のように、変数が連続しているイメージになります。 図 6.1 との違いは、変数が連続している点にあります。プログラムで表現した場合、 図 6.1 では箱の数だけ変数を定義する必要がありますが、 図 6.3 では、たった 1 つの変数＝配列で済ますことができます。

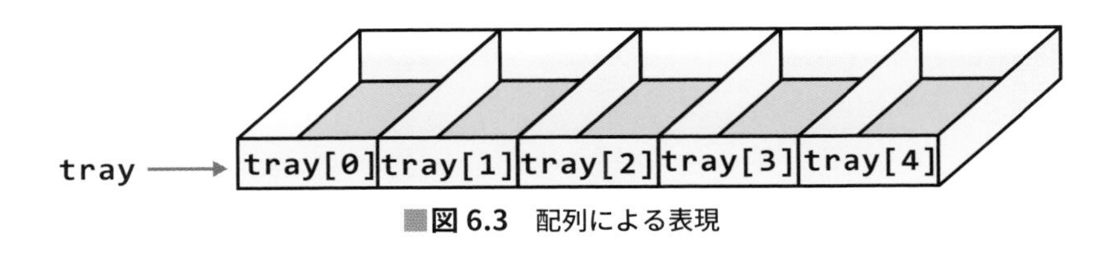

■図 6.3　配列による表現

図 6.3 に示すように、配列とは、tray[0], tray[1] というように、tray 変数の位置（何番目）を指定してアクセスできる変数なのです。

6.1.2　配列を用いる場面

それでは、キーボードから 表 6.1 の文房具の番号を入力し、その内容物の数量を表示するプログラムについて考えてみましょう。たとえば、キーボードから 2 と入力した場合には番号 2 のクリップの数量を case 2 で表示し、4 と入力した場合には番号 4 の鉛筆の数量を case 4 で表示します。

配列を使わないプログラムでは、**リスト 6.1** (p.224)のように個々のデータについて記述しなくてはならず、プログラムが複雑で長くなります。

リスト 6.1　配列を使わないプログラム例：複雑で長くなる

```
01 #include <stdio.h>
02 
03 int main(void)
04 {
05     int tray1 = 15;      // 消しゴムの個数
06     int tray2 = 200;     // クリップの個数
07     int tray3 = 18;      // のりの個数
08     int tray4 = 55;      // 鉛筆の本数
09     int tray5 = 30;      // 付箋紙の枚数
10     int i;  // 文房具の番号
11 
12     printf("文房具の番号を入力してください>");
13     scanf("%d", &i); // iに文房具をあらわす番号を入力
14     switch (i)
15     {
16     case 1: // もしiが1なら，1番目の文房具の数量を表示
17         printf("在庫%d個\n", tray1);
18         break;
19     case 2: // もしiが2なら，2番目の文房具の数量を表示
20         printf("在庫%d個\n", tray2);
21         break;
22     case 3: // もしiが3なら，3番目の文房具の数量を表示
23         printf("在庫%d個\n", tray3);
24         break;
25     case 4: // もしiが4なら，4番目の文房具の数量を表示
26         printf("在庫%d個\n", tray4);
27         break;
28     case 5: // もしiが5なら，5番目の文房具の数量を表示
29         printf("在庫%d個\n", tray5);
30         break;
31     default:
32         break;
33     }
34 
35     return 0;
36 }
```

実行結果 6.1　出力結果

```
文房具の番号を入力してください>2
在庫200個
```

この場合はわずか5つのデータしかないので、プログラムが長くなっても、なんとか見渡せる範囲に収まっています。これが、たとえばスーパーマーケットなどの商品在庫を表示することになると、100個や200個の変数では足りなくなってしまいます。プログラムでこれらの変数を個々に定義して表示することができたとしても、それは長くて見通しの悪いプログラムになることでしょう。

この場合、配列を用いると、見通しのよいプログラムを作成することができます。配列は「何番目のデータ」という表現ができる変数です。ベクトルや行列を、配列を用いて表現することもできます。

配列を使って リスト6.1 (p.224)を書き直したプログラムを、**リスト6.2** に示します。具体的な配列の使い方については6.2節以降で説明していくので、細かな点は気にせずに、プログラムの見通しのよさを感じてみてください。

リスト6.2 配列を使ったプログラム

```
#include <stdio.h>

int main(void)
{
    int i;  // 文房具の番号
    int tray[5];   // 5つの要素を持つ配列 tray の定義
    tray[0] = 15;  // 0番目の要素(tray[0])に消しゴムの個数15をセット
    tray[1] = 200; // 1番目の要素(tray[1])にクリップの個数200をセット
    tray[2] = 18;  // 2番目の要素(tray[2])にのりの個数18をセット
    tray[3] = 55;  // 3番目の要素(tray[3])に鉛筆の本数55をセット
    tray[4] = 30;  // 4番目の要素(tray[4])に付箋紙の枚数30をセット

    printf("文房具の番号を入力してください>");
    scanf("%d", &i);                    // iに文房具を表す番号を入力
    printf("在庫%d個\n", tray[i - 1]); // 出力箇所.たった1行になりました

    return 0;
}
```

15行目の `tray[i - 1]` は、文房具の番号は1から始まるので、iから1を引いて配列の番号にしています。

このように、配列を使うことで見通しのよいプログラムを記述することができます。短ければよいというわけではありませんが、プログラムが冗長になるのは避けるべきです。リスト6.2の実行結果は、正しくデータが入力された場合、**実行結果6.1** (p.224)と同じになるので省略します[*1]。

*1 ただし、**リスト6.3** (p.230)は、添字(6.2.2項)のチェックを行っていません。変数 i に入力できる値は1〜5だけです。i に 10 を入力すると i-1、すなわち9番目の要素 tray[9] にアクセスしますが、そのデータは存在しません。この点については、**Coffee Break 6.1** (p.255)を参照してください。リスト6.3 (p.230)は、このエラーを避けるプログラムです。

6.2 配列の使い方

6.1 節では、配列の考え方とその利便性について簡単に説明しました。この節からは、配列の具体的な使い方を学んでいきましょう。

6.2.1 配列変数の定義

変数を使用するには、その定義が必要であったのと同じように、配列を使う場合にもその定義が必要です。

```
int array[ 5 ];
```

上記の例は、array という名前の int 型の配列変数を定義しています。変数名のあとに角括弧 [] でくくって必要な個数を記述することで、配列の**要素数**（使用できる数）を定義できます。この例では int 型の 5 個のデータが格納できる配列を定義しています。

配列を定義すると、メモリ上には **図 6.4** に示す変数の格納領域ができあがります。ちょうど、array[0], array[1], ..., array[4] という名前の 5 つの変数が並んだ形になります。6.2.2 項で詳しく説明しますが、先頭が array[1] ではなく **array[0]** になっている点は注意が必要です。したがって、**int array[5];** と定義したときに、array[5] という要素は存在しません（Coffee Break 6.1 (p.255)参照）。

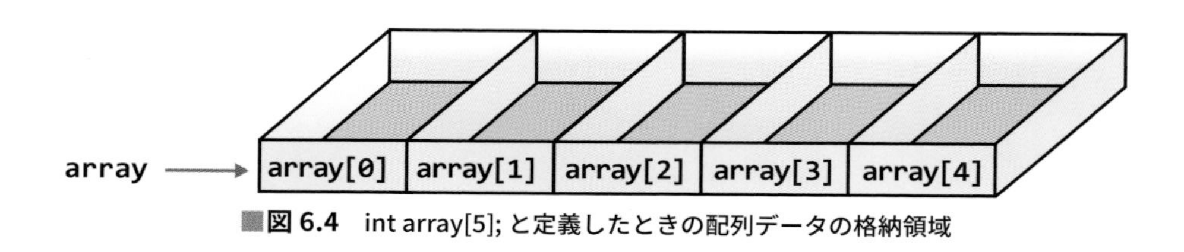

■**図 6.4**　int array[5]; と定義したときの配列データの格納領域

配列の定義の最初の int（リスト 6.2 (p.225)の 6 行目など）は、この配列が int 型の変数を格納することを意味しています。

もちろん、double 型の配列や char 型の配列、そして 8 章および 9 章で説明するポインタや構造体の配列など、さまざまな型の変数を格納する配列を定義できます。

```
char    name[ 8 ];
double  vec[ 2 ];
```

このように定義すると、**図 6.5** の配列が作成されます。

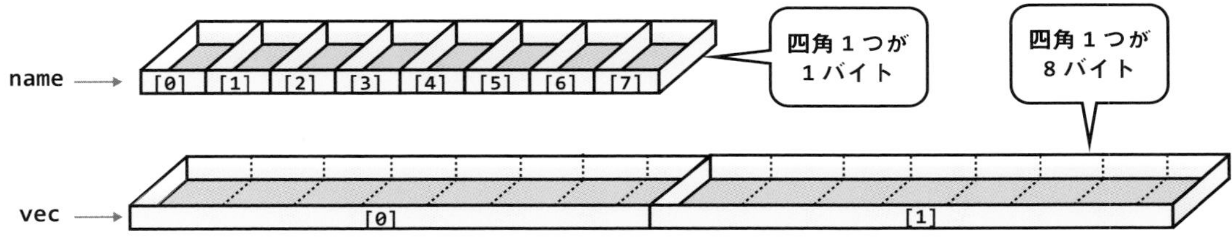

■図 6.5　char 型の配列と double 型の配列

ただし、**1 つの配列を構成する要素は、すべて同じ型である必要があります**。たとえば、1 個目から 3 個目までは int 型で、4 個目から 7 個目までは double 型、のような定義はできません。

また、配列を定義する際の角括弧 [] で囲まれた配列の要素数は、「結果が整数となる式」でなければなりません。

```
int array[ 0.5 ];   // × コンパイルエラー
int array[ 10/2 ];  // ○ でも、こんなコトするぐらいなら5と書きましょう
```

また、要素数の結果が整数型となるのであれば、以下のように要素数の定義に変数や式を指定することも可能です[*2]。実行時に要素数が決まる配列の定義に活用できます[*3]。詳しくは 6.4 節を参照してください。

```
int size = 5;
int array[ size ];      // ○ int array[ 5 ];と同じ
double vec[ 10*siza ]   // ○ double vec[ 50 ];と同じ
```

6.2.2　配列の添字

「int array[5];」と定義されたとき、各々の箱の部分は、array[0], array[1], ..., array[4] とすることでアクセスできます。角括弧 [] でくくられた数字の部分を、配列の**添字**（**subscript**）とよびます。また、各データ部分を**配列の要素**（**element**）とよびます。C で配列の要素を扱う場合、次のことに注意してください。

> 配列の最初の要素は、**添字が 0** であり、最後の添字は「**配列の大きさ-1**」である。

配列の最初の要素には、添字を 0 にして array[0] でアクセスします。その次は 1 で array[1] で

*2　C99 以前のコンパイラでは要素数に変数を指定することはできません。必ず数値を使用してください。
*3　動的に配列を確保する方法として、ほかに標準関数の malloc() がありますが、本書では扱いません。詳しくは、応用編を参照してください。

アクセスします。0から始まることに注意してください。

繰り返しになりますが、「int array[5];」と定義した場合、最後の5番目の要素にアクセスするためには、array[4]とします。array[5]にはアクセスできません（してはいけません）[*4]。0から始まるので、そこから5つ数えると最後は4になるわけです。また、添字には変数や式を使用することもできます。たとえば、次のように変数や式を使ってアクセスすることも可能です（リスト6.2（p.225）の15行目も参照）。

```
int i = 0;
int array[ 5 ];

  …中略…

i = 4
printf( "%d, %d\n", array[ i ], array[i-2] );
```

6.2.3 配列の値の参照と代入

配列の個々の要素にアクセスするには、前述のように括弧と添字を使って以下のようにします。

```
int array[ 5 ];
int a;
a = array[ 1 ];
```

配列の要素は、通常の変数と同じように使用することができます。たとえば、「int array[5];」と定義した場合、iをint型の整数とすれば、array[i]はint型の変数として扱われます。array[i]に0をセットしたければ、

```
array[ i ] = 0;
```

とします。

array[i]はint型の配列なので、次に示すdouble型の浮動小数点0.08はint型0に変換されて格納されます。

```
array[ i ] = 0.08  // 0.08ではなく0が格納される
```

また、double型の配列の場合には、整数型を代入するとdouble型に変換されて格納されます。

---

*4　**落とし穴6.1**（p.234）を参照してください。

```
double d_array[ 5 ];
d_array[ 2 ] = 1; // int型の1ではなく、double型の1.0が格納される
```

上記のプログラムにより、d_array[2] には 1.0 が格納されることになります。

配列は要素ごとにしかアクセスできません。配列を丸ごと入れ替えることはできません。以下のリストを見てください。配列 b に配列 a の内容を丸ごとコピーしようとしています。

```
int a[ 5 ], b[ 5 ];
a[ 0 ] = 1;
a[ 1 ] = 2;
a[ 2 ] = 3;
a[ 3 ] = 4;
a[ 4 ] = 5;

b = a;    // × コンパイルエラー（配列を丸ごとコピーはできない）
```

この場合、コピーしたいのであれば、1 つずつ値を要素ごとにコピーするしか方法はありません。

```
b[ 0 ] = a[ 0 ];  // ○ 地道にね……
b[ 1 ] = a[ 1 ];
b[ 2 ] = a[ 2 ];
b[ 3 ] = a[ 3 ];
b[ 4 ] = a[ 4 ];
```

忘れてはいけないのは、配列といえども値を格納する変数であるということです。定義の仕方やアクセスの仕方が、いままで学んできた変数と少し違うだけで、変数であることに変わりありません。

ところで、 リスト 6.2 (p.225)を見て気づかれた方も多いと思いますが、たとえば間違えて i に 6 を入力したらどうなるのでしょうか。もちろん、番号 6 の数量を入れておく tray[5] は存在しない[*5]のですが、とてもまずいことに、C ではこれを実行時のエラーとしてくれません[*6]。もし i に 6 を入力したとすると、何事もなかったかのように実行し、まったく無関係な数値を表示してしまいます[*7]。

配列を使用するときは、配列の添字が定義した要素数の範囲であるかどうかをプログラム上でチェックしなければなりません[*8]。 リスト 6.3 (p.230)のように、入力したデータの範囲を調べて範囲外であればエラーメッセージを出力し、再入力させるとよいでしょう。

---

*5　リスト 6.2 (p.225)の 6 行目で「int tray[5];」と定義されています。最初の要素 tray[0] を 1 番目の要素とすると、存在しない 6 番目の要素は tray [5] になります。

*6　落とし穴 6.1 (p.234)を参照してください。

*7　OS によっては、OS の機能としてエラーを検出し、プログラムの実行を停止する場合もあります

*8　このような配列の範囲外へのアクセスエラーを検出してくれるツールも販売されています。

リスト 6.3 配列の代入と参照（入力チェック組込版：23 行目以降は省略）

```
01 #include <stdio.h>
02
03 int main(void)
04 {
05     int i;
06     int tray[5];
07
08     tray[0] = 15;
09     tray[1] = 200;
10     tray[2] = 18;
11     tray[3] = 55;
12     tray[4] = 30;
13
14     printf("文房具の番号を入力してください>");
15     for (;;)     // 1〜5の値が入力されるまで無限ループ
16     {
17         scanf("%d", &i);
18         if ((i <= 0) || (i > 5))
19         {
20             printf("1から5までの値を入力してください>");
21         }
22         else
23         {
24             break;  // 無限ループからの脱出
25         }
26     }
27
28     printf("%d個の在庫があります\n", tray[i - 1]);
29
30     return 0;
31 }
```

15 行目の `for( ;; )` から 26 行目では、入力時におけるデータのチェックをしています。

ところで、さきほどの配列 tray の全要素を順に表示するプログラムは、次の **リスト 6.4** になります。

リスト 6.4 配列の代入と参照（全要素出力版）

```
01 #include <stdio.h>
02
03 int main(void)
04 {
05     int i;
06     int tray[5];
```

```
    tray[0] = 15;
    tray[1] = 200;
    tray[2] = 18;
    tray[3] = 55;
    tray[4] = 30;

    printf("すべての要素の表示\n");
    for (i = 0; i < 5; i++)
    {
        printf("%d\n", tray[i]);
    }

    return 0;
}
```

実行結果 6.4 実行結果

```
すべての要素の表示
15
200
18
55
30
```

配列の要素を使用するときには、リスト 6.4 (p.230)の 15 行目のように for 文をよく使います(15 行目)。この for 文の上限の判定では添字の最大が 4 なので i<=4 でもよいのですが、i<5 のように定義に使った要素数 5 を使って上限をチェックすれば、誤りが少なくなります。

配列は for 文の中で使用すると、非常に威力を発揮します。仲間 A、B、C の 3 人の体重の最大値と最小値を求めるプログラムを考えてみましょう[*9]。配列を使ったプログラム例を **リスト 6.5** に示します。

リスト 6.5 配列と for 文を用いた体重の最大値と最小値の検出

```
#include <float.h>
#include <stdio.h>

int main(void)
{
    int i;
    double max_weight, min_weight;
```

*9 話を簡単にするために 3 人にします。でも、これならプログラムで計算するよりも人間の方が速いですね。

```
08      double weight[3];
09
10      weight[0] = 72.0;  // Aさんの体重
11      weight[1] = 101.5; // Bさんの体重
12      weight[2] = 52.4;  // Cさんの体重
13
14      max_weight = -DBL_MAX; // 最大体重の初期化
15      min_weight = DBL_MAX;  // 最小体重の初期化
16
17      for (i = 0; i < 3; i++)
18      {
19          // 最大体重を求めます
20          if (weight[i] >= max_weight)
21          {
22              max_weight = weight[i];
23          }
24          // 最小体重を求めます
25          if (weight[i] <= min_weight)
26          {
27              min_weight = weight[i];
28          }
29      }
30
31      printf("一番重い人は，%g kg です.\n", max_weight);
32      printf("一番軽い人は，%g kg です.\n", min_weight);
33
34      return 0;
35  }
```

実行結果 6.5　実行結果

```
一番重い人は，101.5 kg です.
一番軽い人は，52.4 kg です.
```

この リスト 6.5 (p.231)のプログラムは、配列を使わず変数で実現することも可能です。しかし、その場合は for 文の中で最大値と最小値を求めるのではなく、1 人ずつ比べていくことになるでしょう。次の **リスト 6.6** (p.233)は、配列を使わない場合の例です[*10]。比べる人数が多くなればなるほど、配列を使わない場合よりも、配列と for 文を使用した リスト 6.5 (p.231)の方が優れていることが想像できると思います。

さて、リスト 6.5 (p.231)と リスト 6.6 (p.233)の 2 行目に`#include <float.h>`という見慣れないインクルード宣言があります。この`<float.h>`には、各種の型の最大値や最小値がマクロ定数[*11]で

*10　紙面の都合上、if 文の中括弧{}は省略しています。しかし、初心者のうちは、できるだけ中括弧を省略しないことをおすすめします。
*11　**マクロ**については、3.1.7 項および 6.4 節を参照してください。

定義されています。DBL_MAX は double 型の変数が格納できる最大値を表しています。max_weight に初期値として最小値（-DBL_MAX）、min_weight に初期値として最大値（DBL_MAX）の値をセットしておけば、必ず最初の比較で比較された値が min_weight と max_weight に代入されます[12]。

リスト 6.6 配列を使用しない体重の最大値と最小値の検出

```
#include <float.h>
#include <stdio.h>

int main(void)
{
    int i;
    double max_weight, min_weight;
    double weightA, weightB, weightC;

    weightA = 72.0;  // Aさんの体重
    weightB = 101.5; // Bさんの体重
    weightC = 52.4;  // Cさんの体重

    max_weight = -DBL_MAX; // 最大体重の初期化
    min_weight = DBL_MAX;  // 最小体重の初期化

    // 最大体重を求めます
    if (weightA >= max_weight)
        max_weight = weightA;
    if (weightB >= max_weight)
        max_weight = weightB;
    if (weightC >= max_weight)
        max_weight = weightC;

    // 最小体重を求めます
    if (weightA <= min_weight)
        min_weight = weightA;
    if (weightB <= min_weight)
        min_weight = weightB;
    if (weightC <= min_weight)
        min_weight = weightC;

    printf("一番重い人は, %g kg です.\n", max_weight);
    printf("一番軽い人は, %g kg です.\n", min_weight);

    return 0;
}
```

*12 「最初のデータが最大値と同じ値なら交換されない」と思うかもしれませんね。まさにそのとおりです。しかし、もしそうだとしても、このアルゴリズムではとくに問題ありません。

わずか 3 人の体重の最大値と最小値を求めるだけでも、これほど複雑になってしまうのですから、50 人の最大体重と最小体重を求めるプログラムを考えると、配列 + for 文のほうがいいですね。

リスト 6.6 (p.233)の実行結果は、**実行結果 6.5** (p.232)と同じになるので省略します。

落とし穴 6.1　配列の範囲を超えたアクセス

C では、配列の上限を超えた値、または 0 より小さい値を添字としてその配列にアクセスしてもエラーを出しません。しかしエラーは出なかったとしても、非常に幸運な場合を除いて、そのプログラムは正常に動作しなくなるでしょう[*a]。

その原因は**メモリ破壊**にあります。破壊といっても、別にコンピュータが煙を出すわけでも火花を発するわけでもありません。破壊とは「メモリの内容が、意図しない書き込みにより意味の無い値に変わってしまうこと」です。

このメモリ破壊は、どのようにして起こるのでしょうか。

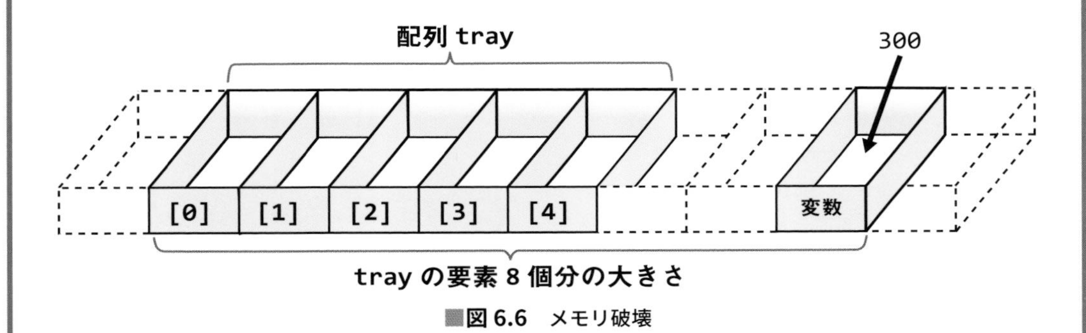

図 6.6　メモリ破壊

たとえば、リスト 6.2 (p.225)の要素数が 5 の配列 tray で、tray[7]=300; としたらどうなるでしょう。C は、これに対してエラーチェックは行わず、tray の配列が上限の tray[4] より先まで連続して続いているものと考え、そのうち [7] にあたる位置のメモリに対し 300 を書き込みます（**図 6.6** 参照）。もちろん、その位置は配列 tray の領域ではありません。もし、300 が書き込まれたメモリに別のある変数が格納されていたとすると、その変数は意味のない値に書き換えられてしまったことになります。これをメモリ破壊といいます。もっと都合の悪いことには、このメモリ破壊はさらに大きな領域の破壊を引き起こす可能性があります。

いま、破壊された領域には、ちょうど n という変数が格納されているとします。現在 n には 300 という意味のない値が入っています。もし、このあとに次のような処理が入っていたらどうなるでしょうか。

```
for( i = 0; i < n; i++ )
{
  tray[ i ] *= 10;
}
```

これは、tray の内容をすべて 10 倍にする処理です。きっと破壊される前の n の値は、tray の要素数 5 であったのでしょう。しかし、いまの n の値は 300 なのですから、この for ループは i が 299 になるまで回ってしまうのでしょうか。実は、もっと悲惨なことになります。

n はちょうど tray[7] の位置に格納されていたので、i が 7 のとき、n は 10 倍されて 3000 になってしまいます。この for ループは、i が 2999 になるまで回ってしまいます。

つまり、このプログラムを実行すると配列 tray の 3,000 個分先の領域まで破壊してしまいます。もはや、このプログラムは正常に動作しないことでしょう。

メモリ破壊が起きるのは、データの領域だけとはかぎりません。いま、実行しているプログラム自身も、メモリの上に格納されています。この「プログラムが格納されている領域が破壊され、プログラムがコントロールを失ってでたらめに動作し、停止することができなくなってしまった状態」を**プログラムが暴走した**といいます。

ただし、偶然メモリ上の破壊された場所がそのとき使用されない領域だったり、破壊された変数が参照される前にほかの値を代入する処理が行われたりする場合、このプログラムは正常時と同じように動作することがあります。最初に「非常に幸運な状態」といったのは、こういう場合のことなのです。

しかし、このようなプログラムは正常なものとはいえません。変数の格納される位置は、プログラムを変更したり、コンパイルし直したりするだけでも変化します。また、入力されるデータが変わったり、プログラムを実行するコンピュータの内部の状態が変化したりすることによって、破壊される位置が変わるかもしれません。そのため、再び暴走などが発生する場合があります。たとえば、「デバッグ用に printf 文を入れると暴走しないが、その文を取ると暴走する」というやっかいなケースもあります。

また、配列の範囲を超えて参照を行うだけなら、メモリ破壊は起きませんが、参照により返される値は意味のないものです。

ただし、最近のコンピュータでは、実行中のプログラムが、そのプログラムが使用できるデータ領域を越えて不正にメモリアクセスした場合には、エラーを検出するようになっています。しかし、実行中のプログラムが使用する変数のために確保されたメモリ領域（つまり、そのプログラムが自由に使えるデータ領域）への不正アクセスを防ぐことはできません。

*a　OS によっては、「Segmentation Fault」というメッセージが出て終了する場合もあります。

6.3 配列を使ったプログラム

6.3.1 平均値・分散・標準偏差

それでは、具体的な例を通して配列の使い方を勉強していきましょう。**表 6.2** は、ある高校の学生の身長のデータです。データは 33 人分あります。このデータを入力して、平均値・分散・標準偏差を計算するプログラムを考えてみましょう。

■表 6.2 ある高校の学生の身長（単位：cm）

33名の身長																
160	161	155	158	157	163	163	168	153	160	168	151	152	160	155	164	161
166	156	164	157	160	155	155	167	162	159	160	158	158	165	157	160	

これらのデータが d_i に、データの個数が $n(=33)$ に格納されていると、平均値 m、分散 v、標準偏差 s は、次の式で求めることができます。

$$m = \frac{1}{n}\sum_{i=1}^{n} d_i, \quad v = \frac{1}{n}\sum_{i=1}^{n}(d_i - m)^2, \quad s = \sqrt{v}$$

この式に基づいて作成されたプログラムが、**リスト 6.7** です。身長のデータは、配列 d の中に格納されます。配列 d の要素は、データの形が 3 桁の整数で表現されているので int 型にしますが、それ以外のデータは double 型にします。この理由は、平均値などの計算で除算が必要となり、実数の値を用いることが多いからです。

さて、4.2.6 項でも触れましたが、次の リスト 6.7 をコンパイルする前に注意事項があります。リストの 2 行目に見慣れない「**#include <math.h>**」という文があります。これは、このリストの中で使用している、平方根を求める数学関数[*13]の sqrt 関数を使うときに必要なインクルード宣言です。ほかの数学関数を使用する場合にもこのインクルード宣言が必要になるので、覚えておいてください。

そして、コンパイル時には数学ライブラリ[*14]をリンク[*15]する必要があります。コンパイラとして VC++ を使用している場合は気にする必要はありませんが、gcc を用いている場合は、以下のオプション（-lm）をつけてコンパイルする必要があります。6-7.c は、 リスト 6.7 が書かれたプログラムファイル名です。

```
$ gcc 6-7.c -lm
```

リンクの詳細については応用編で解説しますが、「-lm（エルエム）」と入力することで、コンパイラに数学ライブラリを使用する旨を知らせているのです。これを記述しないとコンパイルエラーになります。

リスト 6.7 平均値・分散・標準偏差（その 1）

```
01  #include <math.h>
02  #include <stdio.h>
```

*13 **数学関数**については、4 章の 表 4.8 を参照してください。
*14 **ライブラリ**については、応用編で解説します。いまは、各種数学関数が詰まったファイルと捉えてください。
*15 **リンク**という概念は、応用編で解説します。いまは、**連結**という意味合いで捉えてください。

```
03
04 int main(void)
05 {
06     int d[33];        // 身長のデータ
07     double m, v, s; // m は d の平均, v は d の分散, s は d の標準偏差
08     int n = 33;       // データの個数は33個
09     int i;
10     double sum;
11
12     printf("データを%d個入力してください\n", n);
13     for (i = 0; i < n; i++)
14     {
15         printf("data %d = ", i + 1);
16         scanf("%d", &d[i]);
17     }
18
19     for (sum = 0.0, i = 0; i < n; i++)
20     {
21         sum += d[i];
22     }
23
24     m = sum / n; // 平均の計算
25
26     for (sum = 0.0, i = 0; i < n; i++)
27     {
28         sum += (d[i] - m) * (d[i] - m);
29     }
30     v = sum / n; // 分散の計算
31     s = sqrt(v); // 標準偏差の計算
32
33     printf("平均      =%10.3f \n", m);
34     printf("分散      =%10.3f \n", v);
35     printf("標準偏差 =%10.3f \n", s);
36
37     return 0;
38 }
```

実行結果 6.7 実行結果

```
data 1 = 160  <--- 入力
data 2 = 161
data 3 = 155
data 4 = 158

  …中略…
```

```
data 33 = 160

平均      =   159.636
分散      =   19.383
標準偏差  =   4.403
```

1 番目の for ループ（13 行目）では、d の i 番目の要素にデータを入力しています。続く 2 番目の for ループ（19 行目）では、合計を求めています。このように配列は、添字を用いて何番目の要素かをきちんと指定すれば、普通の変数と同じ規則が適用されます。sum += d[i];（21 行目）の計算では、sum は double 型なので、double 型と int 型の加算の演算となり、結果は double 型となります。それが、再び sum に代入されるのです。

sum / n（30 行目）も同様に、double 型の結果を返します。もし sum が int 型で定義してあると、int 型どうしの演算となり結果も int 型となります。この場合、小数点以下の数値は切り捨てられ、正しい結果が得られなくなります。

さて、このプログラムを見て「はてな？」と思った人がいるかもしれません。平均や標準偏差を計算するのに、「わざわざ配列なんか使わなくてもできるぞ」と思った人もいるでしょう。さきほどの分散を求める式を、次のように変形してみましょう。

$$\text{分散}\quad v=\frac{1}{n}\sum_{i=1}^{n}(d_i-m)^2=\frac{1}{n}\left\{\sum_{i=1}^{n}(d_i^2-nm^2)\right\}=\frac{1}{n}\sum_{i=1}^{n}(d_i^2-m^2)$$

この式を用いると、配列にデータを格納しなくてもプログラムを作成することができます。この方式で作成したプログラムを、**リスト 6.8** に示します。このアルゴリズムでは、データの総和と 2 乗和が求まれば、平均・分散・標準偏差を求めることができます。sumM にデータの総和、sumV にデータの 2 乗和を求めています。実は、このプログラムの方が短いし、実行時間も速くなります。**配列は、それを確保するための領域が必要になるので、計算機の中に確保すべき容量も多くなります。**

たとえば、この問題の場合、データの配列がたかだか 33 個であるので問題はありませんが、100 万個のデータではどうでしょうか？　配列を用いた場合は、それだけの記憶領域を確保できずに動作しないこともあります。配列を使わないプログラムでは、基本的にはデータの個数に制限がありません。

しかし、このプログラムにも問題がないわけではありません。場合によっては、もとのデータの 2 乗和や平均値の 2 乗和に比較して分散の値がかなり小さくなることがあり、その場合には 3 章の落とし穴 3.3 (p.79)で説明した**計算誤差**など、十分に考慮した算法に切り替える必要があります。

リスト 6.8　平均値・分散・標準偏差（その 2）

```
01  #include <math.h>
02  #include <stdio.h>
03
04  int main(void)
```

```
{
    int i, d;
    double m, v, s;                // m は d の平均, v は d の分散, s は d の標準偏差
    int n = 33;                    // データの個数は33個
    double sumM = 0.0, sumV = 0.0; // 総和(sumM)と2乗和(sumV)の初期化

    for (i = 0; i < n; i++)
    {
        printf("data %d = ", i + 1);
        scanf("%d", &d); // データの入力
        sumM += d;       // 総和を求める
        sumV += d * d;   // 2乗和を求める
    }

    m = sumM / n;         // 平均の計算
    v = sumV / n - m * m; // 分散の計算
    s = sqrt(v);          // 標準偏差の計算

    printf("平均     =%10.3f \n", m);
    printf("分散     =%10.3f \n", v);
    printf("標準偏差 =%10.3f \n", s);

    return 0;
}
```

リスト 6.8 (p.238) の実行結果は、 **実行結果 6.7** (p.237) と同じになるので省略します。

6.3.2 並べ替え（sorting）

複数の数値データを、大きい順に並べるプログラムについて考えてみましょう。並べ替えのことを**ソーティング**（sorting）といいますが、この方法（アルゴリズム）はいろいろあります。ここでは、比較的簡単な「**バブルソート**」[*16]という方法を紹介しましょう。説明を簡単にするために、並べ替えるデータを次の 5 個とします。

160	162	155	168	160
d[0]	d[1]	d[2]	d[3]	d[4]

■図 6.7　最初の状態（上記のようにデータが格納されている）

これらのデータを入力し、配列 `d(int d[5])` にセットします（ちょうど **図 6.7** の状態）。そして、これらの箱の中で最大の値を探し、それを先頭のデータと交換します。

*16　**バブルソート**は、並べ替えの過程で、データが下から上へ移動するようすが泡（バブル）が浮かび上がっていくように見えることから、このような名前でよばれます。しかし、バブルソートは並び替えの効率がきわめて悪く、実用に使われることはほとんどありません。

そのための手順を説明します。まず、最初のデータ **d[0]**（**160**）を、とりあえず最大の値と仮定します。

図 6.8　バブルソートの手順（その 1）

そして、2 番目以降のデータと次々に比較していき、大きいデータがあったら交換します。この場合、まず、2 番目のデータ **d[1]**（**162**）と比較すると、162 の方が 160 よりも大きいので交換します。すると、次のようになります。

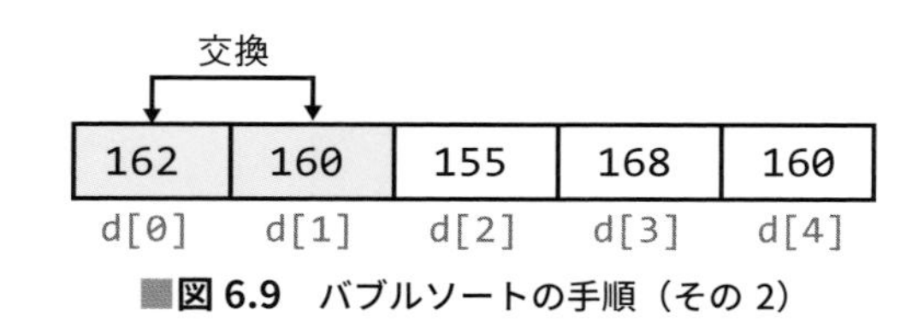

図 6.9　バブルソートの手順（その 2）

2 つのデータを交換するには、次のようにどちらかのデータをいったん別の場所に入れておくという方法を用います。たとえば、a と b の値を交換する場合には、次のようになります。

```
temp = a;
a = b;
b = temp;
```

つまり、**temp** という変数の中に一時的に a のデータを蓄えておくわけです。temp という名前は、temporary（一時的）という単語の頭を取ったもので、こういう処理には好んで用いられます。このほかにも work（作業用）などの変数名が用いられます。もちろん、変数名は自分で勝手に決められるので、tttt や obakasan などの名前にしてもかまわないのですが、これではプログラムの可読性が悪くなります。

さて、続いて **d[0]**（**162**）と **d[2]**（**155**）が比較されますが、この場合には 155 の方が小さいので交換はされません。次に **d[0]**（**162**）と **d[3]**（**168**）が比較され、この場合には交換され、**図 6.10** のようになります。

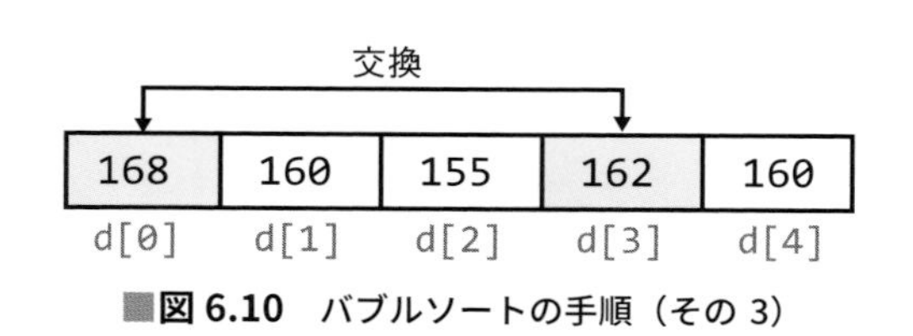

図 6.10　バブルソートの手順（その 3）

最後の d[4]（160）は d[0]（168）よりも小さいので、交換はされません。したがって、この 5 つのデータの中で最も大きい 168 という数字が、先頭 d[0] に配置されました。

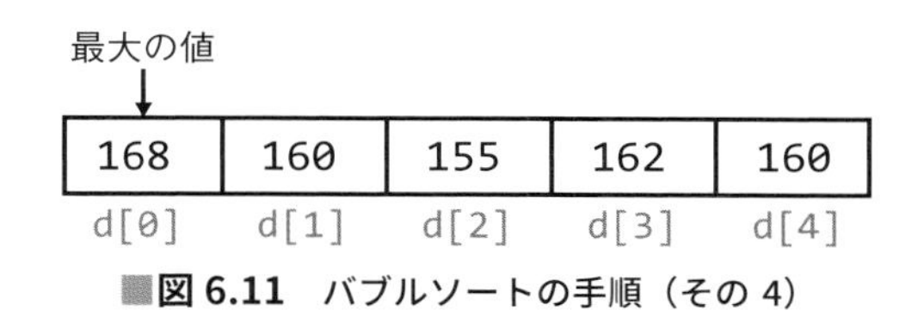

図 6.11　バブルソートの手順（その 4）

今度は、2 つめ以降の中で最大の数を探し、それを先頭にもっていきます。

図 6.12　バブルソートの手順（その 5）

その結果、**図 6.13** のようになります。

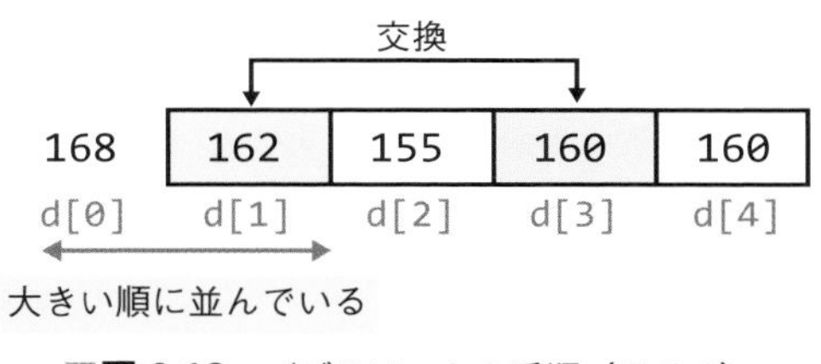

図 6.13　バブルソートの手順（その 6）

これで、先頭の 2 つは大きい順に並んでいます。このように、以下同様に最大の数を見つけていきます。同じ数のときは交換しません。

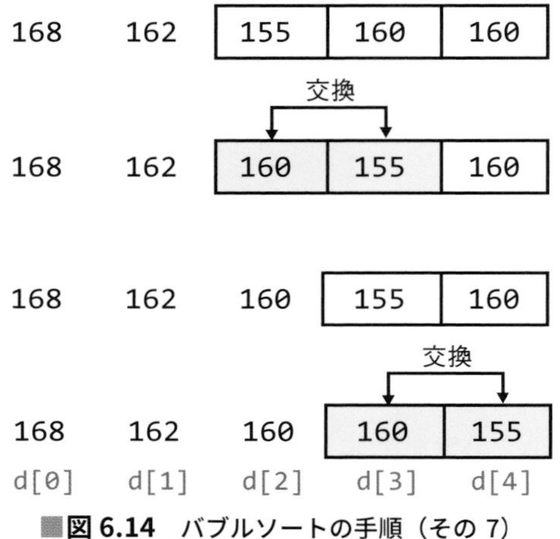

図 6.14　バブルソートの手順（その 7）

これで、大きい順にデータが並び変わりました。このように、次から次へ大きいデータを探していくことで並べ替えが実現されます。

それでは、このアルゴリズムをプログラム化する方法について考えてみましょう。いままで説明した方法をまとめると、以下のようになります。

1. 1 つめのデータ（比較するグループの最初のデータ）に着目し、これを**着目データ**とする
2. 着目データが最後の要素になったら終了する
3. 着目データとその隣のデータを比較し、大きかったら入れ替える
4. さらにその隣のデータと着目データを比較し、大きかったら入れ替える
5. 順次、比較データを隣、そのまた隣と移動して、比較と入れ替えを最後まで行う（この時点で着目データにはグループ内の最大値が格納される）
6. 着目データの位置をその隣に変えて、**1.** に戻る

さて、それではこの流れを **図 6.15** に示しながら説明しましょう。

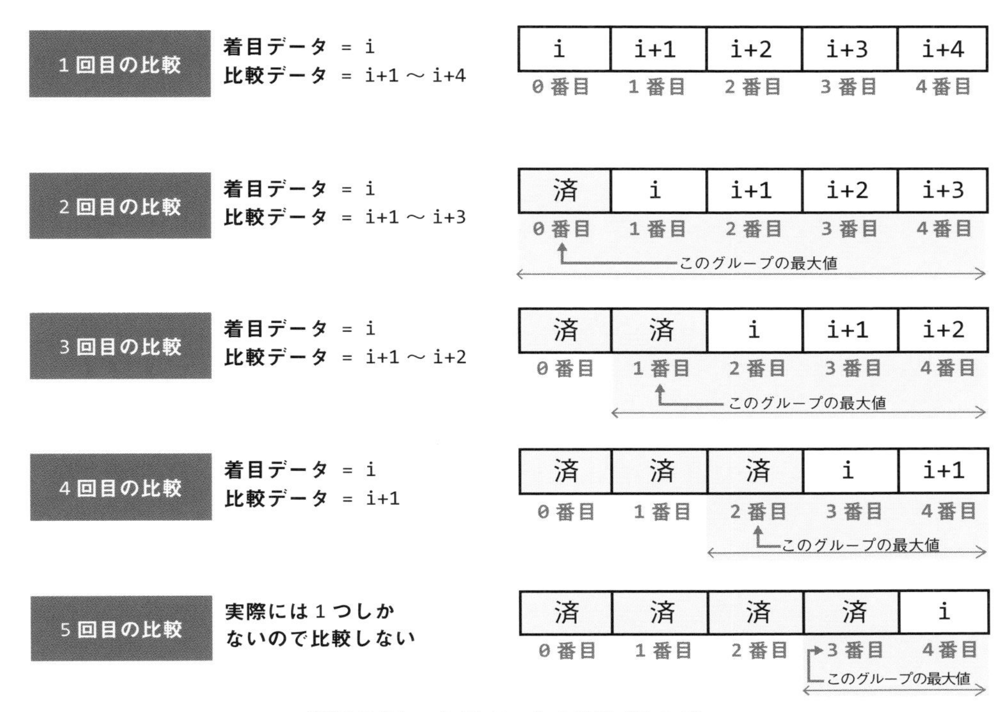

■図 6.15 バブルソートの手順（その 8）

i を着目データを示す変数とします。まず i に 0 を代入し、**i から** i+4（データの最後）の中で最大の値を探し、それを **i(=0) 番目**に格納します。

1 回目の比較が終わると、2 回目の比較のようになります。そして、今度は **i ← i+1(=1) 番目**にして、同じように **i から** i+3（データの最後）の中で最大値を探し、それを **i(=1) 番目**に格納します。この処理が終わると、3 回目の比較に示すようになります。

3 回目の比較で、0 番目と 1 番目は大きい順に並んでいます。そして、今度は **i ← i+1(=2) 番目**にして同様の処理を行います。この処理が終わると、4 回目の比較のようになります。

4 回目の比較で、0 番目〜2 番目は大きい順に並んでいます。そして、今度は **i ← i+1(=3) 番目**にして同様の処理を行います。この処理が終わると、5 回目の比較のようになります。

5 回目の比較で、0 番目〜3 番目は大きい順に並んでいます。今度は **i ← i+1(=4) 番目**にしますが、この時点で 4 番目のデータは最小の値であることがわかっていますから、ここで処理を終了します。

これをプログラムにするには、まず、着目データを表現しなくてはなりません。ソートするデータが配列 d[] に格納され、その個数を n とすると、着目データは for 文を用いて、以下のように表現できます[*17]。

*17 C99 以前のコンパイラの場合、データの定義は「int d[5], n=5;」としてください。

```
int n = 5, d[ n ];

  …中略…

for( i = 0; i < n ; i++ )
{
  // 着目するデータはd[ i ]
  // 隣のデータはd[ i + 1 ], …, d[ n - 1 ]
}
```

次に、その隣のデータが必要になりますが、それはどのように表せばよいでしょうか。隣のデータの位置は [i + 1]、そのまた隣は [i + 2] と連続して表せますから、これも for 文を用いて以下のように表現することができます。

```
int n = 5, d[ n ];

  …中略…

for( i = 0; i < n ; i++ )
{
    // 着目するデータはd[ i ]
  for( j = i + 1; j < n; j++)
  {
    // 隣のデータはd[ j ]
  }
}
```

j は着目データ i の隣 (i + 1) から 1 つずつ加算されていきますから、これで着目データの隣のデータ、そのまた隣のデータ、... を表現することができるわけです。しかし、[] 内の添字 j は配列の要素数を超えるわけにはいきません。j の上限が j < n となっていることに注意してください。

さて、あとは比較と交換を記述すれば、この並べ替えのアルゴリズムをプログラムで表現できたことになります。

```
int n = 5, d[ n ];

  …中略…

for( i = 0; i < n - 1 ; i++ )
 {
  for( j = i + 1; j < n; j++)
  {
    if( d[ i ] < d[ j ] )   // もし d[ i ] < d [ j ] ならば
     {
```

```
        temp = d[ i ];          // d[ i ] と d[ j ]
        d[ i ] = d[ j ];        // を
        d[ j ] = temp;          // 交換する
      }
    }
  }
```

上記のプログラムにおける、最初の for 文の i の上限に注意してください。着目するデータは、ソートするデータの最後から 1 つ前まででよいので、n - 1 になっています。ここを n にしてしまうと、その次の j の for 文で j の値が n を超えてしまうことになり、配列の範囲を超えたアクセスが行われてしまいます。

それでは、実際に大きい順に並び替えるプログラムを **リスト 6.9** に示します。なお、d[j] > d[i] の不等号の向きを変えて d[j] < d[i] とすれば、小さい順に並び替えるプログラムになります。

リスト 6.9 バブルソートによる並べ替え

```
01  #include <stdio.h>
02
03  /***** バブルソートによる並べ替え *****/
04  int main(void)
05  {
06      int d[5]; // ソートするデータ
07      int temp;
08      int i, j;
09
10      printf("データを5個入力してください\n");
11      for (i = 0; i < 5; i++) // データの入力
12      {
13          scanf("%d", &d[i]);
14      }
15
16      for (i = 0; i < 4; i++) // 並べ替え
17      {
18          for (j = i + 1; j < 5; j++)
19          {
20              if (d[i] < d[j]) // もし d[ i ] < d [ j ] ならば
21              {
22                  temp = d[i]; // d[ i ] と d[ j ]
23                  d[i] = d[j]; // を
24                  d[j] = temp; // 交換する
25              }
26          }
27      }
```

```
28
29      printf("ソート結果です\n");
30      for (i = 0; i < 5; i++) // データの表示
31      {
32          printf("%d\n", d[i]);
33      }
34
35      return 0;
36  }
```

実行結果 6.9　実行結果

```
データを5個入力してください
160
162
155
168
160

ソート結果です
168
162
160
160
155
```

6.4 配列の要素数とマクロ定数

リスト 6.9 (p.245)では、要素数を 5 としていました（6 行目）。それを 10 に増やす場合を考えてみます。この場合、配列の定義は以下のようになります。

```
int d[ 10 ];
```

修正が必要なのはここだけでしょうか。コンパイルしてみると確かにエラーは発生しませんが、実行してみると最初から 5 個目までの要素しかソートされないことがわかります。これは、ソートの実行や結果を表示するプログラムが変更されていないからです。

10 個のデータでバブルソートを実行するためには、リスト 6.9 (p.245)の中から 5 か所を修正する必要があります。

1. **10行目：** `printf( "データを 5 個入力してください\n" );`
2. **11行目：** `for( i = 0; i < 5 ; i++ )`
3. **16行目：** `for( i = 0; i < 4 ; i++ )`
4. **18行目：** `for( j = i + 1; j < 5 ; j++)`
5. **30行目：** `for( i = 0; i < 5 ; i++ )`

プログラムのバグ（いわゆる、ミス）は、こうした修正作業に入り込むことが多いのです。この場合には、この5か所を確実に修正する必要がありますが、たった1か所でも忘れると、プログラムは正しく動作しません。

このような修正作業を少しでも改善するために、Cでは**#define構文**を用いた**数値定数マクロ**を使用することができます。このマクロを用いた指定は頻繁に利用されています。たとえば、

```
#define        NINZU        33

  …中略…

double d[ NINZU ];
```

などとできます。ただし、NINZUは変数ではなく数値定数ですから、

```
NINZU = 10;
```

のように別の値を代入することはできません。しかし、参照することはできます。たとえば、

```
for ( i = 0; i < NINZU; i++ ) {
  printf( "%g", d[ i ] );
}
```

あるいは、

```
int n;
n = NINZU;              // nに10を入れる
d[ NINZU - 1 ] = 0.0; // 最後の要素に0.0を入れる
```

のように使います。

マクロ名には、変数と区別するために、一般に大文字を使います[*18]。この数値定数マクロを用いると、プログラムの修正が楽になります。

リスト6.9 (p.245)を数値定数マクロを用いて書き直したプログラムが、**リスト6.10** (p.248)で

*18　大文字でなければならないということではありません。慣習で大文字を用いるということです。

す。プログラム内の KOSUU（8、13、18、20、32 行目）が、数値定数マクロです。

リスト 6.10　バブルソートによる並べ替え（マクロ使用版）

```
01 #include <stdio.h>
02 
03 #define KOSUU 5  // データ数
04 
05 /***** バブルソートによる並べ替え2 *****/
06 int main(void)
07 {
08     int d[KOSUU];  // ソートするデータ
09     int temp;
10     int i, j;
11 
12     printf("データを%d個入力してください\n", KOSUU);
13     for (i = 0; i < KOSUU; i++) // データの入力
14     {
15         scanf("%d", &d[i]);
16     }
17 
18     for (i = 0; i < KOSUU - 1; i++)
19     {
20         for (j = i + 1; j < KOSUU; j++)
21         {
22             if (d[i] < d[j])
23             {
24                 temp = d[i];
25                 d[i] = d[j];
26                 d[j] = temp;
27             }
28         }
29     }
30 
31     printf("ソート結果です\n");
32     for (i = 0; i < KOSUU; i++) // データの表示
33     {
34         printf("%d\n", d[i]);
35     }
36 
37     return 0;
38 }
```

リスト 6.10 の実行結果は、**実行結果 6.9** (p.246) と同じになるので省略します。

ここまでのプログラムでは、配列の要素数が固定されていました。マクロを使用することで、少ない修正で要素数を変更することができるようになりましたが、それでも、要素数を変更するたびにプログラムへの修正が必要になります。

6.2.1 項に書いたとおり、配列の要素数には変数を指定することも可能です。つまり、配列を初期化する前に変数を定義して、その変数を要素数とすれば、動的に配列のサイズを変更することができるのです。以下に示すコードの n に注目してください。たとえば、

```
int n = 5;
int array_a[ n ];
```

とすれば array_a の要素数は 5 となります。また、

```
int n = 10;
int array_b[ n ];
```

とすれば array_b の要素数は 10 となります。 リスト 6.9 (p.245)を、配列の要素数を動的に指定できる（21 行目）ように書き直したプログラムが **リスト 6.11** です。

リスト 6.11 バブルソートによる並べ替え（配列の要素数に変数を指定）

```
01 #include <stdio.h>
02 
03 #define KOSUU 10000 // 確保するデータの最大数
04 
05 /***** バブルソートによる並べ替え3 *****/
06 int main(void)
07 {
08     int temp;
09     int i, j, n;  // n:ソートするデータの個数
10 
11     printf("データの個数を入力してください(2 ～ %d)\n", KOSUU);
12     do
13     {
14         scanf("%d", &n);
15         if ((n < 2) || (n > KOSUU))
16         {
17             printf("2から%dまでの値を入力してください\n", KOSUU);
18         }
19     } while ((n < 2) || (n > KOSUU));
20 
21     int d[n]; // 要素数がnの配列を定義する
22 
23     printf("データを%d個入力してください\n ", n);
24     for (i = 0; i < n; i++) // データの入力
25     {
26         scanf("%d", &d[i]);
27     }
```

```
28
29      for (i = 0; i < n - 1; i++)
30      {
31          for (j = i + 1; j < n; j++)
32          {
33              if (d[i] < d[j])
34              {
35                  temp = d[i];
36                  d[i] = d[j];
37                  d[j] = temp;
38              }
39          }
40      }
41
42      printf("ソート結果です\n");
43      for (i = 0; i < n; i++) // データの表示
44      {
45          printf("%d\n", d[i]);
46      }
47
48      return 0;
49  }
```

6.5 2 次元配列

添字を 2 つもつ配列を **2 次元配列** とよびます。いままで学習してきた配列は、添字の数が 1 つのみなので **1 次元配列** とよびます。1 次元配列は**ベクトル**、2 次元配列は**行列**、あるいは**表**に相当します。たとえば、ある高校の各学年はそれぞれ 5 組からなり、各組の人数を **表 6.3** のとおりとします。

■表 6.3　ある高校の各組の人数

学年／組	1	2	3	4	5
1	45	46	41	39	48
2	45	39	52	40	45
3	48	46	48	48	40

このデータを、ninzu という 2 次元配列として定義された変数に格納してみましょう。2 次元配

列の変数 ninzu を定義するためには、以下のようにします[19]。

```
int ninzu[ 3 ][ 5 ];  // 3行5列の2次元配列
```

配列の添字は 2 次元配列でも約束どおり 0 から始まります。したがって、n 年 m 組の人数は ninzu[n - 1][m - 1] に格納します。たとえば、2 年 4 組の人数は、ninzu[1][3] と指定します。上記のすべてのデータを格納するプログラムは、次のようになります。1 行目〜5 行目は 1 学年のデータ、6 行目〜10 行目は 2 学年のデータ、11 行目〜15 行目は 3 学年のデータです。

```
ninzu[ 0 ][ 0 ] = 45;
ninzu[ 0 ][ 1 ] = 46;
ninzu[ 0 ][ 2 ] = 41;
ninzu[ 0 ][ 3 ] = 39;
ninzu[ 0 ][ 4 ] = 48;
ninzu[ 1 ][ 0 ] = 45;
ninzu[ 1 ][ 1 ] = 39;
ninzu[ 1 ][ 2 ] = 52;
ninzu[ 1 ][ 3 ] = 40;
ninzu[ 1 ][ 4 ] = 45;
ninzu[ 2 ][ 0 ] = 48;
ninzu[ 2 ][ 1 ] = 46;
ninzu[ 2 ][ 2 ] = 48;
ninzu[ 2 ][ 3 ] = 48;
ninzu[ 2 ][ 4 ] = 40;
```

6.5.1 行列計算

2 次元配列を行列計算に用いる場合もあります。たとえば、n 行 m 列の行列は次のように定義します。

```
double  a[ 3 ][ 4 ];  // 3行4列の行列
```

または、数値定数マクロを用いて、

```
#define ROW    3
#define COLUMN  4
```

*19　この定義を間違えて、「int ninzu[3, 5];」としてはいけません。この定義は「int ninzu[5];」とみなされて、1 次元配列として処理されます。「3, 5」のコンマ（,）は、コンマ演算子として処理され、「3, 5」の値は「5」になります。

```
…中略…

double a[ ROW ][ COLUMN ];  // ROW行COLUMN列の行列
```

とした方がよいでしょう。これで、次のような行列が用意されます。

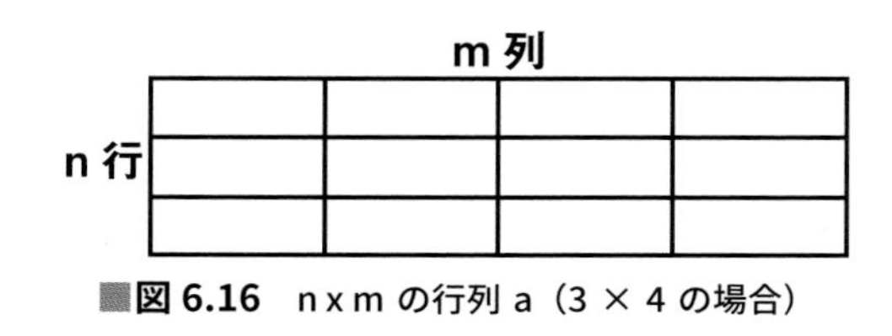

■図 6.16　n x m の行列 a（3 × 4 の場合）

この行列 a の各要素の型は、double 型です。配列では、確保する容量が多くなることはすでに述べましたが、2 次元配列では、さらに多くの領域を必要とします。

図 6.16 の例では、要素の数は 12 個（= 3 × 4）です。この配列は要素の型が double 型なので、12 個× 8 バイト = 96 バイトの領域が必要となります。

このように、配列の型は実行するコンピュータのメモリ容量に大きく影響します。必要とする精度を考慮して、なるべく確保する領域の小さい型を選ぶべきです。しかし、実数の場合 float 型を用いると極度に精度が下がるので注意が必要です。

要素の型を int 型にしたければ、

```
int a[ 3 ][ 4 ];  // 3行4列の行列
```

とします。この場合は、12 個× 4 バイト = 48 バイトの領域が必要になります。

行列の和

リスト 6.12 は、2 つの行列 A、B の和（$A + B$）を計算して出力するプログラムです。

n 行 m 列の行列 a、b、c を定義しています（8〜10 行目）。ROW と COLUMN はマクロ名で、**#define 文**で定義されています（3〜4 行目）。なお、ROW と COLUMN は変数ではないので、途中で ROW や COLUMN の値を変えることはできません。

リスト 6.12　行列の和

```
01  #include <stdio.h>
02
03  #define ROW 3          // 行数
04  #define COLUMN 4       // 列数
05
06  int main(void)
```

```
{
    double a[ROW][COLUMN];  // ROW行COLUMN列の行列
    double b[ROW][COLUMN];  // ROW行COLUMN列の行列
    double c[ROW][COLUMN];  // ROW行COLUMN列の行列
    int i, j;

    printf("%d × %d 行列Aを入力してください\n ", ROW, COLUMN);
    for (i = 0; i < ROW; i++) // 行列Aの入力
    {
        for (j = 0; j < COLUMN; j++)
        {
            printf("A[%d, %d] = ", i + 1, j + 1);
            scanf("%lf", &a[i][j]);
        }
    }

    printf("%d × %d 行列Bを入力してください\n ", ROW, COLUMN);
    for (i = 0; i < ROW; i++) // 行列Bの入力
    {
        for (j = 0; j < COLUMN; j++)
        {
            printf("B[%d, %d] = ", i + 1, j + 1);
            scanf("%lf", &b[i][j]);
        }
    }

    for (i = 0; i < ROW; i++) // C=A+Bの計算
    {
        for (j = 0; j < COLUMN; j++)
        {
            c[i][j] = a[i][j] + b[i][j];
        }
    }

    printf("C:\n "); // 行列Cの表示
    for (i = 0; i < ROW; i++)
    {
        for (j = 0; j < COLUMN; j++)
        {
            printf("%10.5f ", c[i][j]);
        }
        printf("\n");
    }

    return 0;
}
```

リスト 6.12 (p.252)に、次の行列 A、B のデータを入力したものが、以下の実行結果です。「3 × 4 行列 A を入力してください」の下が行列 A の入力、「3 × 4 行列 B を入力してください」の下が行列 B の入力、「C:」の下 3 行が行列の和（C=A+B）です。

$$A:\begin{bmatrix}0.1 & 0.2 & 0.3 & 0.4\\1.1 & 1.2 & 1.3 & 1.4\\2.1 & 2.2 & 2.3 & 2.4\end{bmatrix}\qquad B:\begin{bmatrix}3.1 & 3.2 & 3.3 & 3.4\\4.1 & 4.2 & 4.3 & 4.4\\5.1 & 5.2 & 5.3 & 5.4\end{bmatrix}$$

実行結果 6.12　実行結果（一部省略）

```
3 × 4行列Aを入力してください
A[1, 1]=0.1      // <--- 入力
A[1, 2]=0.2
A[1, 3]=0.3

  …中略…

3 × 4行列Bを入力してください
B[1, 1]=3.1

  …中略…

B[3, 4]=5.4
C:
  3.20000   3.40000   3.60000   3.80000
  5.20000   5.40000   5.60000   5.80000
  7.20000   7.40000   7.60000   7.80000
```

行列の積

もう 1 つの例を示しましょう。 **リスト 6.13** (p.255)は、2 つの行列 A、B の積（$A \times B$）を計算するプログラムです。行列の積は次のように定義されます。A が n 行 p 列で、B が p 行 m 列のとき、C（$A \times B$）は n 行 m 列の行列であり、その各要素は、

$$c_{ij} = \sum_{k=1}^{p} a_{ik} \times b_{kj} = a_{i1} \times b_{1j} + a_{i2} \times b_{2j} + \cdots + a_{ip} \times b_{pj}$$

です。 リスト 6.13 (p.255)では、c[i][j] を求めるために、for 文を用いて、

```
c[ i ][ j ] = 0;
for( k = 0; k < NUM_L; k++ )
{
  c[ i ][ j ] += a[ i ][ k ] * b[ k ][ j ];
}
```

としています（38 行目～42 行目）。

Coffee Break 6.1 数学的計算を行う場合

配列を用いて数学的な計算を行う場合、つい配列の添字が「0 から始まっていること」を忘れがちです。これは、数学的な意味での添字が 1 から始まっているためで、たとえば本文の行列の積の場合、数式どおりにプログラムを書いてしまい、

```
for( k = 1; k <= NUM_L; k++ )
```

としてしまいがちです。これでは配列の要素の参照位置がずれて、正しい結果が得られないばかりでなく、for ループの中に `a[k] = x` の代入処理があった場合には、前述のように**メモリ破壊**を引き起こし、暴走の原因となる可能性があります。

配列を使用する場合、とくに数式をプログラムにする場合の添字の範囲には十分注意が必要です。

リスト 6.13 行列の積

```
01  #include <stdio.h>
02
03  #define NUM_N 3
04  #define NUM_L 4
05  #define NUM_M 5
06
07  int main(void)
08  {
09      double a[NUM_N][NUM_L]; // NUM_N行NUM_L列の行列の定義
10      double b[NUM_L][NUM_M]; // NUM_L行NUM_M列の行列の定義
11      double c[NUM_N][NUM_M]; // NUM_N行NUM_M列の行列の定義
12      int i, j, k;
13
14      printf("%d × %d 行列Aを入力してください\n ", NUM_N, NUM_L);
15      for (i = 0; i < NUM_N; i++) // 行列Aの入力
16      {
17          for (j = 0; j < NUM_L; j++)
18          {
19              printf("A[%d, %d] = ", i + 1, j + 1);
20              scanf("%lf", &a[i][j]);
21          }
22      }
23
24      printf("%d × %d 行列Bを入力してください\n ", NUM_L, NUM_M);
```

```
25      for (i = 0; i < NUM_L; i++) // 行列Bの入力
26      {
27          for (j = 0; j < NUM_M; j++)
28          {
29              printf("B[%d, %d] = ", i + 1, j + 1);
30              scanf("%lf", &b[i][j]);
31          }
32      }
33
34      for (i = 0; i < NUM_N; i++) // C=A*Bの計算
35      {
36          for (j = 0; j < NUM_M; j++)
37          {
38              c[i][j] = 0;
39              for (k = 0; k < NUM_L; k++)
40              {
41                  c[i][j] += a[i][k] * b[k][j];
42              }
43          }
44      }
45
46      printf("C:\n "); // 行列Cの表示
47      for (i = 0; i < NUM_N; i++)
48      {
49          for (j = 0; j < NUM_M; j++)
50          {
51              printf("%10.5f ", c[i][j]);
52          }
53          printf("\n");
54      }
55
56      return 0;
57  }
```

このプログラムに、次の行列 A、B のデータを入力したものが、以下の実行結果です。和のときと同様に、「3 × 4 行列 A を入力してください」の下が行列 A の入力、「3 × 4 行列 B を入力してください」の下が行列 B の入力、「C:」の下 3 行が行列の積（C=AxB）です。

$$A : \begin{bmatrix} 0.1 & 0.2 & 0.3 & 0.4 \\ 1.1 & 1.2 & 1.3 & 1.4 \\ 2.1 & 2.2 & 2.3 & 2.4 \end{bmatrix} \qquad B : \begin{bmatrix} 3.1 & 3.2 & 3.3 & 3.4 \\ 4.1 & 4.2 & 4.3 & 4.4 \\ 5.1 & 5.2 & 5.3 & 5.4 \\ 6.1 & 6.2 & 6.3 & 6.4 \end{bmatrix}$$

実行結果 6.13　実行結果（一部省略）

```
3 × 4行列Aを入力してください
A[1, 1]=0.1      // <--- 入力
A[1, 2]=0.2
A[1, 3]=0.3

  …中略…

4 × 5行列Bを入力してください
B[1, 1]=3.1

  …中略…

B[4, 5]=6.5
C:
   5.10000   5.20000   5.30000   5.40000   5.50000
  23.50000  24.00000  24.50000  25.00000  25.50000
  41.90000  42.80000  43.70000  44.60000  45.50000
```

6.5.2　座標計算：仲の悪い 2 人

2 次元配列は、数学的な計算以外にも色々な使い方があります。次の問題を考えてみてください。

ある町にとても仲の悪い 2 人がいました。2 人の仲の悪さは相当なもので、近くにいるだけで機嫌が悪くなってしまうほどでした。ところがある日、この 2 人が映画館の入り口でばったり出会ってしまいました。こうなると、良い席も悪い席もありません。とにかく、お互いできるだけ離れた席に座るしかありません。

映画館の中には空席が 10 席あり、それぞれの席の番号と x、y の座標がわかっています。この中から、2 人が座るべき最も離れた 2 つの席を見つけてください。

■表 6.4　空席の位置

座席 No	X 座標	Y 座標
1	1.1	5.2
5	3.4	1.6
8	4.5	3.4
10	2.3	2.6
15	6.4	5.7
16	7.6	7.8
20	5.2	4.4
22	1.7	3.5
25	3.8	6.3
30	5.8	6.3

さて、この座標のデータを格納するために、どのようなデータを用いればよいでしょうか。まずは、次のように考えることができます。**MAX_SEAT** はマクロ名で **10** を意味します。

```
int     seat_no[ MAX_SEAT ];              // 座席番号を格納する配列
double  x[ MAX_SEAT ], y[ MAX_SEAT ];    // 各座席のX,Y座標を格納する配列
```

しかし、 x と y はどちらも同じ double 型で、その内容も一組の数値です。2 次元配列を使ってまとめてしまいましょう。

```
int     seat_no[ MAX_SEAT ];       // 座席番号を格納する配列
double  point[ MAX_SEAT ][ 2 ];   // 各座席のX,Y座標を格納する配列
```

この場合、**seat_no** は型が違うため、別の配列にしています[*20]。

平面上の 2 点間の距離は、i 番目と j 番目の席の場合、

$$\sqrt{(x_i - x_j)^2 + (y_i - y_j)^2}$$

で求めることができます。ですから、2 つの席のあいだの距離を総当たりで調べ、その中で最大の距離をもつ 2 席を見つければよいのです。一連のデータの中の、それぞれ 2 つずつを総当たりで比較する方法は、実は「バブルソート」のときに使った for ループの回り方とまったく同じです。

*20　違う型のデータもまとめて取り扱えるデータ構造として、**構造体**があります。今回のような場合は、構造体の配列を使うこともできます。構造体については、9 章で説明します。

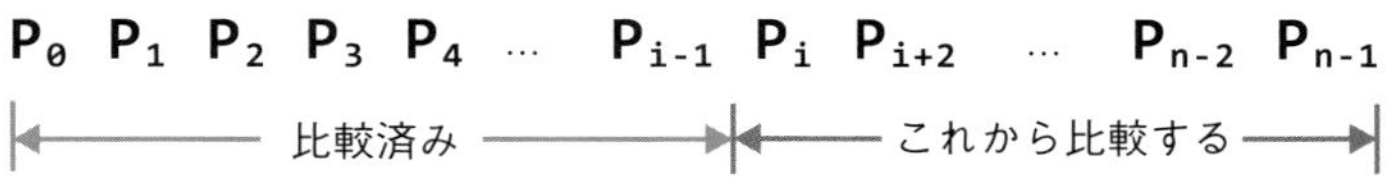

P_0 P_1 P_2 P_3 P_4 … P_{i-1} P_i P_{i+2} … P_{n-2} P_{n-1}
比較済み
これから比較する

■図 6.17　総当たりで最も離れた席を探す

リスト 6.14 は、この方法を用いたプログラム[*21]です。

リスト 6.14　最も離れた席を探す

```
01 #include <math.h>
02 #include <stdio.h>
03 
04 #define MAX_SEAT 10 // 空席の数
05 
06 int main(void)
07 {
08     int seat_no[MAX_SEAT];      // 空席の番号
09     double point[MAX_SEAT][2]; // 空席の座標 point[ n ][ 0 ] = x座標
10                                 //            point[ n ][ 1 ] = y座標
11     double x_dis, y_dis;        // x，y方向の座標
12     double dis;                 // 2つの空席の距離
13     double max_dis = 0.0;       // 最も離れた2つの座席の距離
14     int max_dis_seat[2];        // 最も離れた2つの座席の番号
15     int i, j;
16 
17     printf("シート番号とそのX座標、Y座標を10回入力してください");
18     printf(" (例) 1  1.1  5.2 (Enterキー)\n");
19     for (i = 0; i < MAX_SEAT; i++)
20     {
21         scanf("%d %lf %lf", &seat_no[i], &point[i][0], &point[i][1]);
22     }
23 
24     for (i = 0; i < MAX_SEAT - 1; i++)
25     {
26         for (j = 0; j < MAX_SEAT; j++)
27         {
28             x_dis = point[i][0] - point[j][0];
29             y_dis = point[i][1] - point[j][1];
30             // 距離の計算
31             dis = sqrt(x_dis * x_dis + y_dis * y_dis);
32             if (max_dis < dis)
33             {
34                 max_dis = dis;
35                 max_dis_seat[0] = seat_no[i];
```

*21　リスト 6.14 は、31 行目で数学関数 `sqrt` を使っています。Linux でコンパイルするときは、**コンパイルオプション**として `-lm`（エルエム）を忘れずに付けてください。

```
36                  max_dis_seat[1] = seat_no[j];
37              }
38          }
39      }
40
41      printf("最も離れた座標は %d と %d です (距離 %8.6f)\n",
42              max_dis_seat[0], max_dis_seat[1], max_dis);
43
44      return 0;
45  }
```

実行結果 6.14　実行結果（一部省略）

```
1  1.1  5.2
5  3.4  1.6
8  4.5  3.4

  …中略…

30  5.8  6.3
最も離れた座席は 5 と 16 です（距離 7.488658）
```

上の実行結果は、1番下の行以外はデータの入力を表しています。なお、この例では計算式どおりに sqrt 関数を用いて距離を求めていますが（31行目）、このプログラムの目的は距離を求めることではなく、最も離れた席の番号がわかればよいので、平方根を求めなくてもよいでしょう。

6.6 配列の初期化

自動変数は、通常定義しただけでは不定の値になっています。これは、配列についても同じです。そこで、変数を定義するのと同時に初期値をもたせる方法があります。通常の変数では、

```
int     i = 0;
double  d = 1.5;
```

のようにして初期化を行うことができましたが、配列でも次の約束を守れば初期化を行うことができます。

6.6.1 1次元配列の初期化

1次元配列では、初期化する要素をコンマ（,）で区切って並べたものを、中括弧{ }でくくることで、配列の初期化を行うことができます。

```
int tray_a[ 7 ] = { 15, 200, 18, 55, 30, 9, 8, };
```

定義した要素数より初期化の要素が少ないときには、残りの配列は数値的に 0 で初期化されます[*22]。この例では、最初の 5 要素である tray_b[0] から tray_b[4] は指定した数値で初期化されますが、残りの 2 要素である tray_b[5]、tray_b[6] は int 型の 0 で初期化されます。

```
int tray_b[ 7 ] = { 15, 200, 18, 55, 30, };
```

また、定義した要素数より初期化の要素が多いときにはエラーとなります。

```
int tray_c[ 3 ] = { 15, 200, 18, 55, 30, 9, 8, };  // コンパイルエラー
```

上の例では、3 個の要素をもつ配列 tray_c に対し、7 個の要素で初期化しようとしているため、コンパイル時にエラーとなります。

また、初期化を定義とともに行う場合は、配列の定義で [ ] の中の 7 を省略してもかまいません。そうすると、初期値の個数からコンパイラが初期値の個数から自動的に要素数分の配列を用意します。たとえば、

```
int tray_d[ ] = { 15, 200, 18, 55, 30, 9, 8, };  // 要素数が7個の配列
```

とすると、tray_d は tray_a と同じ定義になります。ただし、[ ] としてしまうと明示的に要素数を記述しないので、いくつの要素があったのかを別に覚えておくか、またはプログラムで要素数を算出する必要があり、注意が必要です。このようなときに、要素には有効なデータとして現れないような特別な数を最後に入れておいて、目印とする方法があります。この目印を**ターミネータ（terminator）**とよびます。たとえば、文房具の数量ならば −1 ということはありえないので、−1 をターミネータとして次のように初期化します。中括弧内の値の内、一番右の-1 がターミネータです。

```
int tray_e[ ] = { 15, 200, 18, 55, 30, 9, 8, -1 };
```

*22　数値的に 0 とは、それぞれの型に応じた 0 という意味で、int、double などの数値型には 0 または 0.0 が、char には'\0'が、ポインタには NULL（8 章にて説明）が、それぞれ代入されることになります。

こうしておくと、全要素を扱うときの終了条件は、「-1 が現れるまで」とすることができます。

```
for( i = 0; tray_e[ i ] != -1; i++ )  // ターミネータの-1が出てくるまで回り続ける
{
  printf( "%d\n", tray_e[ i ] );
}
```

このようにすれば、要素数を意識せずに、全要素を表示することができます。あるいは、初期化の要素を増やしたり減らしたりしたときに、配列を定義するときの [ ] の中の要素数をいちいち変えなくて済みます。

また、初期化により要素数を省略して定義した配列の全要素を扱うには、ターミネータを使用する以外にもう 1 つ方法があります。それは、**sizeof 演算子**を使う方法です。sizeof 演算子は、変数または型のサイズ（バイト数）を計算します。

sizeof tray のように sizeof 演算子に配列名を指定すると、配列 tray 全体のサイズが返され、sizeof tray[0] では配列 tray の 1 つの要素 tray[0] のサイズが返されます。これを用いると、配列の要素の数は、

```
sizeof tray / sizeof tray[ 0 ]
```

で計算することができます。全体のサイズを 1 つの要素のサイズで割ることで、要素数を算出しているわけです。sizeof 演算子を用いると、全要素を扱うときの終了条件は、次のようになります。

```
for( i = 0; i < sizeof tray / sizeof tray[0]; i++ ) {
  printf( "%d\n", tray[ i ] );
}
```

この方法を用いても、配列の要素をあとで変更した場合、その要素数が変わっても for ループを変更する必要がなくなります。また、sizeof tray[0] は sizeof(int)[*23]でも同じですが、配列全体の型を変更する場合は、ここも変更しなければならなくなり、あまりよい方法とはいえません。

6.6.2　2 次元配列の初期化

2 次元配列の初期化には、いくつかの方法があります。最もわかりやすい例は、次のとおりです。

```
/* Case1 */ int a[ 3 ][ 2 ] =
{
```

*23　sizeof 演算子で char や int のような型名を指定するときには、括弧 ( ) が必要となります。たとえば、「sizeof int」はエラーになります。

```
                            { 1, 2 }, // 1行目のデータ
                            { 3, 4 }, // 2行目のデータ
                            { 5, 6 }, // 3行目のデータ
            };
```

このように定義すると、

```
a[ 0 ][ 0 ] = 1;    a[ 0 ][ 1 ] = 2;
a[ 1 ][ 0 ] = 3;    a[ 1 ][ 1 ] = 4;
a[ 2 ][ 0 ] = 5;    a[ 2 ][ 1 ] = 6;
```

と代入を行ったのと同じ結果になります。一方、

```
/* Case2 */ int a[ 3 ][ 2 ] = { 1, 2, 3, 4, 5, 6 };
```

と定義することもできます。つまり、2次元配列のデータは「行方向」に格納されていきます。
　また、2次元配列では、次のコードのように左側の要素を省略できます（1行目）。

```
/* Case3 */   int a[ ][ 2 ] =
{
                            { 1, 2 },   // 1行目のデータ
                            { 3, 4 },   // 2行目のデータ
                            { 5, 6 },   // 3行目のデータ
              };
```

　このように定義しても同じ結果になります。つまり、この場合、省略されている部分は 3 とみなされます。
　また、

```
/* Case4 */   int a[ 3 ][ 2 ] =
{
                        { 1 },
                        { 3 },
                        { 5 },
              };
```

とすると、a[0][0]、a[1][0]、a[2][0] だけが、それぞれ 1、3、5 **に初期化**され、残りの a[0][1]、a[1][1]、a[2][1] は 0 **で初期化**されます。
　この2次元配列の初期化の例では、すべて最後にコンマ（,）があります。これは、決して誤記ではありません。配列の初期化（とくに2次元配列の初期化）では、中括弧{ }の中の最後の要素

に、コンマを付ける習慣を付けるとよいでしょう。

たとえば、以下のような 2 次元配列を宣言して初期化していたとします。2 次元配列の初期化では、2 次元であることを明示する意味と、わかりやすいプログラムを書くという意味で、上記の例のように各要素を複数行にわたって記述するスタイルが好まれます。

もちろん、次のように最後の部分（3 行目の`{ 7, 8 }`の横）にコンマを書かなくても、文法上問題はありません。

```
int b[ ][ 2 ] = {
            { 5, 6 },
            { 7, 8 }    // もう一組要素を加えたい
};
```

この配列にもう 1 行要素を加える場合、大部分の人は`{7, 8}`の行をエディタでコピーし、その次の行に貼り付けて各要素を変更するでしょう。このとき、`{7, 8},`となっていれば、あとは要素を適切な値に変更するだけですが、最後にコンマがない`{7, 8}`をコピーしてしまうと、要素を変更したあとに最初の要素`{7, 8}`のあとにコンマを付ける必要が発生します。些細なことですが、これを忘れてコンパイルエラーになるケースが多いのです。

```
int b[ ][ 2 ] =
{
            { 5, 6 },
            { 7, 8 }      // コンマを忘れるとコンパイルエラー
            { 9, 10 }
 };
```

コンマを付けることで、後々に要素を追加した際のコンパイルエラーの発生を防ぐこともできます。コンマを付けても、ほかに影響することはありませんので、積極的に活用していきましょう。

Coffee Break 6.2　メモリ上での配列の並び

1 次元配列は、下図のような並びでメモリ上に配置されます（**図 6.18** の下にある 16 進数値は、メモリアドレスを擬似的に表しています）。

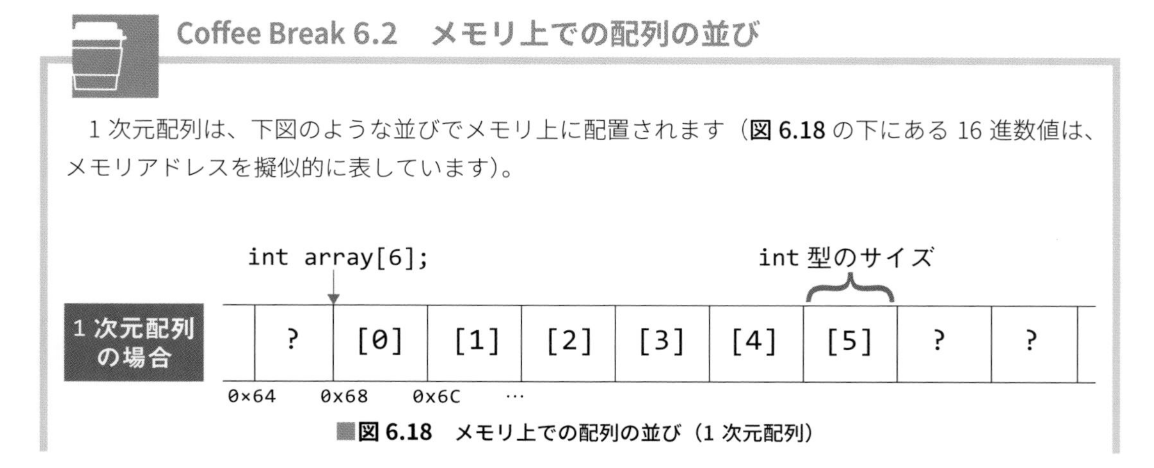

図 6.18　メモリ上での配列の並び（1 次元配列）

メモリ上の連続した領域に、int 型の要素が順番に並んでいます。

では、2 次元配列はメモリ上ではどういう並びで配置されるのでしょうか。

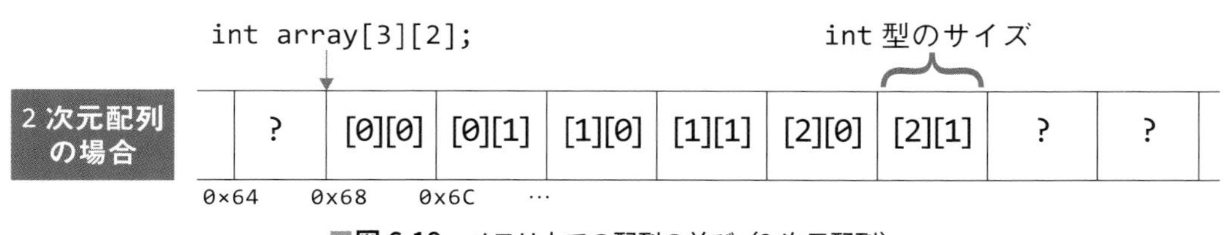

図 6.19 メモリ上での配列の並び（2 次元配列）

図 6.19 が、2 次元配列のメモリ上の並びです。各要素の添字に注目してください。

[0][0], [0][1], [1][0], [1][1], . . . の順番で並びます。

さて、両方の図を比べて見てください。どちらも int 型の領域が 6 個並んだ形です。つまり、1 次元配列も 2 次元配列も、メモリ上の配置に違いはないのです。各要素のアクセス方法が、1 次元配列なら array[0]、2 次元配列なら array[0][0] と書く記述上の違いだけです。ただし、2 次元配列の場合、行単位でデータが並んでいるということに注意してください。

6.7 多次元配列

いままで、1 次元配列と 2 次元配列を見てきました。しかし、さらに多くの添字をもつ配列も定義することができます。これを **多次元配列** とよびます。

2 次元配列で、ある高校の各組の人数の例（表 6.3）を挙げました。このときに各学年 5 組の高校（3 学年）が、ある地域に 8 校あった場合、各組の人数を格納するには次のように配列を定義します。

```
int ninzu[ 8 ][ 3 ][ 5 ];  // 学校(8校)、学年(3学年)、組(5組)
```

上の例では、[8] が学校（8 校）、[3] が学年（1 年～3 年）、[5] が組（1 組～5 組）を表しています。k 校目の n 年 m 組の人数 x は、次のように代入します。

```
ninzu[ k - 1 ][ n - 1 ][ m - 1 ] = x;
```

C では、このように、コンパイラが許すかぎり 3 次元以上の多次元の配列を定義することが可能です。

しかし、多次元配列を使う上で注意すべきことは、**多次元配列は実行が遅くなる** ということです[*24]。これを避けるためには、データの構造を考えて配列の次元を減らすか、応用編で述べる「ポインタ演算」を使うようにします。

ところで、6.5.2 項にある **表 6.4** の座標のような平面上の座標ではなく、高さのデータ z も含む 3 次元座標 (x, y, z) を格納するには、それぞれの次元ごとに分けて 3 次元配列が必要でしょうか？　3 次元座標は、2 次元座標 (x, y) の 2 つの要素が (x, y, z) の 3 つになっただけですから、たとえば 10 個の点の座標を格納するには、次の 2 次元配列を定義すれば十分であることがわかります。次のコードのうち、「//0 番目の〜」と書かれている 3 行は 0 番目の点、「// 1 番目の〜」と書かれている 3 行は 1 番目の点です。

```
double ten[ 10 ][ 3 ];  // 10個の点の座標(x, y, z)

  …中略…

ten[0][0] = 1. 2  // 0番目のx座標値
ten[0][1] = 3. 4  // 0番目のy座標値
ten[0][2] = -2. 6 // 0番目のz座標値
ten[1][0] = 6. 5  // 1番目のx座標値
ten[1][1] = 0. 4  // 1番目のy座標値
ten[1][2] = 2. 5  // 1番目のz座標値
```

これは、多次元配列を使う場合の初歩的な錯覚です。

*24　これは、多次元配列中の要素にアクセスする場合、その要素の格納位置を求めるために、いくつかの乗算をしなければならないためです。

文字列

コンピュータは数値だけでなく文字も扱います。文字列とはその名のとおり文字の並びのことで、エディタや Web ブラウザなど実用的なプログラムでは、必ず文字や文字列を処理する必要が出てきます。この章では、C における文字列の扱い方や基本的な文字列の操作方法について学習していきます。
C には文字列型という型はありません。ですから、文字列を直接的に表現することはできません。だからといって心配する必要はありません。前の章で説明した配列を利用して文字の並びを表現すれば、C でも文字列を扱うことができます。

7.1 文字列の表現

変数とは、ただ 1 つの値を格納できる箱として学習してきました。3 章でいろいろな定数を学習してきたことを思い出してください。その中で、1 つだけ変数に代入できない定数があります。それは**文字列定数**です。文字列定数は 1 つの箱に入れることはできません。なぜなら、文字列定数（たとえば、"HELLO"）は複数の文字の集合なので、これを入れる箱も複数個必要になるからです。

一方、6 章で学習した配列は、複数の値を格納することができます。この配列の要素を char 型とすれば、文字列定数を格納できる箱が作れるはずです。本節では、とくに文字列を格納する配列、つまり**文字配列**について学習していきましょう。

7.1.1 文字

まず、文字の復習から始めましょう。C では、文字は 1 バイトの整数として扱われます。文字を格納する変数は、次のように定義します。

文字を格納するための char 型の変数定義の例

```
char letter;
```

この変数 letter を用いて文字'A'を表示するプログラム（**リスト 7.1**）を考えてみましょう。

リスト 7.1　文字 A を表示する

```
01  #include <stdio.h>
02  
03  int main(void)
04  {
05      char letter;            // 変数letterの定義
06  
07      letter = 'A';           // 変数letterへの代入
08      printf("%c\n", letter); // 変数letterの表示
09  
10      return 0;
11  }
```

7 行目で文字'A'を変数 letter に代入していますが、変数 letter は整数型なので、代入は次のような方法でも可能です。

文字の変数への代入方法の例

```
letter = 'A';          // 文字列定数の代入
letter = 65;           // ASCIIコードの文字Aを10進数表示した整数定数の代入
letter = 0x41;         // ASCIIコードの文字Aを16進数表示した整数定数の代入
```

文字'A'を代入しても、'A'は数値（10 進数の 65）に置き換えて評価されるので、1 バイトの整数の代入と同じ意味となります。

7.1.2 文字配列

では、本題の文字列定数の話に移ります。たとえば HELLO という文字列を表示したいときは、以下のように書きましたね。

文字列「HELLO」を表示する

```
printf( "HELLO" );
```

このとき、2 重引用符（"）で囲まれた部分が**文字列定数**です。文字列定数を変数に代入することはできるでしょうか。残念ながら、C では文字列型という型は存在しないので、文字列定数を代入できるような変数はありません。しかし、これでは大変不便です。そこで、6 章で学んだ配列を利用します。

"HELLO"という文字列定数は、何文字あるでしょう。'H'、'E'、'L'、'L'、'O'で **5 文字**と考えがちです。しかし、文字列はその最後を意味する終了文字として **NULL 文字**（ASCII コード 0、C では'\0'という文字で表現します）を入れることになっています。したがって、"HELLO"を格納するのに必要な文字数は**合計 6 文字**となります。これを格納するための配列は、次のように定義します。

5 文字の文字列を格納するための配列 str の定義

```
char str[ 6 ];  // NULL文字を含めて6つの要素を格納できる配列
```

上記の例は、char 型を配列の要素とする箱が 6 個あり、連続したメモリ上に配置されることを示します。この配列を char 型の配列、または**文字配列**と呼びます。ここで、str は配列名であり、配列名だけが式の中で使用されるときは、その配列の先頭アドレス[*1]を示す定数です。str に続く角括弧 [ ] で囲まれた部分には、6 章で学習した配列と同じく、必要な要素の数を記述します。

1 つの変数を「箱」とすれば、配列は複数の同じ大きさの箱が並んだものです。たとえば、集合住宅の集中郵便箱のようなものを想像してもよいでしょうし、たんすのひきだしを連想してもよいでしょう。ここで重要なことは、配列全体を別の配列に代入したり、比較したりすることは直接的にはできないということです。ただ、配列の各要素は、その型をもつ変数として自由に操作できま

*1 **先頭アドレス**とは、その配列がメモリ中に割り当てられた際のメモリの番地（**アドレス**）のことです。アドレスに関しては、1.3.2 項を参照してください。

す。つまり、文字配列の各要素は、通常の char 型変数として扱えるのです。では、**図 7.1** のように、この文字配列に"HELLO"をセットすることを考えてみましょう。

図 7.1　文字配列の "HELLO" をセットする

配列の添字は、先頭の要素番号を「0」として順番にふられた番号です。つまり str 配列では、先頭の要素は str[0]、最後の要素は str[5] として参照できるのです。先頭は「0」から始まることに注意してください。「0」から始まるので、最後の添字は（定義した要素の数-1）＝ 5 となるわけです。

変数 str は char 型の配列ですが、%s を指定することで文字列として表示することができます。%s は、式の中で char 型変数のポインタを要求します。対応する引数である配列名 str は配列の格納されているメモリの先頭アドレスを示す定数として機能し、printf 関数は対応するアドレスから文字を表示し NULL 文字を検出したところで表示を停止します。

リスト 7.2　文字配列（char 型の配列）に文字列を格納する

```
01  #include <stdio.h>
02
03  int main(void)
04  {
05      char str[6];           // 文字列を格納する変数strを定義
06
07      str[0] = 'H';          // 配列の要素として1文字ずつ代入
08      str[1] = 'E';
09      str[2] = 'L';
10      str[3] = 'L';
11      str[4] = 'O';
12      str[5] = '\0';         // 配列の最後には終了文字としてNULL文字を代入
13      printf("%s\n", str); // 変数strを表示
14
15      return 0;
16  }
```

ところで、**リスト 7.2** には文字列定数"HELLO"がまったく登場していません。これは C に文字列型という型が存在せず、char 型の配列という形で文字列を表現する必要があり、この配列要素それぞれに文字を代入する必要があるからです。しかし、実際のプログラミングでは文字配列を操作することが多く、いちいちこのようにすることは大変不便です。そこで、汎用的に文字列をコピーする標準関数として、strcpy が標準ライブラリ<string.h>の中に用意されています。これを使用すると、**リスト 7.3** (p.271)のように書くことができます。詳しくは、その他の文字列に関する標準関数とともに、のちほど見ていきましょう。

リスト 7.3 配列に文字配列に格納する（標準関数を利用）

```
#include <stdio.h>
#include <string.h>

int main(void)
{
    char str[6];

    strcpy(str, "HELLO");
    printf("%s\n", str);

    return 0;
}
```

7.1.3 配列、初期化

文字配列の初期化について触れておきましょう。たとえば、char 型の変数 c を初期化する場合、下記のようになります。

char 型変数の文字代入による初期化の例

```
char c = 'A';
```

このように、定義のあとに等号（=）で初期値を書きました。文字配列の場合は、次のような初期化の方法があります。すべて HELLO という文字列を設定しています。

文字配列（char 型の配列）の初期化の例

```
char str1[ 6 ] = {'H', 'E', 'L', 'L', 'O', '\0' };
char str2[ 6 ] = "HELLO";
char str3[] = {'H', 'E', 'L', 'L', 'O', '\0' };
char str4[] = "HELLO";
```

これら 4 つの文字配列の初期化例は、すべて 6 文字分の配列として str1, str2, str3, str4 が定義され、先頭から 5 文字に"HELLO"と 6 文字目に NULL 文字が入った文字列として初期化されます。

ここで、もし配列最後の要素に NULL 文字を代入しない場合、どのようになるでしょう。

リスト 7.4 文字配列の終端がわからないプログラム

```
#include <stdio.h>

```

```
03 int main(void)
04 {
05     char str[] = {'H', 'E', 'L', 'L', 'O'};
06 
07     printf("%s\n", str);
08 
09     return 0;
10 }
```

リスト 7.4 (p.271)を実行すると、実行環境により差異はありますが、以下のように表示されることがあります。

文字配列の終端がわからず表示が文字化けしてしまった例

```
HELLO0■■■
```

NULL 文字が代入されていないことで、7 行目の printf 関数は文字配列の終端がわからないため、配列の先頭からメモリの内容を表示し続けた結果、意図しない表示となっています。

なお、文字配列の初期化の方法は、変数を定義するときのみ使用できる方法であり、代入文としての使用はできません。たとえば次のようなプログラムは文法エラーとなってしまいます。

文字配列への代入を行おうとして文法エラーが発生する例

```
char str[ 1 ];
str = "abc";           // 代入できないためエラー
```

また、配列とポインタは密接な関係がありますが、8 章でポインタを学ぶまでは、配列とポインタは異なるものだと考えておくのがよいでしょう。学習が進んでポインタの理解ができると、次のようなプログラムでは、文字配列の代入（変数 str へ、文字配列"abc"の先頭ポインタを代入）ができることがわかるようになるでしょう。

ポインタを使用して文字配列への代入を行う例

```
char *str;
str = "abc";           // これはOK
```

Coffee Break 7.1　エスケープシーケンス

文字列の終了を示す NULL 文字として \0 というものを使っています。これは**エスケープシーケンス**とよばれる特殊な文字です。NULL 文字のほかにも、改行やシングルクォーテーション（'）やダブルクォーテーション（"）なども、エスケープシーケンスを使って表示することができます。

リスト 7.5 エスケープシーケンスを使った文字の例

```
01 #include <stdio.h>
02 
03 int main(void)
04 {
05     printf("文章の途中で改行\nすることもできます\n");
06     printf("文字列配列を囲う\"ダブルクォーテーション\"や\n");
07     printf("\'シングルクォーテーション\'も表示可能です\n");
08     printf("\u2661 (ユニコードの文字「ハート」U+2661) にも対応しています\n");
09 
10     return 0;
11 }
```

リスト 7.5 (p.273)を実行すると、以下のようになります。

実行結果 7.5 実行結果

```
文章の途中で改行
することもできます
文字列配列を囲う"ダブルクォーテーション"や
'シングルクォーテーション'も表示可能です
♥ (ユニコードの文字「ハート」U+2665) も対応しています
```

7.2 文字列の操作

この節では、具体的なプログラム例を追いながら、文字列の操作に慣れていきます。ここで取り上げる関数と同じものが、すべて**標準関数**で用意されているので、実際に使う場合はその標準関数を使ってください。しかしながら、これらの標準関数の中身がどのようになっているかを理解するためには、同じものを自分で作ってみることが一番の早道です。また、その経験は C における文字列の扱いに慣れるためにも重要です。

7.2.1 文字列の長さ

文字列の長さを知ることができれば、いろいろと便利です。**リスト 7.6** (p.274)は、標準関数である `fgets`（10 行目）と `strlen`（12 行目）を使ったプログラム例です。

リスト 7.6　文字列の長さを知るプログラム（標準関数を使用）

```
01 #include <stdio.h>
02 #include <string.h>
03
04 int main(void)
05 {
06     char message[256];
07     unsigned int len;
08
09     printf("メッセージを入力してください >>> ");
10     fgets(message, sizeof(message), stdin);
11
12     len = strlen(message);
13     printf("メッセージの長さは %d 文字です。\n", len);
14
15     return 0;
16 }
```

fgets 関数は、標準入力から 1 行分を入力し、文字配列（この場合は、message）にセットする関数です。1 行といっても、その行の最後の改行（`\n`）は`\0` に置き換えられて `message` に代入されます。

それでは、 strlen 関数 はどのような処理を行って、文字列の長さを数えているのでしょうか。処理の内容を考えながら、同じ処理を行う関数を作ってみましょう（**リスト 7.7**）。

リスト 7.7　文字列の長さを知るプログラム

```
01 #include <stdio.h>
02
03 int str_length(char str[])  // 文字列の長さを返す関数
04 {
05     int i = 0;              //文字列の長さ
06
07     while (str[i] != '\0')  // NULL文字が出てくるまでループ
08     {
09         i++;
10     }
11
12     return i;
13 }
14
15 int main(void)
16 {
17     char message[256];
18     unsigned int len;
19
```

```
    printf("メッセージを入力してください >>> ");
    fgets(message, sizeof(message), stdin); // メッセージを入力

    len = str_length(message);             // メッセージの長さを求める
    printf("メッセージの長さは %d 文字です。\n", len);

    return 0;
}
```

3行目から13行目に、文字列の長さを数える関数として **str_length 関数**を定義しました。文字列の最初から1文字ずつ読んでいき'\0'が出現するまでの長さを文字列の長さとしています。今回の例では問題にはなりませんが、'\0'が出現するまで文字列の長さを延々と数え続けるようなプログラムとなっていますので、**NULL 文字**が含まれない文字列の長さは数えることができません[*2]。

なお、標準関数を使った リスト 7.6 (p.274)、および自分で作った関数を使った リスト 7.7 (p.274)ともに、実行結果は、以下のようになります。

実行結果 7.7 実行結果

```
メッセージを入力してください >>> I'm so grateful for your support.
メッセージの長さは 34 文字です。
```

7.2.2 文字列の比較

プログラムを書く際には数値の比較と同様に、文字列の比較を行うこともしばしばあります。**リスト 7.8** は、標準関数 strcmp を使って（16行目）文字列の比較を行うプログラム例です。strcmp 関数は、文字配列 txt1 と txt2 の内容が同じなら 0 を返す関数です。

リスト 7.8 文字列の比較を行うプログラム（標準関数を使用）

```
#include <stdio.h>
#include <string.h>

int main(void)
{
    char txt1[256];
    char txt2[256];
    unsigned int len;
```

*2　NULL 文字が指定されていない文字列の長さを求めようとすると、そのプログラムは、その文字列を次々に NULL 文字が出現するまで検索して、たまたま見つかったその NULL 文字まで長さを、その文字列の長さとして返します。

```
10      printf("文字列1を入力してください >>> ");
11      fgets(txt1, sizeof(txt1), stdin);
12
13      printf("文字列2を入力してください >>> ");
14      fgets(txt2, sizeof(txt2), stdin);
15
16      if (strcmp(txt1, txt2) == 0)
17      {
18          printf("文字列1と文字列2は同じです\n");
19      }
20      else
21      {
22          printf("文字列1と文字列2は異なります\n");
23      }
24
25      return 0;
26  }
```

それでは、strcmp 関数はどのような処理を行って、文字列の比較を行っているのでしょうか。処理の内容を考えながら、同じ処理を行う関数を作ってみましょう。

文字は整数型ですから、数値としての大きさをもちます。大きさをもつということは、その大小関係が存在するということです。たとえば、ASCII コードでの'a'と'b'は、それぞれ 10 進数で **97** と **98** になりますから、'a'＜'b'という関係になります。また ASCII コードでの'A'は 10 進数で **65** になるので、'A'＜'a'という関係にもなります。つまり文字を数値として比較して同じ値であれば同じ文字であると判断できます。

文字列の比較を行う場合[*3]、1 文字ずつ先頭から比較を行い同じ文字であるかを確認していきます。1 文字でも異なる文字が見つかったら異なる文字列、最後の文字まで確認してすべての文字が同一であった場合には同一の文字列と判定すればよいことになります。

それでは、標準関数 strcmp と同じ関数 str_cmp を作ってみましょう（**リスト 7.9**）。

リスト 7.9　文字列の比較を行うプログラム

```
01  #include <stdio.h>
02
03  int str_cmp(char str1[], char str2[])  // str_cmp関数の定義
04  {
05      int i = 0;  // チェックする文字の位置
06      int d = 0;  // チェックする文字の差
07
08      while (1)   // 無限ループ
09      {
```

*3　文字コードの大きさは、付録の **ASCII コード表**を参照してください。

```
        d = str1[i] - str2[i];  // 2つの文字の差を計算
        if (d != 0)             // 2つの文字が異なっていれば
        {
            return d;           // 2つの文字の差を関数値として返す
        }
        if (str1[i] == '\0')    // 文字がNULL文字か（NULL文字なら2つの文字列は一致）
        {
            return 0;           // 2つの文字列が等しいので、0を関数値として返す
        }
        i++;    // チェックする文字の位置を次に変える
    }
}

int main(void)
{
    char txt1[256];
    char txt2[256];
    unsigned int len;

    printf("文字列１を入力してください >>> ");
    fgets(txt1, sizeof(txt1), stdin);

    printf("文字列２を入力してください >>> ");
    fgets(txt2, sizeof(txt2), stdin);

    if (str_cmp(txt1, txt2) == 0)
    {
        printf("文字列１と文字列２は同じです。\n");
    }
    else
    {
        printf("文字列１と文字列２は異なります。\n");
    }

    return 0;
}
```

リスト 7.9 (p.276)では、3 行目から 21 行目に文字列の長さを比較する関数として **str_cmp 関数**を定義しました。8 行目からの無限ループにて、先頭から 1 文字ずつ同一の文字であるか判定をしていきます。10 行目で 2 つの文字の比較を行うために、数値としての差を計算しています。異なる文字であった場合は、この差が 0 ではない値になるので、11 行目にて d != 0 が真となり、無限ループを抜けます。このとき、str1 の文字が大きければ正の数、str2 の文字が大きければ負の数を関数の戻り値として返します。最後の文字まで同一の文字でかつ str1 が NULL 文字で終わっている場合には、15 行目にて無限ループを抜けて、0 を関数の戻り値として返します。

なお、標準関数を使った リスト 7.8 (p.275)、および自分で作った関数を使った リスト 7.9

(p.276)の実行結果は、ともに以下のようになります。

実行結果 7.8　**実行結果（リスト 7.8、リスト 7.9 共通）**

```
文字列１を入力してください >>> Lorem ipsum dolor sit amet
文字列２を入力してください >>> Lorem ipsum dolor sit amet
文字列１と文字列２は同じです。
```

7.2.3 文字列のコピー

前述のとおり、C には文字列型という型はないため、文字列をコピーする際には、各要素ごとに文字を 1 つずつ代入していく必要があります。まずは **リスト 7.10** で、標準関数 `strcpy`（11 行目）を使った文字列のコピーを行うプログラム例を見てみましょう。

リスト 7.10　**文字列のコピーを行うプログラム（標準関数を使用）**

```
01 #include <stdio.h>
02 #include <string.h>
03
04 int main(void)
05 {
06     char str1[] = "dog";
07     char str2[] = "cat";
08
09     printf("コピー前：str1 = %s, str2 = %s\n", str1, str2);
10
11     strcpy(str1, str2); // str2をstr1にコピーする
12
13     printf("コピー後：str1 = %s, str2 = %s\n", str1, str2);
14
15     return 0;
16 }
```

整数などと同じく文字列型という型がもし定義されていたとしたら、`str1 = str2` と書くことで `str1` に `str2` の内容が代入され、文字列のコピーができたかもしれません。しかしながら、代入演算子は使用できないため、リスト 7.10 のように標準関数 `strcpy` を使用して文字列のコピーを行っています。

それでは、 `strcpy` はどのような処理を行って、文字列のコピーを行っているのでしょうか。処理の内容を考えながら、同じ処理を行う関数を作ってみましょう（**リスト 7.11** (p.279)）。

文字列として代入することはできませんが、配列の各要素ごとに見ると文字であり整数型ですから、数値の代入を行うことで、文字ごとにコピーをすることができます。文字列のコピーを行う場合、1 文字ずつ先頭から代入を行い、`NULL` 文字が出てくるまで繰り返せばよいことになります。

リスト 7.11　文字列のコピーを行うプログラム

```
#include <stdio.h>

int str_cpy(char dst[], char src[])  // 文字列の複写 dst ← src
{
    int i = 0;  // コピーする文字の位置
    while (1)   // 無限ループ
    {
        dst[i] = src[i];    // i番目の文字をコピーする
        if (src[i] == '\0') // コピーした文字がNULL文字か
        {
            return 0;       // コピーし終わったので0を関数値として返す
        }
        i++;     // 次の文字に移る
    }
}

int main(void)
{
    char str1[] = "dog";
    char str2[] = "cat";

    printf("コピー前：str1 = %s, str2 = %s\n", str1, str2);

    str_cpy(str1, str2);

    printf("コピー後：str1 = %s, str2 = %s\n", str1, str2);

    return 0;
}
```

なお、標準関数を使った リスト 7.10 (p.278)、および自分で作った関数を使った リスト 7.11 の実行結果は、ともに以下のようになります。

実行結果 7.10　実行結果（リスト 7.10、リスト 7.11 共通）

```
コピー前：str1 = dog, str2 = cat
コピー後：str1 = cat, str2 = cat
```

「配列の大きさよりも長い文字列を代入することはできない」ということは、非常に重要なことです。文字列を扱う際には、配列のサイズについて、十分に注意する必要があります。コピー先の配列サイズよりもコピー元の文字列のほうが長い場合、配列を突き抜けて**メモリ破壊**となります。

たとえば、 リスト 7.11 において、仮に 20 行目で `str2[] = "neko"`（NULL を入れて 5 文字）と初期化していた場合、str1（NULL を入れて 4 文字）よりも str2 のほうが長い文字列となるため、文字列のコピーを行った際に str1 の配列の範囲を超えてしまいます（**バッファーオーバーフロー**）。

メモリ破壊は、プログラムの挙動に影響を与え、最悪の場合にはプログラムの暴走を引き起こすことがあります。文字列操作においては、深刻かつ最も多い間違いの 1 つであり、とくに注意が必要です。文字列における配列のメモリ破壊については、次節でより詳しく説明します。

7.2.4 文字列の連結

文字列操作の例として、最後に文字列の連結を取り上げます。

リスト 7.12 文字列の連結を行うプログラム（標準関数を使用）

```
01  #include <stdio.h>
02  #include <string.h>
03
04  int main(void)
05  {
06      char sign[16];  // 15文字分 + NULL文字分の領域
07      char word1[] = "flash.";
08      char word2[] = "thunder.";
09
10      printf("challenge = %s\npassword = %s\ncountersign = %s\n", word1, word2, sign);
11
12      strcpy(sign, word1);    // signにword1の内容をコピーする
13      strcat(sign, word2);    // signにword2の内容を連結する
14
15      printf("--> countersign = %s\n", sign);
16
17      return 0;
18  }
```

リスト 7.12 では、文字列を連結するために十分なサイズの配列として **sign** を用意し、word1 と word2 を連結しました。もし、受け手側の sign の配列の範囲を超えてしまった場合は、メモリ破壊[*4]が起きてしまいます。これまで同様、文字列を操作する場合は、このようなことが起こらないように十分注意する必要があります。このプログラムを実行した際の各配列の内容のようすが、**図 7.2** です。この図の流れを学習すると、配列と文字列のイメージが理解しやすいでしょう。

*4　**Coffee Break 7.2** （p.283）を参照してください。

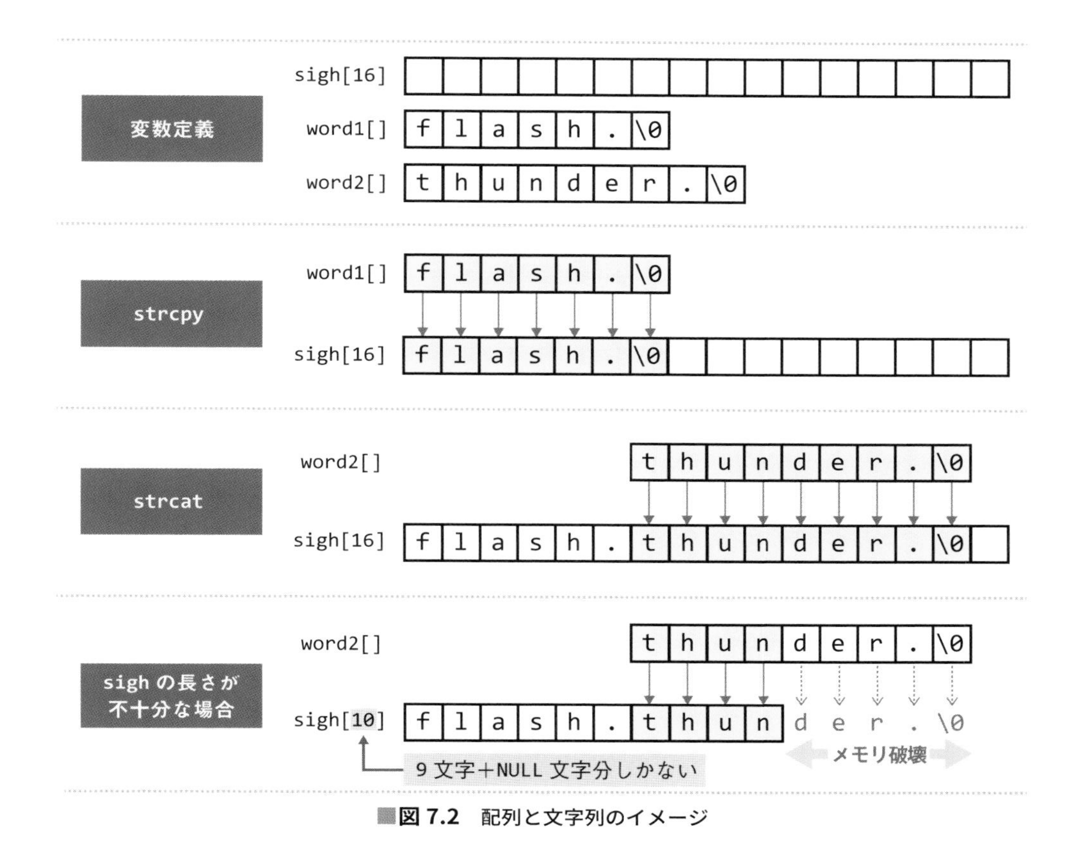

■図 7.2 配列と文字列のイメージ

では、strcat はどのような処理を行って、文字列の連結を行っているのでしょうか。処理の内容を考えながら、同じ処理を行う関数を作ってみましょう（**リスト 7.13**）。配列と文字列のイメージが理解できていれば、難しくはないでしょう。

リスト 7.13 文字列の複写（str_cpy 関数）と連結（str_cat 関数）を行うプログラム

```
#include <stdio.h>

int str_cpy(char dst[], char src[]) // 文字列の複写 dst ← src
{
    int i = 0;  // コピーする文字の位置
    while (1)   // 無限ループ
    {
        dst[i] = src[i];     // i番目の文字をコピーする
        if (src[i] == '\0') // コピーした文字がNULL文字か
            return 0;        // コピーし終わったので0を関数値として返す
        i++;        // 次の文字に移る
    }
}
```

```
15  int str_cat(char dst[], char src[]) // 文字列の連結dstの最後にsrcを連結する
16  {
17      int i = 0;  // dstの文字の位置、25行目以降はdstのNULL文字の位置
18      int j = 0;  // srcの文字の位置
19      while (1)   // dstの最後のNULL文字を見つける
20      {
21          if (dst[i] == '\0')  // dstのi番目の文字はNULLか
22              break;           // NULL文字なら、このループを抜ける
23          i++;    // 次の文字に移る
24      }
25      while (1)   // srcの文字がNULL文字になるまでsrcの文字をdstにコピーする
26      {
27          dst[i + j] = src[j]; // dstにsrcを連結する
28          if (src[j] == '\0')  // srcの文字がNULL文字か
29              return 0;        // NULL文字なら、連結完了で関数終了
30          j++;    // 次のsrcの文字に移る
31      }
32  }
33
34  int main(void)
35  {
36      char sign[16];
37      char word1[] = "flash.";
38      char word2[] = "thunder.";
39
40      printf("challenge = %s\npassword = %s\ncountersign = %s\n", word1, word2, sign);
41
42      str_cpy(sign, word1);
43      str_cat(sign, word2);
44
45      printf("--> countersign = %s\n", sign);
46
47      return 0;
48  }
```

なお、標準関数を使った リスト 7.12 (p.280)、および自分で作った関数を使った リスト 7.13 (p.281)の実行結果は、ともに以下のようになります。

実行結果 7.12　実行結果（リスト 7.12、リスト 7.13 共通）

```
challenge = flash.
password = thunder.
countersign =
--> countersign = flash.thunder.
```

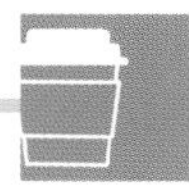

Coffee Break 7.2　メモリ破壊に気をつけるために

文字列の**コピー**（strcpy()）と文字列の**連結**（strcat()）の注意点として、コピー先や連結先の配列の長さが十分でなかった場合に、**メモリ破壊**が起きてしまうことを説明しました。これらを安全に実行するために、代替関数として strcpy_s()、strcat_s() という関数も用意されています。もとの関数と代替関数の違いは、以下のように第 2 引数としてコピー先や連結先の配列サイズを指定する点です。

メモリ破壊を起こさないように配列サイズを指定する文字列を操作する関数の例

```
strcpy( コピー先のアドレス, コピー元のアドレス );
strcpy_s( コピー先のアドレス, コピー先の配列サイズ, コピー元のアドレス );

strcat( 連結先のアドレス, 連結元のアドレス );
strcat_s( 連結先のアドレス, 連結先の配列サイズ, 連結元のアドレス );
```

これにより、コピー元の文字列の長さがコピー先の配列サイズより長い場合や、連結後の文字列が連結先の配列サイズより長い場合に、メモリを破壊せずに適切にエラー処理ができるようになっています。メモリ破壊によるプログラムのバグは、実際のプログラミングでもよく発生するエラーの 1 つですので、安全なプログラムを書く上では十分注意するようにしましょう。

7.3　日本語文字列の取り扱い

ここまで、文字を char 型の整数として取り扱ってきました。char 型は 8 ビットなので、最大でも 256 種類の文字しか取り扱うことができないことになります。文字の比較を行う際に、'a' と 'b' はそれぞれ 10 進数で 97 と 98 になることを紹介しました。これはアルファベットを中心とした **ASCII コード**で決められているルールです。実際に ASCII コードは、1 文字を 7 ビットの整数値で表現することになっており、char 型で取り扱うことで十分に文字を表現することができます。

しかしながら、日本語はひらがな、カタカナ、漢字など数多くの文字を使用します。日本語以外の言語にも、アルファベット以外の文字を使用する言語がたくさんあります。また、最近では絵文字なども文字として取り扱うことが多くなってきました。最大で 256 種類の文字しか取り扱うことのできない char 型では、これらの文字を取り扱うことができません。

これらの問題に対応するために、1 文字を 1 バイトではなく、複数バイトを組み合わせることで、数多くの文字種に対応するようになりました。これを「**マルチバイト文字**」とよびます。マルチバイト文字といっても、文字コードによって 1 文字あたり何バイト使用するかが異なります。たとえば、近年よく使われる **UTF-8** は、文字種によっても使用するバイト数が異なります。

表 7.1　UTF-8 における文字種とバイト数

バイト数	文字種	文字の例
1	ASCII文字	A, B, C
2	ラテン文字やギリシャ文字など	α, β, д
3	ひらがなや東アジアの諸文字など	あ, 山, 한
4	3バイトに含まれない漢字や絵文字など	𩹉, 🍺, 🍣

前節で扱った文字列の長さを取得する関数などは、マルチバイト文字には対応しておらず、正しい値を得ることができません。たとえば標準関数である strlen で文字列の長さを取得すると、「abc」は 3 文字と取得できますが、「あいう」は 3 文字ではなく 9 文字となります。同様に「おいしい🍺」は 5 文字ではなく 16 文字となりますし、「β-カロテン」は 6 文字ではなく 15 文字となります。つまり、文字列で使用しているバイト数（「あいう」の場合は 3 バイト× 3 文字、「おいしい🍺」の場合は 3 バイト× 4 文字＋ 4 バイト× 1 文字、「β-カロテン」の場合は 2 バイト× 1 文字＋ 1 バイト× 1 文字＋ 3 バイト× 4 文字）となってしまいます。

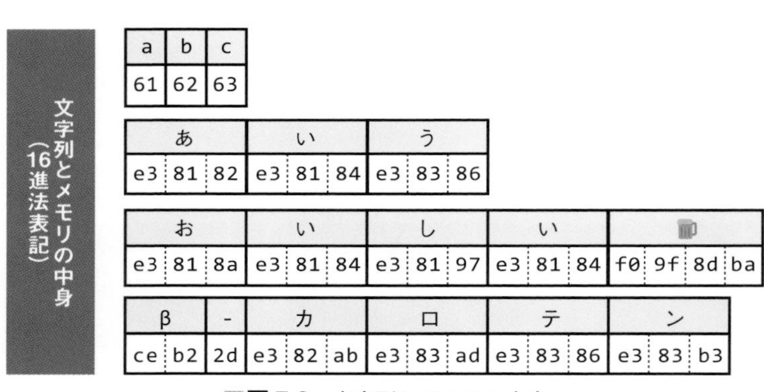

図 7.3　文字列とメモリの中身

このようなケースにも対応できるように、マルチバイト文字であっても正しく取り扱えるような関数も用意されています。詳しい話はここでは割愛しますが、ASCII 文字のように 1 バイトで表現できない文字をプログラミングで使用する際には、注意が必要であるという点をおさえておきましょう。

ポインタ

本章では、いよいよポインタについて学習します。ポインタは、C 言語を学ぶ上での難関の 1 つと聞いているかもしれませんが、コンピュータの内部構造、とくにメモリについての理解ができていれば、それほど難しいものではありません。また、本章では入門的な事柄のみ扱いますから、それほど緊張することはありません。本章をしっかり読み、ポインタについての概念だけでもしっかりとつかんでおけば、先の学習が容易になるでしょう。

8.1 ポインタの基礎

C において、ポインタは最も重要な概念の 1 つであり、ポインタを用いたプログラミングを身につけると、さまざまな応用が可能となります。本書では、ポインタの基礎だけに的を絞って学習します。

8.1.1 アドレス

1 章で学んだように、ソースプログラムはコンパイルおよびリンクをして、初めて実行可能形式ファイル（これを**ロードモジュール**といいます）ができあがります。では、どのよう実行されるのでしょうか。

ロードモジュールはハードディスクなどに格納されているので、主記憶装置（メモリ）に展開しなければなりません。この動作を**ロード**（load）といい、OS によって行われます。その後、メモリ上にロードされたロードモジュールが実行されます[*1]。一般に、メモリは連続して並んだバイトの列で、ロードモジュールはメモリ上に連続的にロードされます。このバイトの列には、それぞれ**アドレス**（address）、もしくは**番地**とよばれる連続した番号がふられています[*2]。多くの場合、ロードモジュールは変数や定数などのデータを格納しているデータ部と、プログラムのアルゴリズムを記述したコード部から構成されています。

落とし穴 8.1　変数のアドレスをファイルなどに書いてはいけない

10 章では、**ファイル**について学びます。ファイルを使うと、プログラム中の変数などをファイルに保存し、次回プログラムを起動する際に取り出して利用することができます。

この際に、変数の値自身を保存し、あとでその値を取り出して使用することはできます。しかし、変数のアドレスを保存し、あとでそのアドレスを取り出して使用すると、致命的なエラーが起こる可能性があります。なぜなら、メモリ上に存在する変数のアドレスは、常に一定となるわけではないからです。

たとえば、今回プログラム中にある `int` 型の変数 `a` のアドレスが `0x01000` にあったとしても、次にそのプログラムを起動して実行したときに、変数 `a` がアドレス `0x1000` にあるとは限らないのです。プログラムのアドレスは、そのプログラムがメモリ上にロードされる状況に大きく依存しています。プログラムのロード先は、ほかにどのようなプログラムがロードされているか（すなわち実行されているか）によって大きく変わります。変数のアドレスは、プログラム中で毎回、**&演算子** を使って取得する必要があります。

定義とは、「ある変数に実際のメモリを割り当てること」（9.5.3 項参照）ですが、メモリ上のど

*1　実際には、最初に**スタートアップルーチン**とよばれるプログラムが実行されます。
*2　アドレスのふり方は、CPU によって異なります。

こに割り当てられているでしょうか。この「どこに」対応するものが、つまりアドレスなのです。**図 8.1** を見てください。

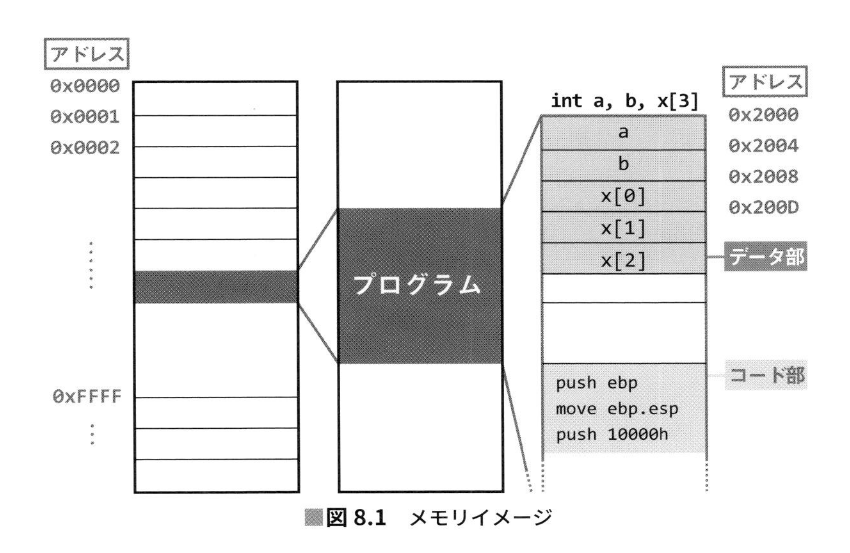

図 8.1　メモリイメージ

これは、プログラム（ロードモジュール）がメモリに展開されるようすを概念的に示したものです。 図 8.1 の左側に書いてある、1 ずつ増えている数字がアドレスです。アドレスは通常、このように 16 進数で書かれます。

また、図 8.1 の右側は、`int a, b, x[3];` と定義したときのこれらの変数が、メモリに割り当てられるようすを表しています。int 型はメモリを 4 バイト使用しますから、アドレスは 4 バイトずつ飛び飛びになっています。このように、プログラムのデータ部はメモリに格納され、それぞれ対応するアドレスをもっているのです[*3]。

8.1.2 ポインタとは

さて、さきほどプログラムのデータ部（変数）はメモリに格納され、対応するアドレスをもっていると説明しました。この変数[*4]が配置されている、メモリ上の先頭アドレスを保持する変数を、**ポインタ**（pointer）といいます。

変数は、ある値を入れる箱のようなものでした。変数に対して、型に応じた一定の大きさ（たとえば int 型なら 4 バイト）のメモリが確保されています。その変数が配置されているメモリ上のアドレスの先頭を、その変数の**先頭アドレス** とよびます[*5]。

たとえば、int 型の変数がメモリ上の `0x1000` 番地から `0x1004` 番地に配置されている場合、この変数の先頭アドレスは `0x1000` です。このアドレスを格納する箱がポインタなのです。ですから、ポインタもアドレスという数値を入れる箱なので変数です。しかし、いままで学習してきた変数と

*3　データ部だけでなく、プログラムのすべては対応するアドレスをもっています。
*4　正確には変数だけでなく、構造体や関数などのデータオブジェクトのアドレスも保持できます。
*5　以後、**変数のアドレス**と書いた場合、**変数の先頭アドレス**のことことします。

は異なる点があります。ポインタ変数[*6]は、それが指し示す（つまり、ポイントする）対象となる変数が存在しなければ、なんの意味もないということです。つまり、ポインタ変数単独では存在価値がないのです。

ポインタ変数のイメージを、**図 8.2** に示します。

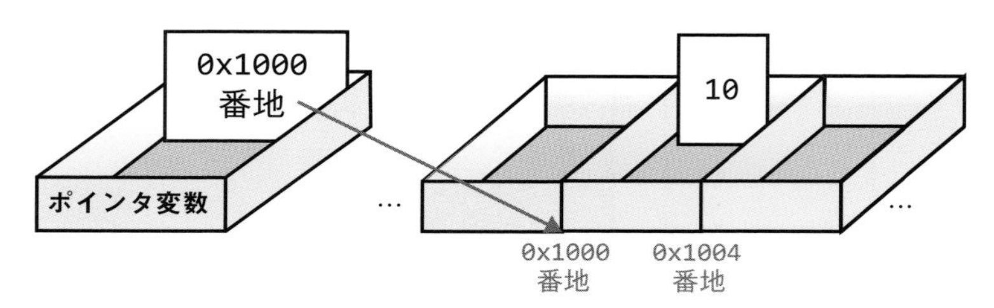

■図 8.2　ポインタは変数の番地を格納する変数

図 8.2 は、ポインタ変数が、`0x1000` 番地に存在する `int` 型の変数（`10` が格納されている）を指しているようすを示しています。

また、ポインタ自身も変数なので、アドレスをもっています。次の図を見てください。

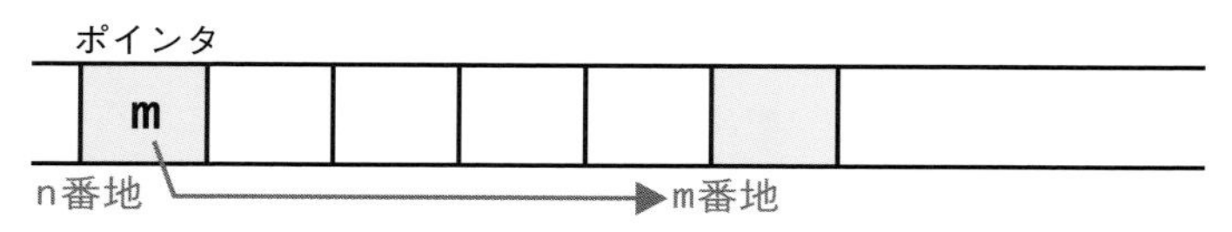

■図 8.3　ポインタも変数の１つであり、メモリの中に置かれる

このように、ポインタ変数もほかの変数と同じメモリ上にあります。

特殊なポインタとして、NULL **ポインタ（NULL pointer）**とよばれるものがあります。NULL[*7]ポインタは、すべてのビットが「`0`」であり、どこのアドレスも指さないポインタのことをいいます。どこのアドレスも指さないので、NULL ポインタを用いた参照を行うと、思わぬ障害に出会います[*8]。

8.1.3　アドレス演算子

それでは、変数の先頭アドレスを取得するためには、どうすればよいのでしょうか。

```
int x;
```

としたとき、変数 `x` が配置されるメモリ中のアドレスは、コンパイラが勝手に決めてしまいます。このアドレスを知るには、**アドレス演算子**である`&`（**アンパサンド**）を用いて、

*6　以降、特別な理由がなければポインタ変数とポインタは同じ意味で用います。
*7　NULL はヘッダファイル `stdio.h` でマクロ定義してあり、「`0`」の値をもちます。NULL ポインタは通常、ポインタを返す関数のエラーの値として用いられます。
*8　多くの場合、実行時のエラーとなります。

```
&x
```

とすることで求めることができます。では、変数 x のアドレスを表示するプログラムを作ってみましょう（**リスト 8.1**）。

リスト 8.1 変数 x の配置アドレスを表示する

```
#include <stdio.h>

int main(void)
{
    int x;                          // 変数x

    printf("Address = %p\n", &x); // 変数xのアドレスを表示する

    return 0;
}
```

Visual C++（Microsoft 製の C や C++ などの統合開発環境）による実行結果は、次のようになりました[*9]。

実行結果 8.1 実行結果

```
Address = 0064FDF4
```

printf 関数の書式指定 %p は、ポインタ表示書式指定（7 行目）です。アドレス演算子 & は、基本的にどのような変数のアドレスであっても求めることができ、配列の要素や、9 章で述べる構造体や共用体のメンバのアドレスを求めることもできます[*10]。

なお、変数のアドレスは求めることができると書きましたが、次のように評価の中間結果に対するアドレスは求めることができません。

```
&( a + b ) // 誤りの例 ---> コンパイルエラーになります
```

8.1.4 ポインタ変数の定義

&x で得られた、アドレスを保持できるポインタ変数 p を定義してみましょう。

*9　**実行結果 8.1** の中に表示されているアドレスの値は、使用する CPU、オペレーティングシステム、コンパイラごとに異なる値になるため、常に「0064FDF4」になるとはかぎりません。

*10　**レジスタ変数**は例外となります。レジスタはメモリではないので、アドレスは存在しません。

```
int *p;
```

変数 p の前についているアスタリスク（*）は、ポインタという派生型を作る記号です。これは、配列を作るときに出てきた角括弧 [ ] と同じように、すべての型に適用できます。では、変数 x のアドレスを、ポインタ変数を使用して表示してみましょう（**リスト 8.2**）。

リスト 8.2　変数 x の配置アドレスを、ポインタを用いて表示する

```
01  #include <stdio.h>
02
03  int main(void)
04  {
05      int x;                          // ポインタの指し示す変数
06      int *p;                         // ポインタ定義
07
08      p = &x;                         // ポインタに変数xのアドレスを代入する
09
10      printf("Address = %p\n", p); // ポインタpを表示する
11
12      return 0;
13  }
```

ポインタ変数の定義に int がついています（6 行目）。これは、ポインタが指し示す変数の型を指定する必要があるからです。このようなポインタのことを「**int 型へのポインタ**」とよびます。ですから、指し示す変数が double 型であれば、次のように記述します。

```
double  dx;     // ポインタの指し示す変数
double  *dp;    // ポインタ定義
dp = &dx;       // ポインタに変数dxのアドレスを代入する
```

この場合、ポインタ dp は double 型へのポインタとなります。しかし、int 型へのポインタ p も double 型へのポインタ dp も同じポインタなので、ポインタ変数自体の大きさは変わりません。最初に述べたように、ポインタはアドレスを格納する変数なので、アドレスが格納できるだけの大きさをもちます[*11]。なぜ、ポインタ変数の定義に型が必要なのかは 8.1.5 項で説明します。

*11　アドレスの大きさは、CPU やコンパイラによって決定されます。ある種の CPU 上で動作するコンパイラには**メモリモデル**という概念があり、ポインタの大きさが常に同じであるとは限らない場合もあります。

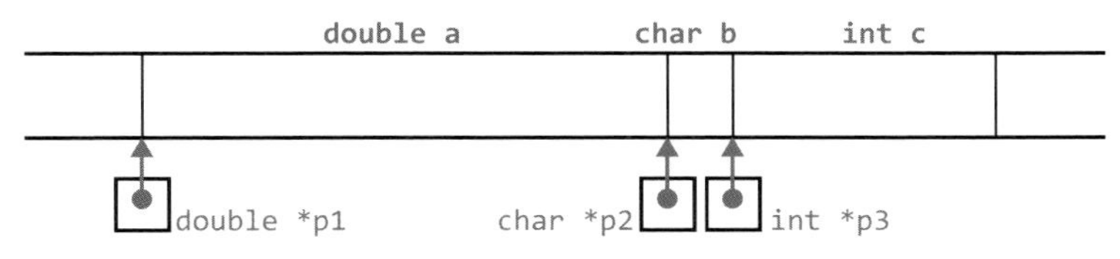

■図 8.4　ポインタには指し示す変数の型を指定する

8.1.5 間接演算子

変数 x に「10」を代入するには、

```
int x = 10;
```

と書きましたが、ポインタ変数 p を使用して、変数 x に値を代入することができます。

```
int *p;
p = &x;      // 変数xのアドレスをポインタpに代入
*p = 10;     // 値10をポインタpの指している場所（つまり、x）に代入
```

このように、ポインタ変数 p にアスタリスク（*）を付けることによって、そのポインタ変数が指し示す内容（この場合、変数 x）を間接的に参照することができるのです。この場合、ポインタ p の指している場所、すなわち変数 x に 10 が代入されます。

また、上の例に続き、a を int 型とすると、

```
a = *p;  // 変数aにポインタpが指している変数（x）の値10を代入
```

a には、ポインタ p が指している変数 x の値である、10 が代入されます。

この「*」を**間接演算子**とよびます。「*」は、定義や宣言に現れるときは、ポインタとしての型[*12]を作ることを示し、式の中でポインタ変数の前に現れるときは間接参照を示しています。この違いに注意してください[*13]。

さて、8.1.4 項で触れた「ポインタは指し示す変数の型を指定しなければならなかった理由」の 1 つを明らかにしましょう。たとえば、p1 や p2 を、「型の指定がないポインタ」として定義できたとして、次のような演算を考えてみましょう。

```
int  x;
double  y;
```

*12　このような型を**派生型**といいます。
13　当然のことですが、int 型や char 型、あるいは float 型、double 型の変数や演算結果の前に置かれた「」は乗算を意味します。

```
double  z;

p1 = &x;
p2 = &y;
z = (*p1 + *p2);
```

このとき、(*p1 + *p2) という足し算はできるでしょうか？　ポインタ変数 p1、p2 は、なんの型を示しているのかが不明なので、その指し示す実体の型がわかりません。型がわからないのですから、演算回路が選択できず[*14]演算はできません[*15]。

このような状況を避けるために、ポインタには明示的にその指し示す型を指定する必要があるのです。間接演算子は乗算演算子と同じ「*」を用いているため、使用する場合は、優先順位（3.2.5 項参照）を考えて混同しないように注意してください。

8.1.6 ポインタ変数の初期化

ポインタ変数を定義したら、それを使用する前に、必ず初期化しなければなりません。なぜなら定義しただけでは、ポインタの大きさをもつデータオブジェクトをメモリに割り当てただけであり、その内容、つまり初期値は不定であるからです。このとき、ポインタはまったく意図していないメモリを指していることになります。ですから、そのまま参照や代入で使用すれば、重大な障害を引き起こすことも考えられます。

コンパイラによっては、ポインタの初期化をチェックして警告を出してくれるものもあります。しかし、一般には、プログラマ自身がチェックしなければなりません。ポインタ変数の初期化には、以下のような例があります。

(1) 変数のアドレスで初期化する

```
p = &x;
```

(2) すでに初期化されている別のポインタを代入する

```
int *p1;
int *p2;

p1 = &x;
p2 = p1;  // すでに初期化されている別のポインタを代入する
```

「ポインタの初期化を忘れた」というケースは、C のプログラミングで最も多いミスの 1 つです。その影響は、さまざまな形となって現れます。

*14　int 型の場合は int 型の演算回路、double 型の場合は double 型の演算回路を選択する必要があります。
*15　Coffee Break 8.2 （p.312）を参照してください。

たとえば、ある時点では正常に動作しているように見えても、実はメモリを破壊していて、あとで重大な障害を発生させることがあります。ひどいときは、システム自身を致命的に破壊してしまうことすらあります。ですから、くどいようですが、ポインタを使用する場合は、初期化を忘れないように細心の注意を払ってください。

しかし、いくら初期化に注意しても、ポインタ変数はまだ危険です。なぜならポインタ変数は、さまざまな演算が可能であるからです（8.2.1 項で説明します）。この演算結果が、正しく意図したデータオブジェクトを指しているということは、プログラマ自身が保証するしかありません。ポインタはいくら注意しても、しすぎることはないといえるでしょう。

落とし穴 8.2　変数のアドレスはいつまでも使えるとは限らない

落とし穴 8.1 (p.286) と関係しますが、それではプログラム起動中は、ある変数のアドレスは一定で安心して使えるものなのでしょうか？　5.5.1 項で学んだ、**通用範囲**を思い出してください。

ある通用範囲の中で宣言された自動変数は、通用範囲の外からはアクセスできませんでした。これは変数のアドレスでも同じことで、ある通用範囲の中で宣言された変数のアドレスは、通用範囲の外では無効になります。ある通用範囲の中で宣言された変数のアドレスをポインタ変数に代入し、通用範囲外でそのポインタに対して間接参照することはできません。もしできたとしても、まったく違う変数を指している可能性があります。

また、このようなバグに対し、一般的にコンパイラはエラーを出力してくれません。ただし、静的変数はプログラム動作中に変数のアドレスが変化することはないので、アドレスをポインタ変数に代入し、プログラム中の任意の場所で使用することができます。

8.2　ポインタの応用

それでは、ポインタの実践的な使い方に触れていきましょう。まず、ポインタの演算を学びます。**ポインタ演算**を活用すると、配列や文字列のような、メモリ上に連続的に並んでいるデータを簡単に操作できるようになります。

8.2.1　ポインタ演算

ポインタの値は、たとえそれが 2 バイトや 4 バイトの数値であっても、int 型とは意味が異なります。int 型変数への代入はできるかもしれませんが、その値はなんの意味ももたないものになります[*16]。ただし、ポインタ変数に対して、整数型の値を加算、または減算したり、その結果をポインタ変数に代入したりすることはできます。また、ポインタ変数どうしの減算（結果は int 型）

*16　コンパイラによっては、エラーやウォーニングを出すでしょう。

をすることもできます。これらの演算は、通常の整数型どうしの演算とは異なる処理として扱われ、**ポインタ演算**とよびます。

```
int i;
double *p;
```

としたとき、

```
p + i    i + p    p++    p - 3 * i    p += i    p -= i * 10    i * 3 + p - 10
// 結果の型はdouble型へのポインタ
```

などがポインタ演算となります。

ここで、すべての例について、ポインタ変数と整数値のペアが加算、または減算されていることに注意してください。これに対し、

```
p * i    p + 0.5    p -= 1.25   // コンパイルエラーとなります
```

は、それぞれ乗算、実数の加算、実数の減算となり、ポインタ演算とはならずエラーとなります。

さて、このポインタ演算（ポインタ±整数）は、どのような結果を返してくるのでしょうか。このポインタ p に対するポインタ演算の結果の型は、p と同じ double 型へのポインタです。このポインタ演算は、その演算を行ったポインタと同じ型を返してくるのです[*17]。では、その値はどうなっているのでしょうか、

リスト 8.3 は、ポインタ演算によって、そのポインタの値がどのように変化するかを調べるテストプログラムです。

リスト 8.3　ポインタ演算のテスト（その 1）

```
01  #include <stdio.h>
02
03  int main(void)
04  {
05      char base = 'a';
06      int i;
07      char *p = &base;
08
09      for (i = 0; i < 5; i++)
10      {
11          printf("%p ", p + i);
12      }
```

*17　たとえば、p + i や p++ の結果は「double 型へのポインタ」を返します。int *pi; char *pc; と定義したとき、pi+i は「int 型へのポインタ」、pc + i は「char 型へのポインタ」を返します。

```
    printf(" size = %d\n", sizeof(char));

    return 0;
}
```

実行結果 8.3 実行結果

```
0064FDEC 0064FDED 0064FDEE 0064FDEF 0064FDF0 size = 1
```

この実行結果は、Visual C++ でコンパイルしたものです。

このプログラム（リスト 8.3 (p.294)）では、'a'のアドレスを char*型の p に代入し（7 行目）、p に 1 つずつ足しながら、ポインタの値を表示しています（11 行目）。この実行結果は実に単純で、ポインタの値は数値と同じように 1 つずつ加算されています。では、char *p を int *p に変更し、それに伴い、変数 base の型も int 型に変更してみましょう（**リスト 8.4**）。

リスト 8.4 ポインタ演算のテスト（その 2）

```
#include <stdio.h>

int main(void)
{
    int base = 1;
    int i;
    int *p = &base;

    for (i = 0; i < 5; i++)
    {
        printf("%p ", p + i);
    }

    printf(" size = %d\n", sizeof(int));

    return 0;
}
```

実行結果 8.4 実行結果

```
0064FDEC 0064FDE0 0064FDE4 0064FDE8 0064FDFC size = 4
```

今度は少しようすが変わりました。ポインタの値は、4 つずつ増加しています。このポインタが指し示す先の型である int 型のサイズが右端に表示されていますが、この 4 となにか関係がありそうです。つまり、すべてのポインタ演算は、そのポインタが指し示す先の型のサイズを基準にして計算されていることがわかります。これがポインタ演算（ポインタ±整数）の特徴なのです。

文章だけではわかりにくいかもしれないので、例を示します。次のように、それぞれの型のポインタが定義されているとしましょう。

```
char  *pc;
short *ps;
long  *pi;
```

このとき、**図 8.5** のように各ポインタの値を 1 つずつ増加させると、どうなるでしょうか。

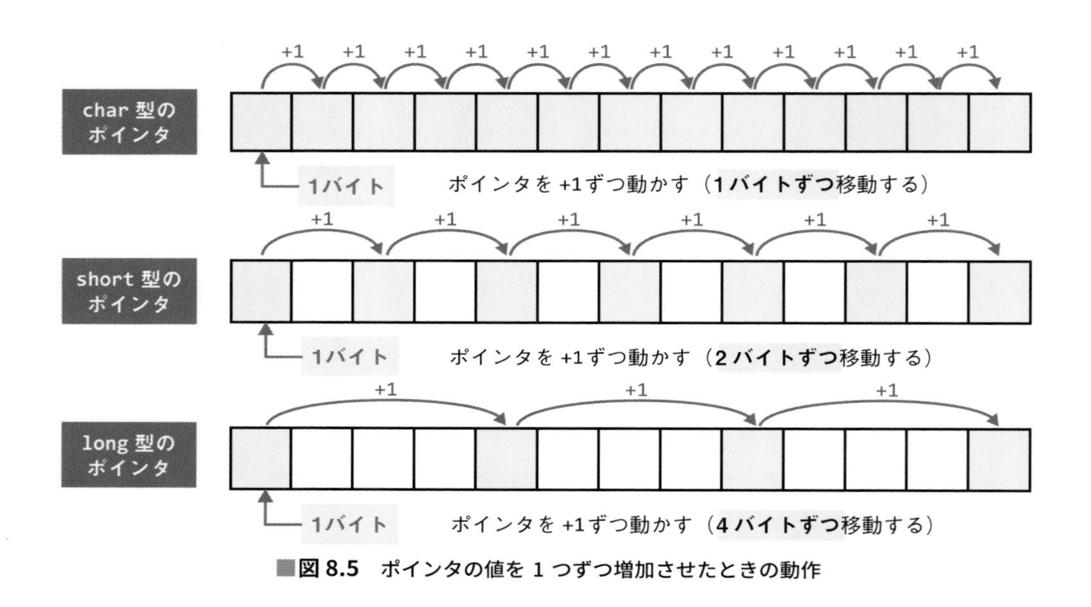

図 8.5　ポインタの値を 1 つずつ増加させたときの動作

今度は、ほかの演算子によるポインタ演算について調べてみましょう。**リスト 8.5** は、int 型を指すポインタ変数 p の値を 3 つずつ増やしています（12 行目）。

リスト 8.5　ポインタ演算のテスト（演算子による違い）

```
01 #include <stdio.h>
02
03 int main(void)
04 {
05     int i;
06     int base = -4; // -4はダミー
07     int *p = &base;
08
09     for (i = 0; i < 5; i++)
```

```
10      {
11          printf("%p ", p);
12          p += 3;
13      }
14
15      printf(" size = %d\n", sizeof(int));
16
17      return 0;
18  }
```

実行結果 8.5　実行結果

```
0064FE04 0064FE10 0064FE1C 0064FE28 0064FE34 size = 4
```

この例でも、やはりポインタ演算は、そのポインタを指す先の型のサイズを基準に行われています。このように、ポインタ変数 p に整数 n を＋すると、p が指しているアドレスから sizeof(*p) × n だけ先のアドレスを示すことになります。sizeof(*p) は*p が指しているデータの寸法を意味します。

したがって、p が int 型を指すポインタ変数ならば、sizeof(*p) は 4、p が double 型を指すポインタ変数ならば、sizeof(*p) は 8 となります。また、++ 演算子はそのアドレスを sizeof(*p) だけ増加させると考えればよく、その他の演算子も同様です[*18]。

また、あまり使われることはありませんが、ポインタどうしの減算も行うことができます。ポインタどうしの減算の結果は、その 2 つのポインタの指すアドレスを減算したバイト数ではなく、そのバイト数をポインタの指す内容のサイズで割った結果を返します。この場合、2 つのポインタの型は同じでなければなりませんが、そればかりでなく、片方のポインタがもう片方のポインタから演算によって得られたアドレスでないと意味をもちません。

これは少し難しいかもしれません。具体的に述べれば、ポインタどうしの減算に使われるアドレスは、**同じ配列の要素を指しているとき**に意味を成します。つまり、ポインタどうしの減算とは、配列の要素間の距離ということになります。実際のプログラム例を **リスト 8.6** に示します。

リスト 8.6　ポインタどうしの減算

```
01  #include <stdio.h>
02
03  int main(void)
04  {
05      int a[10];
06      int *a1, *a2, *a3;
07      a1 = a;          // 配列aの先頭アドレス，&a[0]と同じ
```

*18　ポインタ変数 p から変数を「－」すると、p が指しているアドレスから sizeof(*p) × n だけ手前のアドレスを指すことになります。

```
08      a2 = &a[5];      // a[5]の先頭アドレス
09      a3 = a1 + 7;     // 配列aの先頭アドレスに7を加える
10
11      printf("a2-a1=%d\n", a2 - a1);
12      printf("a3-a1=%d\n", a3 - a1);
13      printf("a3-a2=%d\n", a3 - a2);
14
15      return 0;
16  }
```

実行結果 8.6　実行結果

```
a2-a1=5 <--配列aの5番目の要素と配列の先頭との距離
a3-a1=7 <--配列の先頭のポインタに7を足したものと配列の先頭との距離
a3-a2=2 <--配列の先頭のポインタに7を足したものと配列aの5番目の要素との距離
```

リスト 8.6 (p.297)の a1 = a; の部分（7 行目）では、配列 a の先頭要素のアドレスを a1 に代入しています。詳しくは、次の 8.2.2 項で説明します。

8.2.2 ポインタと配列

図 8.6 は、int 型の配列 a と、その 0 番目の要素のアドレスが代入された int 型へのポインタ p のようすを示した図です。一般的に、配列名は式の中に書かれた場合、その第 0 番目要素の先頭アドレスを示します。したがって、p=a とすると p には配列 a の先頭要素 a[0] のアドレスが格納されます。

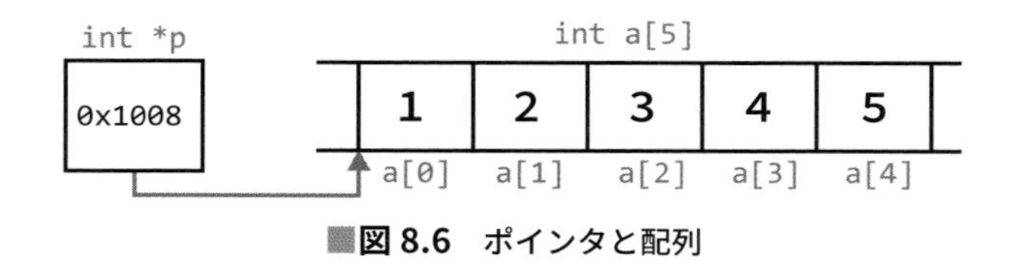

■図 8.6　ポインタと配列

ここで、ポインタ変数 p を用いて、図 8.6 の int 型配列 a の内容を参照してみましょう。

ポインタ演算結果

```
p + 0 ---> 0x1008   // a[0]の先頭アドレス
p + 1 ---> 0x100c   // a[1]の先頭アドレス

  …中略…

p + n ---> 0x1008 + sizeof(int)*n   // a[n]の先頭アドレス
```

ポインタ演算結果の内容に対応する配列要素

```
*(p + 0) ---> 1      // a[0]の値
*(p + 1) ---> 2      // a[1]の値

  …中略…

*(p + n) ---> a[ n ] (n ≦ 4)     // a[n]の値
```

間接演算子「*」は、ポインタ演算の結果に対しても有効です。p + 1 は p の値、すなわち配列 a へのアドレスに 1 を加えたアドレス[*19]を意味します。*(p + 1) はポインタ演算 p + 1 の結果であるアドレスの内容を意味します。これは、結局配列要素 a[1] を意味するのです。

また、6.2.2 項でも注意しましたが、a[5] にアクセスすると値が不定になった[*20]ように、*(p + 5) の値は不定です。このことから、ポインタ演算*(p+n) の n と配列参照 a[n] の添字 n が等しく、ポインタと配列は非常に似ていることがわかります[*21]。つまり、ポインタの指す相手（対象）はあくまでもその型の変数なのですが、ポインタに「+1」や「-1」とするときの処理内容を考えると、そのポインタは配列の要素を渡し歩くようなイメージになります（**図 8.7**）。

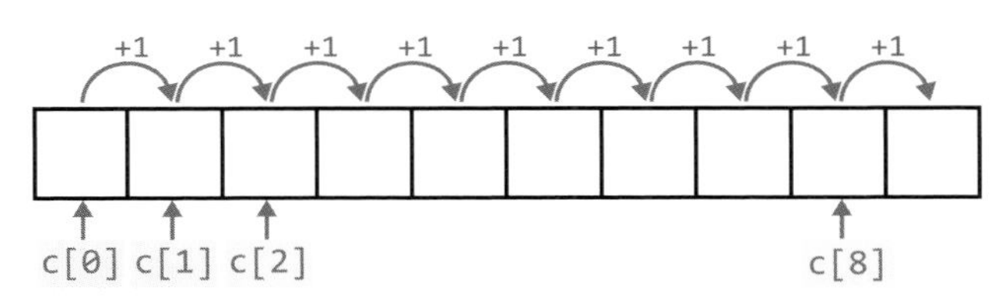

図 8.7　ポインタは配列の要素を渡し歩くようなイメージ

では、このポインタ変数を用いて、配列 a の内容を合計するプログラムを作ってみましょう。ここでは、わかりやすくするため、データは 1 から 10 の整数とします。合計は 55 になるはずです。まずは、ポインタを使わず、配列での例を **リスト 8.7** に示します。

リスト 8.7　合計を求める（配列版）

```
#include <stdio.h>
#define MAX_DATA 10

int main(void)
{
    int a[] = {1, 2, 3, 4, 5, 6, 7, 8, 9, 10};
    int i;
    int sum;
```

*19　もちろん、ポインタ演算ですから、1 が加えられるのではなく、実際には int のサイズが加えられます。
*20　配列 a の要素数は 5 ですから、a[0]〜a[4] の要素しかありません。
21　別のいい方をすれば、配列は式の中ではポインタであるといえます。配列の要素にアクセスするための a[i] という記号が、そもそも(a+i) の簡易記法なのです。

```
09
10      sum = 0;
11      for (i = 0; i < MAX_DATA; i++)
12      {
13          sum += a[i];
14      }
15      printf("合計= %d\n", sum);
16
17      return 0;
18  }
```

実行結果 8.7 実行結果

```
合計= 55
```

次の **リスト 8.8** では、リスト 8.7 (p.299)の値へのアクセスを、ポインタを使って表します。

リスト 8.8 合計を求める（値のアクセスをポインタで行う版）

```
01  #include <stdio.h>
02  #define MAX_DATA 10
03
04  int main(void)
05  {
06      int a[] = {1, 2, 3, 4, 5, 6, 7, 8, 9, 10};
07      int i;
08      int sum;
09      int *p;
10
11      p = &a[0];              // pを配列aの先頭アドレスで初期化しています
12      sum = 0;
13      for (i = 0; i < MAX_DATA; i++)
14      {
15          sum += *(p + i);  // sum += p[i];と同じことをしています
16      }
17      printf("合計= %d\n", sum);
18
19      return 0;
20  }
```

落とし穴 8.3 アドレス演算子の優先順位に注意

リスト 8.8 での注意点は、sum += *(p+i) で () を忘れないようにすることです。

() を付けないと*p+i となり、これは優先順位の関係で、(*p)+i、すなわち a[0]+i となります。したがって、a[0] の内容（このデータでは整数の 1 が入っています）に次々と i を加えた数値（つまり i+1）を sum に足し込むように動作します。もちろん、これは正常な動作ではありませんが、おもしろいことにこのデータでは結果が一致してしまいます。これは、データが「1 から 10 の整数」であることと、i が 1 ずつ増加することが偶然一致したに過ぎません。

たとえば、これが「0 から 20 の偶数」などのデータであれば、偶然の一致は起こらず、間違えた答えが出力されます。この種のバグは、なかなか見つかりにくく、わかりにくいバグを残してしまう可能性があります。

ある種のデータの場合だけうまくいくようなプログラムは、このようなことが原因である場合もあります。

リスト 8.9 は、配列 a の最後に、配列が終わりであることを示す 0 を追加しています。この 0 のことを**ターミネータ**（terminator）とよびます。もちろん、その前の配列の要素に 0 が存在しないことを前提としています。0 が配列の要素として存在する場合は、ターミネータとして別の値、たとえば 99999 など、配列の要素として現れることがないものを使用する必要があります。

リスト 8.9 では、ループの中の sum += *p++ という式（15 行目）で、sum に配列の要素を追加し、さらにポインタが配列の次の要素を指すようにインクリメントも同時に行っています。このループは、ポインタ p が配列の 0 を指すと*p が 0 となり（13 行目）、ループから抜け出し sum を表示します（18 行目）。

リスト 8.9 合計を求める（より C らしいプログラム）

```
01  #include <stdio.h>
02
03  int main(void)
04  {
05      int a[] = {1, 2, 3, 4, 5, 6, 7, 8, 9, 10, 0};   // 0はターミネータ
06      int i;
07      int sum;
08      int *p;
09
10      p = &a[0];  // 配列aの先頭アドレスをpにセット
11      sum = 0;
12
13      while (*p)  // ターミネータがくるまでループする
14      {
15          sum += *p++;
16      }
```

```
18      printf("合計= %d\n", sum);
19
20      return 0;
21  }
```

ポインタと配列の相違

これまで見てきたように、ポインタと配列は、式の中では同じ扱いであることがわかりました。しかし、だからといってポインタと配列がまったく同じというわけではありません。

まずは、**図 8.8** を見てください。

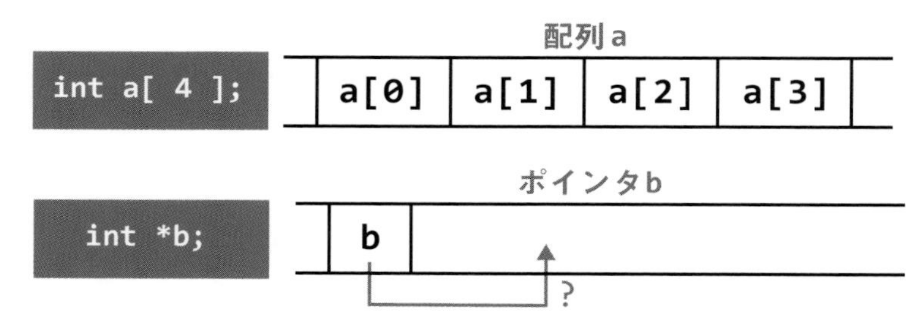

■図 8.8　ポインタを定義した時点では、そのポインタの値は設定されていない

ここで注意すべきことは、「配列は実際の領域を確保するが、ポインタはポインタ変数の分しか領域を確保していない」ことです。ポインタを定義した時点では、そのポインタの値は設定されていないので、そのポインタの指す先がどこなのかまだわからないのです。もちろん、初期化していないポインタは意味のないアドレスを示していることになり、このポインタの指す意味のないアドレスに対する値の書き込みは、エラーや暴走を引き起こします。

一方、配列名はその配列の先頭アドレス、つまり定数なので、そのアドレス値の変更ができないという制約があります。図 8.8 の状態では、**表 8.1** のようになります。

■表 8.1　配列名とポインタの操作

処理	判断	
b=a	OK	
b++	OK	ただし、b に正しくポインタが設定されていないと、b++ や b+1 で生成されたアドレスは無意味なものとなる
b+1	OK	b が指している配列 a の要素の次の要素の先頭アドレス
a=b	エラー	a は定数
a++	エラー	a は定数
a+1	OK	

8.2.3 文字列とポインタ

7章でも言及したように、Cには「文字列型」の変数は存在しません。すべての文字列は「文字列の配列」として取り扱います。しかし、8.2.2項の配列とポインタの関係を使うと、文字列をあたかも「文字列型」のように扱うことができます。

まずは、文字列定数について考えてみましょう。

文字列定数

プログラム中に"C Programming"という**文字列定数**が出てきたとき、コンパイラによって文字列がメモリ中に配置されます。一般に、メモリはその値を変更できますが、場合によってはその値の変更を禁止する部分があります。つまり、メモリには変更可能な部分と、変更不可能な部分があります。

文字列定数は、その記述のされ方によって、どちらかのメモリ領域に格納されます。文字列定数が式の中に記述された場合、それはアドレスを表す定数のように扱われます。つまり、

```
char *p = "C Programming";
```

という行は、"C Programming"のデータがどこかのメモリ領域に格納され、その先頭アドレスが0x0011011だと仮定した場合、

```
char *p = 0x0011011;
```

と書いてあるのと同じことになります。

初期化に用いられる文字列定数

それでは、以下の2つの初期化は、どう違うのでしょうか。

```
(a) char str1[] = "SUN";
(b) char * str2 = "MON"
```

(a)は文字列の配列str1として、文字列+1バイト分の領域を用意し、その内容として文字列("SUN")+'\0'をセットします。(b)はプログラムのデータ領域中に、文字列("MON")+'\0'があらかじめ格納された領域を用意し、その領域の先頭アドレスを文字型のポインタstr2の値としてセットします。

(a)は初期化するたびに文字数+1バイト分のデータをセットする操作が必要ですが、(b)はポインタの値をセットするだけで済みます。また、(a)では配列なのでその内容を変更してもかまいませんが、(b)ではstr2が指し示す先が必ずしも変更してよい領域とはかぎりません。また、式の

中では配列名 str1 は"SUN"の先頭要素のアドレスを示す「定数」となります。(a)、(b) のそれぞれのメモリイメージを以下に示します。

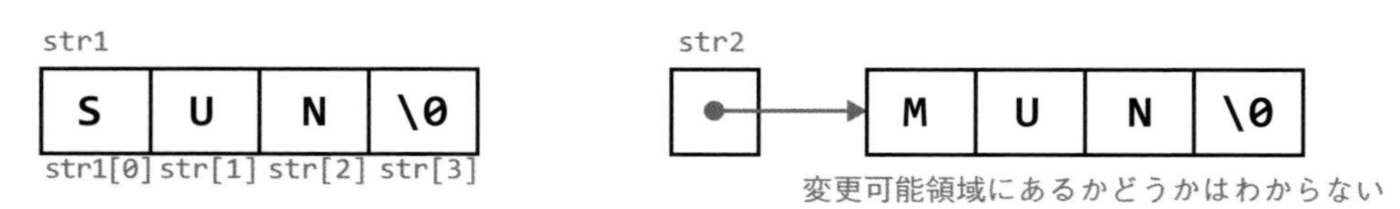

■図 8.9　(a) と (b) のメモリイメージ

プログラムを組むときに (a) の方法を用いるか、(b) の方法を用いるか悩むところです。(a)、(b) の 2 つの初期化を使い分ける 1 つの基準として、プログラムの中でその変数が、「参照のみ」かあるいは「内容を変更する」かで判断することができます。文字列の内容を変更する場合は、(b) の方法は避けた方がよいでしょう。

それでは、文字列を配列として扱う方法と、ポインタを介して扱う方法を比較してみましょう。

リスト 8.10 は、文字型の**配列** msg の内容を、1 文字ずつ画面に表示するプログラムです。int 型変数 i の値が 0 から 1 ずつ増していき（9 行目）、msg[i] の内容が文字列の終端を表す'\0'になるまで、**putchar 関数**を用いて画面に出力します（11 行目）。

リスト 8.10　文字列の内容を表示するプログラム（配列版）

```
01 #include <stdio.h>
02 
03 int main(void)
04 {
05     int i;
06     char msg[] = "C Programming";
07 
08     // 文字列の終端を示す'\0'を見つけるまで繰り返す
09     for (i = 0; msg[i] != '\0'; i++)
10     {
11         putchar(msg[i]);
12     }
13 
14     return 0;
15 }
```

また、 **リスト 8.11** (p.305)は、文字型の**ポインタ** msg が指し示す内容を、1 文字ずつ画面に表示するプログラムです。文字型のポインタ p の値が、msg の示すポインタ値から 1 ずつ増していき（9 行目）、*p の内容が文字列の終端を表す'\0'になるまで、putchar 関数を用いて画面に表示します（11 行目）。

リスト 8.11 文字列の内容を表示するプログラム（ポインタ版）

```
01  #include <stdio.h>
02
03  int main(void)
04  {
05      char *p;
06      char *msg = "C Programming";
07
08      // 文字列の終端を示す'\0'を見つけるまで繰り返す
09      for (p = msg; *p != '\0'; p++)
10      {
11          putchar(*p);
12      }
13
14      return 0;
15  }
```

まず、2つのプログラム（リスト 8.10 (p.304)、リスト 8.11）の msg を初期化している箇所（6行目）に注目してください。配列版では文字型の配列 msg の内容を直接初期化していますが、ポインタ版では文字型のポインタ msg が指し示す先として、文字配列の先頭ポインタを指定しています。リスト 8.11 の"C Programmig"の値は、実際にその文字列が格納される領域のポインタを表しています。

次に、文字データを1文字ずつ出力している for ループ（9行目）に注目してください。リスト 8.10 (p.304)では msg[i] として文字データを参照していますが、これは内部的には以下の処理を行っています。

1. 変数 i の値から出力する文字配列の添字を求める
2. 文字配列の先頭ポインタから、添字分だけ先のポインタを求める
3. 求めたポインタの値を取り出す

一方、リスト 8.11 では、文字型のポインタ p の値は、ループ開始時に msg の値で初期化されているので、すでに文字配列の先頭を指しています。また、次のループに移る際に、p は値が 1 つ増やされて、次の文字を指すようになっているため、p には必ず目的の文字データのポインタが格納されています。したがって、目的の文字データを得るには、p の指すポインタの内容を取り出すだけでよいことになります。後者（ポインタ版）の方が、処理内容がシンプルであることがわかると思います。

8.2.4 ポインタの引数としての使い方

5 章では関数の引数として渡した値を使い、さまざまな処理を行いました。また、処理結果を戻り値として受け取ることもできました。しかし、渡した変数自身を変更することはできませんでした。あくまでも引数として渡した変数は関数の中だけで使われ、呼び出し元の変数とは無関係です。そこで、この項では関数に渡した変数自身の値を変更する方法を学びます。

swap 関数

与えられた 2 つの整数型の引数を変換する、swap 関数について考えてみましょう。たとえば、a の値が 5、b の値が 3 のときに、

```
swap( a, b );
```

を実行すると、a の値が 3、b の値が 5 になる（つまり a と b の値が交換された）という void 型の関数です。これを現時点での知識で書いてみると **リスト 8.12** のようになりますが、これはうまくいきません。

リスト 8.12 誤りのある swap 関数の例

```
01 #include <stdio.h> // 実際には動かないswap関数の例
02 
03 void swap(int, int);    // swap関数のプロトタイプ宣言
04 
05 int main(void)
06 {
07     int x, y;
08 
09     x = 5;                          // 引数の代入1
10     y = 3;                          // 引数の代入2
11     swap(x, y);                     // 関数の呼び出し
12     printf("x=%d\ty=%d\n", x, y); // 印字
13 
14     return 0;
15 }
16 
17 void swap(int a, int b)
18 {
19     int temp;
20 
21     temp = a; // swap実行1
22     a = b;    // swap実行2
23     b = temp; // swap実行3
24 }
```

リスト 8.12 (p.306)がうまく動作しない理由は、引数が次のように処理されるからです。main 関数の 2 つの代入文で、x に 5、y に 3 が代入されます（9 行目、10 行目)。swap(x ,y); の文（11 行目）で、void 型の swap 関数が呼び出されます。このとき、次のような引数の引き渡しが行われます。

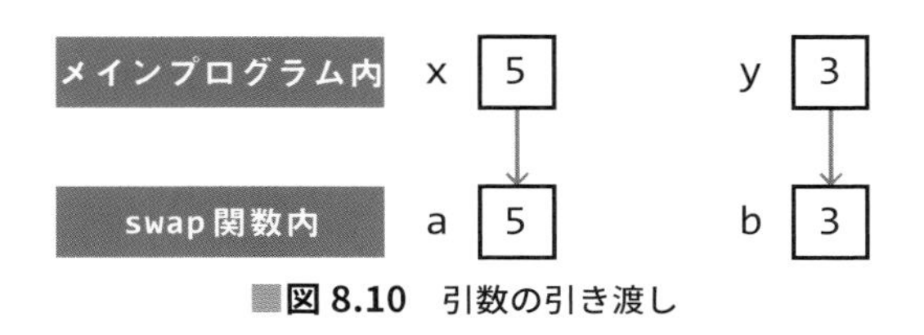

■図 8.10　引数の引き渡し

したがって、swap 関数内の a の値が 5、b の値が 3 になります（17 行目)。swap 関数で定義されている整数型変数 temp は、2 つの値を交換するために一時的に値を保存するために用います。swap 関数の b=temp; の代入文（23 行目）が実行されると、a と b の値は次のように交換されています。

a 3　　b 5

■図 8.11　a と b の値が交換される

しかし、それはあくまでも swap 関数内だけのことで、メインプログラムの x, y には反映していません。swap の実際の実行は終了し、再びメインプログラムの関数呼び出し直後に戻ったときには、x と y の値は前のままになっています。このように、これまでの方法では、関数内の変更がそれを呼び出したプログラムにまったく影響を与えないのです。

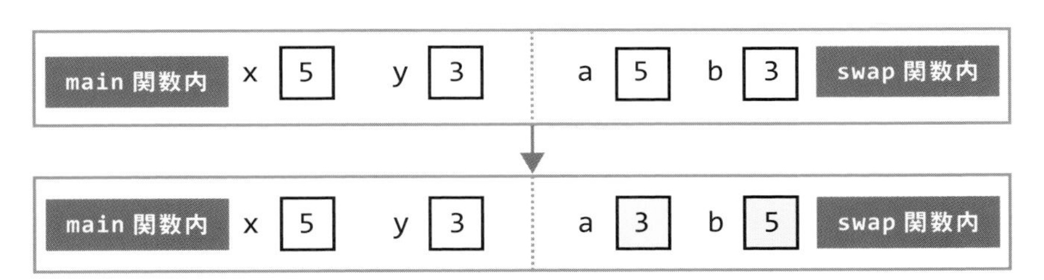

■図 8.12　間違った swap 関数の変数の動き（a,b は変換されても、main 関数内の x,y は変更されない）

正しく動作する swap 関数は、**リスト 8.13** のようになります。

リスト 8.13　正しい swap 関数の例

```
#include <stdio.h>         // 実際に動くswap関数の例

void swap(int *, int *); // swap関数のプロトタイプ宣言
```

```
05  int main(void)
06  {
07      int x, y;
08
09      x = 5;                 // 引数の代入1
10      y = 3;                 // 引数の代入2
11      swap(&x, &y);          // 関数の呼び出し：xのアドレスとyのアドレスを指定
12      printf("x=%d\ty=%d\n", x, y); // 印字
13
14      return 0;
15  }
16
17  void swap(int *a, int *b)
18  {
19      int temp;
20
21      temp = *a;             // swap実行1
22      *a = *b;               // swap実行2
23      *b = temp;             // swap実行3
24  }
```

swap 関数の仮引数の宣言に、「*」という指定があることに注意してください（17 行目）。この「*」の指定が付いた仮引数は、実引数と同じポインタ値をもつ箱をもつことを意味します。少しわかりにくいかもしれませんので、このプログラムの実行のようすを眺めてみることにしましょう。

まず、swap 関数内に int 型のポインタ a，b が作成され、それぞれに main 関数の変数 x，y のアドレスが代入されます。そのあとに、swap 関数内で*a=*b; という文（22 行目）を実行すると、*a,*b はそれぞれメイン関数内の変数 x，y を間接参照しているので、メインプログラムの y の内容がメインプログラムの x の内容に格納されることになります（図 8.13）。

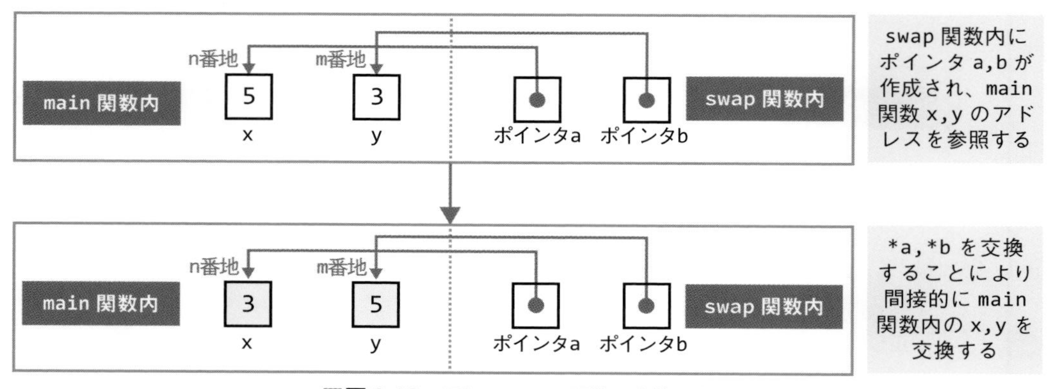

■図 8.13　正しい swap 関数の変数の動き

リスト 8.13 (p.307)では、x と y の値が交換されることがわかると思います。

このように、引数をポインタにすることにより、関数の呼び出し側の変数を変更する関数を作成することができます。このようなデータの渡され方を**参照（アドレス）渡し**といいます。

str_copy 関数

ここまで、関数の引数に配列を使う場合について深く説明していませんでした。しかしポインタの考え方を学んだいまなら、正しく理解できるはずです。7.2.3 項で作った文字列のコピーをする関数（リスト 7.11 (p.279)）を、もう一度以下に示します。

```
int str_copy( char dst[], char src[] ) {
    int i;

    while(1) {
        dst[ i ] = src[ i ];
        if( src[i] == '\0') {
            return 0;
        }
        i++;
    }
}
```

リスト 8.14 は、実際にこの関数を使ったプログラムです。

リスト 8.14 文字列をコピーする関数 str_copy を呼び出す

```
01  int main(void)
02  {
03      char src[] = "SRC";
04      char dst[4];           // SRCをコピーするためにSRC+'\0'が入る大きさ4の配列を用意する
05
06      str_copy(dst, src);  // srcをdstにコピー
07      printf( %s\n", dst);
08
09      return 0;
10  }
```

実行結果 8.14 実行結果

```
SRC
```

ここで、str_copy に渡している dst, src は、文字型の配列の**先頭アドレス**でした（6 行目）[*22]。配列を引数にしている str_copy 関数に、なぜ配列の先頭アドレスを渡しているのでしょうか。実

*22　7.1.2 項で一度触れました。

は、C では関数の引数として配列そのものを渡すことができません。それでは str_copy の引数の char dst[]、char src[] とはなんなのでしょうか（1 行目）。

実は、関数の宣言の中での仮引数の配列は、ポインタと同じなのです。つまり、str_copy(char dst[], char src[]); は、str_copy(char *dst, char *src); と同じなのです。なぜ str_copy(char dst[], char src[]); と書くのかというと、「配列の先頭アドレスを関数に渡しますよ」と、人間側がわかりやすいようにこのような書き方ができるようになっているのです。

その証拠に、この関数は呼び出し側の文字列を変更しています。もし、引数として配列そのものを渡すことができるなら、swap 関数の間違った例のように、関数の中だけで文字列のコピーが起こり、呼び出し元の文字列が変更されることはないはずです。つまり、str_copy 関数では、ポインタを渡してもらうことにより、呼び出し側の文字列を変更することができたのです。

まとめると、次の 2 つは同じ意味の仮引数宣言で、配列の先頭アドレスを渡すことができます。

```
str_copy( char dst[], char src[]);
str_copy( char *dst, char *src);
```

それでは、str_copy 関数を、ポインタを使ったプログラムに変更してみましょう。

リスト 8.15　ポインタを使った str_copy 関数のプログラム

```
01  int str_copy(char *dst, char *src)
02  {
03      while (1)
04      {
05          *dst = *src;        // コピー
06          if (*dst == '\0') // ターミネータになったらこの関数を終了する
07          {
08              return 0;
09          }
10          dst++;              // 次の要素へ
11          src++;              // 次の要素へ
12      }
13  }
```

もちろん、引数を (char dst[], char src[]) のままにしてもかまいませんが、ここではポインタを使っているということを強調するために、引数をポインタ形式に書き換えました。

このように、配列を関数に渡したいときには、C では一般的に引数に配列の先頭アドレスを渡します。しかし、それだけでは困ったことが起こる可能性があります。str_copy 関数では、渡される配列には文字列が入っていると仮定しました。つまり、渡される配列の最後には、'\0'があることを前提としていました。そのため、関数の中の for ループを'\0'が見つかるまでループするといった処理が可能でした。

しかし、この引数に渡される配列が int 型の配列の場合はどうでしょうか？　例として、int 型の配列を引数として、その配列に格納されている数値をすべて合計する関数を作ってみましょう。

リスト 8.16 int 型の配列に格納されている数値をすべて合計する関数（不完全版）

```
int add_all(int a[])
{
    int i;
    int sum = 0;
    for( i = 0; i < ?; i++)
    { // 何回ループすればいいかわからない
        sum += *(a + i);
    }
    return sum;
}
```

リスト 8.16 のように add_all 関数を作成しようとしたところで、困ったことが起きました。このままでは、関数の中のループの終了条件がわかりません（6 行目）。このように配列を引数とする関数を作成した場合、配列の先頭アドレスを渡しただけでは、上の例のような処理を行う関数を作ることができません。このようなときには、渡す配列に何個の数値が格納されているかを明示的に関数に渡す必要があります。以下に、改良型の **リスト 8.17** を示します。

リスト 8.17 int 型の配列に格納されている数値をすべて合計する関数（引数に配列の要素）

```
int add_all(int a[], int num)   // numは配列aの要素数
{
    int i;
    int sum = 0;
    for (i = 0; i < num; i++)
    { // num回ループさせればよい
        sum += *(a + i);
    }
    return sum;
}
```

Coffee Break 8.1　ポインタ演算

次のコードは、リスト 8.17 を配列を使って書き直したものです。リスト 8.17 と同じ結果を返すはずです。

```
int add_all( int a[], int num ) {
    int i;
    int sum = 0;
    for( i = 0; i < num; i++) { // num回ループさせればよい
        sum += a[i];
    }
```

```
    return sum;
}
```

では、皆さんはどちらのコードを書くべきでしょうか。現在では、このように配列を使って書いた方がよいかもしれません。

まず、**可読性**という点で、配列版の方が直感的でわかりやすく、優位性があると思います。もしかしたら、ポインタ演算を使った方が高速だという話を聞いたことがあるかもしれません。しかし、現在ではコンパイラの最適化が進んでおり、自動的に高速に動くよう置き換えてコンパイルしてくれるため、処理速度の面でもあまり変わらなくなっているのです。

ただし、ポインタ演算を使ったコードはいまもなお、たくさん書かれているので、これから皆さんも目にする機会が多いと思います。その際に困らないように、本章をしっかり理解しておきましょう。

Coffee Break 8.2　ポインタは指す型を定義しなければならない

8.1.5 項の最後で、「ポインタは指し示す型を定義しなければならない」という説明をしました。ただ、サンプルプログラムが単純だったため、あまりピンとこなかった方もいるかもしれません。そこで、もうちょっと複雑な例で説明しましょう。

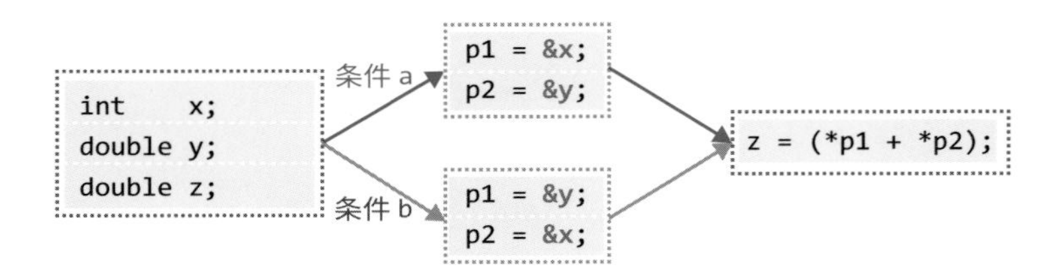

■図 8.14　条件によって p1 と p2 に設定されるデータが異なる例

上の例は、条件によって p1、p2 に設定されるデータが異なっています。すると、(*p1 + *p2) を実行するときに、p1、p2 が指しているデータの型が異なります。そのすべての組み合わせの機械語を生成するのは大変な作業となり、C コンパイラはそのようなことはしません。

正しいプログラムを書くとすると、p1、p2 が指す型を指定しなければなりません。

```
int     *p1;    p1 = &y; // コンパイルエラーになる
double  *p2;    p2 = &x; // コンパイルエラーになる
```

p1 には int 型の変数のアドレス、p2 には double 型の変数のアドレスを格納します。すると、(*p1 + *p2) は、int 型 + double 型の演算となり、機械語を生成することができるようになります。

構造体とユーザ定義型

構造体を用いると、１つの変数の中に、複数の異なる型のデータを格納することができます。構造体の役割は、データをより自然な形で表現することです。たとえば、１人の人間の情報は氏名・年齢・身長・体重・住所・電話番号など、さまざまなデータにより構成されます。構造体はこのような複合的なデータを扱うことができます。
本格的なプログラムは、必ずといってよいほど構造体を用いてデータの表現を工夫しています。また、本章では共用体や列挙型についても学習します。

9.1 構造体（structure）

3 章では、いろいろな種類の変数の定義と利用について学習しました。これらは、すべて 1 つの値を格納できるだけでした。6 章で述べた配列は複数のデータを格納できますが、個々の要素について同じ型の値しか格納できません。

世の中を見ると、たった 1 つの情報しかもたないものは、どれほどあるでしょう。たとえば、あなた自身を表現するためには、どれだけの情報が必要でしょうか。名前・性別・年齢・生年月日・職業・住所・電話番号・身長・体重・家族構成・趣味などなど、数え上げたらきりがないほどです。

このように、現実世界のものやできごとは、多様な情報によって成り立っています。そして、これらを処理するプログラムも、多様な情報を扱うことになります。C では、このように複数の違った種類の情報をまとめて、1 つの型として宣言できる機能があります。これが**構造体**（**structure**）とよばれるものです。

9.1.1 構造体の概念

では、多様な情報を扱う例として、簡単な名簿を作ることを考えてみましょう。名簿に必要な情報は、名前・生年月日・住所（郵便番号）・電話番号とします。名前と住所、電話番号は文字配列[*1]、郵便番号 7 桁の整数、生年月日は 8 桁の整数として扱いましょう。たとえば、2001 年 4 月 1 日なら、`20010401` と表します。整数には `int` 型を用います[*2]。これらの必要な変数をすべて定義すると、次のようになります。

```
char    name[32];       // 名前
int     birth;          // 生年月日
int     zip;            // 郵便番号
char    address[82];    // 住所
char    tel[20];        // 電話番号
```

これらの変数は、誰か 1 人の人の情報を格納するために用意したものです。しかし文法上は、それぞれの変数のあいだにはまったく関連性がありません。これを概念的に表すと **図 9.1** のようになります。

*1　これらの文字配列の大きさにはとくに制限はありません。
*2　int 型が 16 ビットのコンパイラを使用する場合は、int 型で 8 桁の整数を表現できません。long int 型を用いてください。

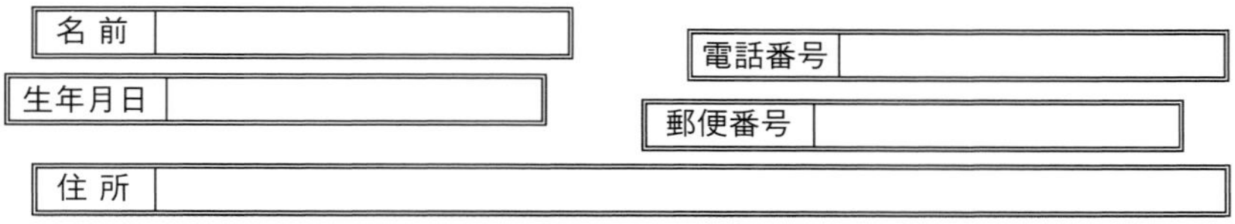

■図 9.1　名簿をバラバラの変数で定義した場合

図 9.1 のように定義された変数でも、名簿のプログラムを作成することは不可能ではありません。しかしソースプログラムの中で、もし何十個とある変数の中にこれらの変数が混ざって定義されていたら、どの変数が名簿のデータを格納しているのかわからなくなってしまいます[*3]。これを、現実世界の名簿で考えてみましょう。通常の名簿は、1 人分のデータがまとまりのある形で記載されています。それは、1 人分 1 行の場合もありますし、また 1 人分 1 ページの場合もあるでしょう。**図 9.2** は、1 ページに 1 人分の情報を記述する名簿の模式図です。

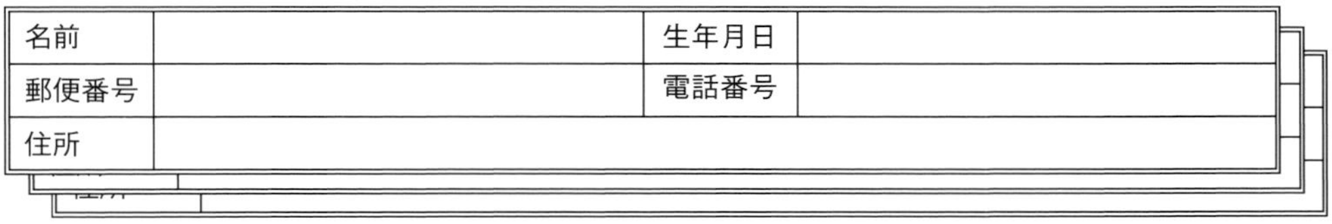

■図 9.2　名簿の 1 ページ

現実の名簿がこのような構成になっているのは、1 人分のデータがまとまっていた方が、検索する場合もコピーを取る場合も便利だからです。プログラミングの世界でも同じことがいえます。実世界の名簿の 1 ページのように、**関連性のある複数の項目をひとまとめにするのが構造体の役割**です。構造体という形にまとめることによって、検索やコピーなどの操作が行いやすくなります[*4]。

9.1.2 構造体宣言

名簿に必要な変数を、1 つの `roll` 型という構造体として宣言してみましょう。

```
struct roll
{
    char    name[32];       // 名前
    int     birth;          // 生年月日
    int     zip;            // 郵便番号
    char    address[82];    // 住所
    char    tel[20];        // 電話番号
};
```

*3　変数名の**命名規則**を工夫するなどして、関連性をもたせる方法もあります。しかし、このような方法は命名規則をきちんと守ることが前提であり、プログラマの負担が大きくなってしまいます。
*4　コピーについては 9.1.4 項で説明します。

ここで、struct は構造体宣言を示すキーワードです。次の roll は、この構造体に付ける名前で**構造体タグ**（tag）とよばれます。構造体タグは省略することもできます[*5]。中括弧{ }に囲まれた中で定義されている名前（たとえば、name や birth）は、構造体の**メンバ**（member）とよばれ、メンバどうしの名前が重複しなければ、どのような名前（変数名）でも書くことができます。ただし、ここでは変数を定義しているわけではないことに注意してください。実際の変数を定義するためには、次のように構造体タグを使った変数定義が必要です。

```
struct roll     my_data;
```

上記の変数定義によって、roll 型の構造体 my_data の利用が可能になります[*6]。

構造体宣言 struct roll {...}; のことを**構造体テンプレート**とよぶことがあります。テンプレートは枠型、雛型とも訳されますが、ここでは構造体変数を作り出すための型と考えればよいでしょう。実世界の名簿に例えるなら、名簿の枠線を引いて「名前」や「住所」など各項目の名前だけを記した台紙が構造体テンプレート、そして台紙を新しい紙にコピーして誰かの情報を書き込んだものが**構造体変数**に相当します。

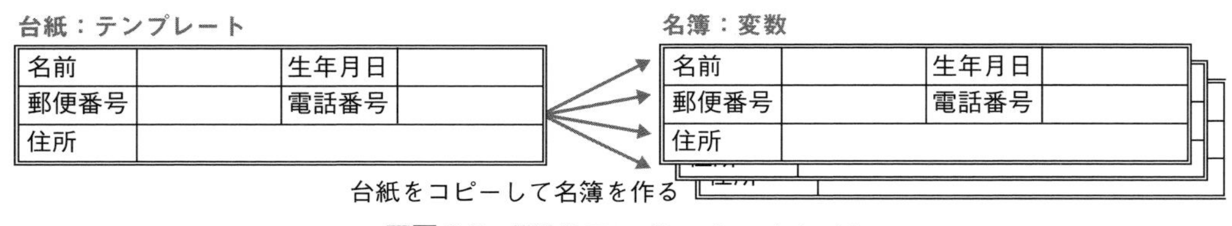

■図 9.3　構造体テンプレートのイメージ

台紙を繰り返しコピーして新しい名前のページをどんどん作り出せるように、構造体変数の定義を繰り返し行うことによって、同じ構造をもつ構造体変数を複数定義することができます。

roll タグ[*7]を使って、3 人分の構造体変数を定義するには、以下のようにします。このそれぞれの変数の中に、roll タグのメンバを格納するデータ領域が確保されます。

```
struct roll     my_data;
struct roll     her_data;
struct roll     his_data;
```

このようにすることで、実際の名簿のように多数の人間の情報をまとめて管理することが容易になります。構造体が真の力を発揮するのは、まさにこのような場面なのですが、実際の例については 9.4 節まで待ってください。その前に、構造体の基本的な使い方をマスターしておきましょう。

*5　省略については本項で後述します。
*6　9.5.3 項に宣言と定義の違いについて解説しています。
*7　構造体タグ roll を「**roll タグ**」とよびます。

構造体宣言と変数定義を同時に行う

構造体宣言と構造体変数の定義は、次のように同時に行うことが可能です。

```
struct roll
{
    char    name[32];       // 名前
    int     birth;          // 生年月日
    int     zip;            // 郵便番号
    char    address[82];    // 住所
    char    tel[20];        // 電話番号
} my_data1;
```

また、構造体タグの省略について説明しておきます。

宣言と定義を同時に行う場合には、構造体タグを省略することができます（1 行目）。

```
struct
{
    char    name[32];       // 名前
    int     birth;          // 生年月日
    int     zip;            // 郵便番号
    char    address[82];    // 住所
    char    tel[20];        // 電話番号
} my_data2;
```

この場合、構造体変数 my_data2 が定義され、型はある**不明な名前**になります。不明といっても名前がないわけではありません。不明な名前とは、コンパイラによって自動的に付与される名前です。プログラマはこの名前を目にすることがないので、不明な名前とよばれます[*8]。同じプログラムの中でこのような定義が複数ある場合でも、不明な名前は互いに重複しないことが保証されています。

では、宣言だけの場合に、構造体タグを省略するとどうなるでしょう。

```
struct
{
    char    name[32];       // 名前
    int     birth;          // 生年月日
    int     zip;            // 郵便番号
    char    address[82];    // 住所
    char    tel[20];        // 電話番号
};
```

*8　このようにプログラマに見えないところで行われることを、「**暗黙的に行われる**」ともいいます。

これは、どうやっても使い道がありません。構造体テンプレートとしても構造体定義にも使用できないのです。実際、このような宣言に対して警告を出すコンパイラも存在します。

では、次のように同じプログラム内に同じメンバをもった 2 つの構造体があった場合はどうなるでしょう。

```
struct
{
    int x;
    int y;
} a;
struct
{
    int x;
    int y;
} b;
```

構造体変数 a、b はまったく同じ構造体メンバをもちます。しかし、ここでは構造体タグが省略されているため、コンパイラがこの a と b それぞれに対して、ある不明な名前を付けます。不明な構造体タグは重複しないことが保証されているため、これらは実際には異なる型として扱われます。構造体の代入（後述）やポインタによる構造体の参照を行わなければ、とくにこれでも不都合はありませんが、同じように見えるが実は違う型の構造体であるということを覚えておきましょう。

Coffee Break 9.1　構造体の無名の穴

構造体はメモリ上にどのように配置されるでしょうか。

配列の配置では、同じ配列の要素が連続して隙間なく並んでいました。この性質は、ポインタによる配列要素の操作を可能にしています。しかし、構造体では各メンバが連続して並んでいるという保証はありません。構造体には、無名の「**穴**」があり得るのです。ここでいう「穴」とは、構造体の各メンバのあいだにできるすきまのことです。

この無名の「穴」は、コンピュータ（CPU）やコンパイラの仕様により、暗黙のうちにコンパイラによって作られるので、プログラマは知ることができません。

では、どうしてこのような「穴」ができるのでしょうか。CPU からの要求で「穴」ができるときは、次のような場合です。

1. CPU の**境界整合（アラインメント：alignment）**要求[*a]により、参照するデータは境界に整合するように配置しなければならない
2. 偶数アドレスのアクセスしか許容しない

この場合、コンパイラは上記の CPU の要求を満たすために、境界に整合させて各メンバを配置したり、偶数アドレスから始まるように各メンバを配置したりします。すると、必然的に構造体の境界に合わない部分をなんらかのデータで埋めることになります。これが無名の「穴」です。

このほかに、CPU によっては（たとえば Pentium 系）、奇数バイトをアクセスするより偶数バ

イトをアクセスする方が速い場合があります。このとき、コンパイラが意図的に「穴」を作り、偶数バイトからメンバを配置することがあります。また、浮動小数点数を扱う場合、数値演算プロセッサによりアラインメントを要求される場合もあります。

ですから、構造体には「穴」がある方が普通であると思ってプログラミングした方が無難です。「穴」の存在により、構造体のサイズを sizeof で算出したときの方が、各メンバのサイズの総和より大きくなる場合があることを覚えておいてください。ただし、構造体の先頭には、このような「穴」はないことが定められています。

たとえば、アラインメントが 4 バイトの CPU で、次のような構造体を考えてみましょう。

```
struct Tag
{
    char    c;
    int     x;
} a;
```

Tag 型の構造体変数 a は、**図 9.4** のようにメモリ上に配置されます。ただし、int 型は 4 バイトとします。つまり、各メンバの総和は 1+4=5（バイト）しかないのですが、実際には Tag 型構造体は 8 バイトの空間を占有します。

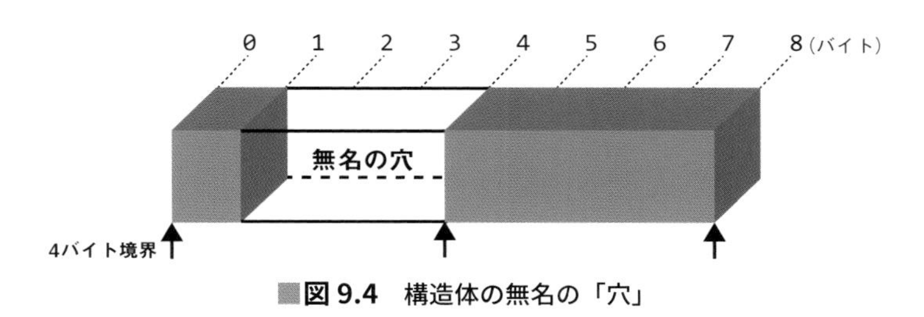

図 9.4　構造体の無名の「穴」

これとは逆に、CPU による制限がなければ、コンパイラに構造体をすきまなく配置するよう指示することもできます（**図 9.5**）[b]。このようなすきまのない構造体を**パックされた構造体**といいます。パックされた構造体では、構造体のサイズはメンバの総和に等しくなります。

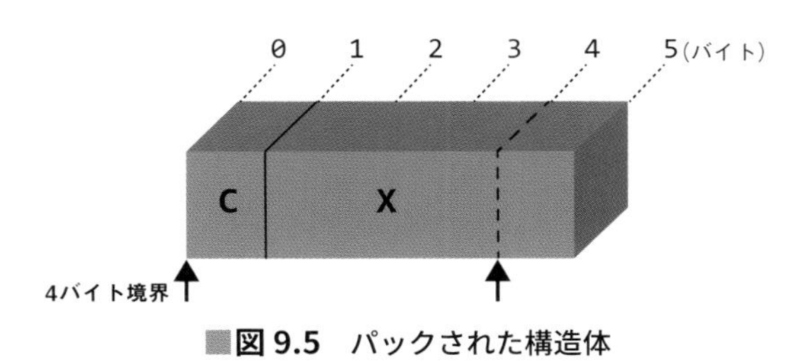

図 9.5　パックされた構造体

*a　コンピュータの CPU には、特定のデータを 2, 4, 8, 16 バイト境界に並べなければならない仕様のものがあります。これは、高速にデータを取り出せるようにハードウェアのロジックを単純化したためです。UNIX マシンを使用する人は、"Bus error— core dump"というエラーメッセージをみたことがあるかもしれません。これは、ポインタで奇数バイトをアクセスしてしまった、境界以外をアクセスしてしまった、というようなポインタによるアクセスエラーの場合が多いようです。

*b　Microsoft 社のコンパイラでは/Zp オプションでパックができますが、すべてのコンパイラがこのような機能を備えているわけではありません。

9.1.3 構造体メンバの操作

構造体のメンバの参照方法について述べましょう。構造体のメンバは、ピリオド (.) を用いて次の形式で参照できます。

```
構造体変数名.メンバ名
```

これを用いて 9.1.1 項の構造体変数 my_data のメンバ zip を参照してみましょう（下コード 2 行目）。次の例では、構造体メンバの値を別の変数 n に代入しています（3 行目）。

```
int n;
my_data.zip = 1234567;  // 郵便番号に1234567を代入する
n = my_data.zip;        // int型変数に郵便番号を代入する
```

それでは、構造体変数 my_data を使った名簿表示プログラムを、**リスト 9.1** に示します。

リスト 9.1 構造体の利用

```
01 #include <stdio.h>
02 #include <string.h>
03
04 int main(void)
05 {
06     // 構造体宣言と構造体変数定義
07     struct roll
08     {
09         char name[32];    // 名前
10         int birth;        // 生年月日
11         int zip;          // 郵便番号
12         char address[82]; // 住所
13         char tel[20];     // 電話番号
14     } my_data;
15
16     // 構造体メンバへのデータの代入
17     strcpy(my_data.name, "Hinako"); // 名前
18     my_data.birth = 19890225;       // 生年月日
19     my_data.zip = 1234567;          // 郵便番号
20     strcpy(my_data.address, "Yokohama-shi Kanagawa Pref."); // 住所
21     strcpy(my_data.tel, "045-123-4567"); // 電話番号
22
23     // タイトル表示
24     printf("\nNAME          BIRTHDAY   ZIP       "
25            "ADDRESS                      TEL\n");
```

```
    printf("%-10.10s%11.8d%10.7d  %-10.30s  %-12.12s\n", my_data.name, my_data.birth,
            my_data.zip, my_data.address,
            my_data.tel);

    return 0;
}
```

タイトルを表示するprintf文に注意してください。リスト9.1 (p.320)では、紙面の都合上、タイトルの文字列を2行に分けて記述しています（24〜25行目）が、このように、文字列定数を2つに分けて記述することができます。文字列定数が連続して記述された場合は、それらを連結して扱うことになっているからです。

これを実行してみると、次のように表示されます。

実行結果 9.1 実行結果

```
NAME          BIRTHDAY   ZIP      ADDRESS                      TEL
Hinako        19890225   1234567  Yokohama-shi Kanagawa Pref.  045-123-4567
```

9.1.4 構造体の代入（コピー）

構造体変数どうしの代入を行うには、通常の代入文で記述できます（6行目）[*9]。

```
struct Tag1
{
    char    c;
    int     x;
} a, b;
a = b;
```

この例では、構造体変数bの全メンバが構造体変数aのメンバへ代入されます。しかし、メンバがまったく同じでも、構造体タグが異なる変数どうしでは型が異なるため、代入はできません[*10]。

```
struct Tag2
{
    char    c;
```

*9 構造体の代入は **ANSI 規格**で定められたものです。ANSI 以前の骨董的コンパイラでは、構造体の代入をサポートしていないものもあります。

*10 もし異なった型の構造体の代入をどうしても行いたいのなら、ポインタを用いて構造体を一度別の構造体に見せかけ、型を変換してから代入することになります。しかし、このような使い方をする場面はあまりないでしょう。**Coffee Break 9.2** (p.323)は、このような数少ない例の 1 つです。

```
    int     x;
} d;

d = a;        // これは誤りです！ Tag1からTag2への代入はできません
```

構造体の代入では、無名の「穴」はどのようになるのでしょうか。

普通は「穴」も含めて代入されるでしょうが、C では明確に決められていません。ですから、代入元の構造体と代入先の構造体を、標準関数 memcmp[*11]で比較するようなプログラミングは避けるべきです。

9.1.5 構造体のネスト

構造体のメンバとして、別の構造体を宣言することができます。これを、**構造体のネスト**とよびます[*12]。どのような場合に、ネストにするのでしょう。これは、9.1.1 項でバラバラに定義された名簿の要素を、1 つの構造体にまとめたときと同じように考えるとよいでしょう。つまり、roll 型の中の zip や address といったメンバは、その人の住んでいる「場所」に関するまとまった情報です。これらをまとめて操作したいとき、別の構造体（**address 型**[*13]としましょう）として宣言します。

```
struct address
{
    int     zip;            // 郵便番号
    char    address[82];    // 住所
    char    tel[20];        // 電話番号
};
```

これを roll 型構造体に組み込んで、roll2 構造体を作ってみましょう。

```
struct roll2
{
    char    name[32];           // 名前
    int     birth;              // 生年月日
    struct address  addr;       // address構造体を取り込む
} my_data;
```

また、これは次のように展開した形で、1 つの構造体として記述することもできます。

*11　memcmp はメモリの内容を比較する標準関数です。<string.h>に宣言されています。
*12　ネストのことを**入れ子**とよぶこともあります。
*13　構造体タグ名とその構造体に含まれるメンバ名は同じであってもかまいません。しかし、混乱のもとですからできるだけ重複しないようにしましょう。

```
struct roll
{
    char    name[32];          // 名前
    int     birth;             // 生年月日
    struct  address {
        int     zip;           // 郵便番号
        char    address[82];   // 住所
        char    tel[20];       // 電話番号
    } addr;
} my_data1;
```

ネストされている address 構造体タグの変数 addr のメンバ zip の参照は、次のようにします。

```
my_data.addr.zip = 1234567;
```

つまり、ネストになったメンバをピリオド（.）で参照し、さらにそのメンバもピリオドで参照するのです。ネストは1つ以上でも構わないので、このルールを適用して、コンパイラが許すかぎりのネストを作ることもできます。これを一般的に書くと、次のようになります。

```
構造体名.構造体変数メンバ名.構造体変数メンバ名.…….メンバ名
```

Coffee Break 9.2　文字列の代入は本当にできないの？

7章で学習したように、文字列は配列に過ぎないため文字列どうしの代入はできません。しかし、構造体は次のように代入できます。

```
struct roll my_data, your_data;
my_data = your_data;
```

roll 型に文字配列のメンバがあったとしても、これを含めて代入できてしまうのです。そこで、構造体の代入を利用して文字配列に文字列定数を代入してしまう、という抜け道があります。次の例を見てください。

```
#include    <stdio.h>

int main( void )
{
```

```
    struct tag
    {
        char str[6];                    // 文字列を構造体の形で宣言した
    } aa;
    aa = *(struct tag *)"HELLO";        /*文字列定義(アドレスに評価される)を
                                          tag型の構造体へのポインタにキャストし、
                                          その内容があたかもtag構造体であるかの
                                          ように代入する */
    printf( "%s\n", aa.str );           // 代入結果を表示する
}
```

これらを実行すると、HELLO が表示されましたね。文字列定数が式中に出てきたときは、その文字列定数が格納されている領域へのアドレスとしてふるまうため、それを tag 型構造体へのポインタにキャストして、その中身があたかも tag 構造体であるかのように代入してしまうのです。これによって、間接的に文字列定数を配列に代入できるわけです。

9.2 共用体（union）

共用体（union）は、宣言やメンバの参照方法など構文の面では、構造体と似ています。しかし、共用体のメンバはメモリ上の領域を、その名のとおり共用する点で構造体と異なります。

それでは、実際の**共用体宣言**と**共用体変数**の定義を見てみましょう。

```
union name_or_age
{
    char    name[32];    // 名前
    int     age;         // 年齢
} visitor;
```

最初の union が、共用体宣言のキーワードです。次の name_or_age が共用体タグで、この共用体の名前です。中括弧{ }に囲まれた部分に共用体のメンバを記述します。この例では、2 つのメンバ、name と age が宣言されています。

最後の visitor は、この共用体の変数です。このように、共用体宣言は構造体の宣言によく似ています。しかし、メモリ上のふるまいは構造体と大きく違います。この共用体変数 visitor のメモリ上のイメージを **図 9.6** に示します。

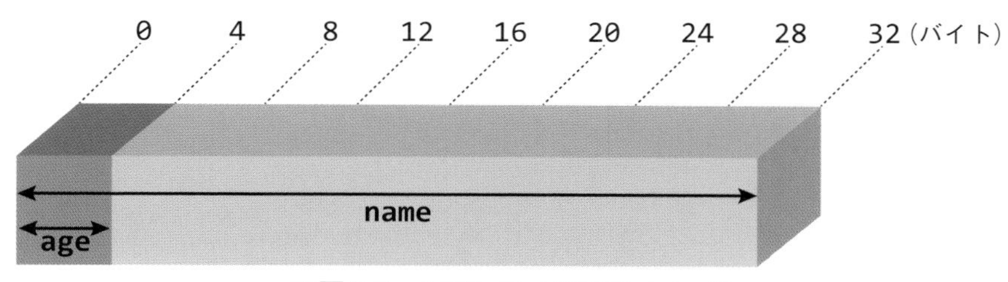

■図 9.6 共用体メンバの配置イメージ

共用体における各メンバの先頭アドレスは、すべて同じアドレスになります。つまり、すべてのメンバは、共用体の先頭から重なり合って定義されているのです。 図 9.6 では、2 つのメンバ age と name が、共用体変数の最初の 4 バイトを共用しているようすが示されています。実際のメモリはこのように重なり合った形で情報を格納することはできないため、共用体では同時に使用できるメンバが 1 つに限られることになります。

それでは、実際に共用体を使ってみましょう（**リスト 9.2**）。

リスト 9.2 共用体の利用（その 1）

```
#include <stdio.h>

int main(void)
{
    // 構造体宣言と構造体変数定義
    union name_or_age
    {
        char name[32]; // 名前
        int age;       // 年齢
    } visitor;
    int input_name; // 名前を入力するかどうか
    printf("お名前を聞いてもよろしいですか？(yes…1/no…0) >");
    scanf("%d", &input_name);
    // 名前か年齢の入力
    if (input_name) // input_nameが0以外ならすべて真
    {
        printf("お名前をどうぞ:");
        scanf("%s", visitor.name);
    }
    else
    {
        printf("それでは年齢を教えてください:");
        scanf("%d", &visitor.age);
    }

    // あいさつ
    if (input_name) // input_nameが0以外ならすべて真
```

```
28      {
29          printf("%sさん、こんにちは\n", visitor.name);
30      }
31      else
32      {
33          printf("%d才の方ですね？はじめまして\n", visitor.age);
34      }
35      return 0;
36  }
```

リスト 9.2 (p.325)は、共用体を利用した簡単な受付プログラムです。名前か年齢をたずねて、あいさつを表示します。これを実行すると次のようになります。

実行結果 9.2　実行結果

```
お名前を聞いてもよろしいですか？(yes…1/no…0) >1
お名前をどうぞ:hana
hanaさん、こんにちは
お名前を聞いてもよろしいですか？(yes…1/no…0) >0
それでは年齢を教えてください:25
25才の方ですね？はじめまして
```

1 行目〜3 行目は 1 回目の実行結果、4 行目〜6 行目は 2 回目の実行結果です。この受付プログラムで重要なことは、必要なデータは名前か年齢のどちらかであるということです。つまり、一方が入力されれば、他方は必要ないのです。このような場面では、共用体が利用できます。

リスト 9.2 (p.325)では、名前と年齢を 1 つの共用体変数 `visitor` に格納しています。共用体の特徴はメモリを共用することなので、名前と年齢を別々の変数として用意したときよりも、メモリの使用量を減らすことができます。この例では微々たるものですが、メモリの節約は共用体の効能の代表的なものといえるでしょう。通常のプログラミングでは、メモリの使用量をさほど気にする必要はありません。しかし、プログラムの用途や実行される環境によっては、できるだけメモリの使用量を減らしたほうがよい場合もあります[*14]。

一方で、共用体を使う場合に気をつけなければならないこともあります。 リスト 9.2 (p.325)の変数 `input_name` に注目してください。この変数はプログラムの中でどのような働きをしているでしょうか。この変数は、最初に名前を入力するかどうかたずねた結果が格納されます。そして、名前を入力するかどうか、あいさつ文をどちらにするか、という条件分岐の条件式として用いられています。この変数 input_name は、共用体 visitor のどちらのメンバが有効なのかを表しています。

なぜこのようなことが必要なのかを見るために、1 つの実験をしてみましょう。 **リスト 9.3** (p.327)を見てください。これは、 リスト 9.2 (p.325)から変数 input_name の部分を取り除いたものです。

*14　メモリの節約が重要な場合については、**Coffee Break 9.3** (p.328)を参照してください。

リスト 9.3 共用体の利用（その 2）

```
#include <stdio.h>

int main(void)
{
    union name_or_age
    {
        char name[32]; // 名前
        int age;       // 年齢
    } visitor;
    // 名前か年齢の入力
    printf("お名前をどうぞ:");
    scanf("%s", visitor.name);
    printf("それでは年齢を教えてください:");
    scanf("%d", &visitor.age);

    // あいさつ
    printf("%sさん、こんにちは\n", visitor.name);
    printf("%d才の方ですね？はじめまして\n", visitor.age);
    return 0;
}
```

リスト 9.3 を実行すると、 **実行結果 9.3** のようになります。

実行結果 9.3 実行結果

```
お名前をどうぞ:hana
それでは年齢を教えてください:25
さん、こんにちは
25才の方ですね？はじめまして
```

あいさつ文の名前のところが正しく表示されていません。これは、変数 visitor に数値型のメンバ age として値 25 が格納されているにもかかわらず、文字列型のメンバ name で参照したからです。この実験からわかることは、共用体を利用する場合は、いまどのメンバの値が保持されているのかを覚えておく必要があるということです。 リスト 9.2 (p.325)の変数 input_name は、まさにこの情報を格納するための変数だったのです。

共用体を利用する場面

共用体の利用について整理しておきましょう。共用体を使うとメモリを節約できますが、共用体のどのメンバが有効なのかということを常に意識しておく必要があります。これによりプログラマの負担が大きくなってしまうので[*15]、よほどメモリが足りないなどの理由がないかぎり、共用体は

*15 データだけを問題にすると、一見メモリの節約ができているように見えるかもしれませんが、プログラムのコード（データではなくアルゴリズムの記述）は逆に大きくなってしまいます。

必ずしも必要ではありません。

　では、どのような場面で共用体を利用すればよいのでしょうか。

　多くのデータをファイルから読み込むときに、共用体や構造体や配列と組み合わせることによって、プログラムを簡潔に記述できる場合があります。また、共用体がメモリを共有することを逆に利用した使い方などもあります。この例を 1 つ紹介しましょう。たとえば、**リスト 9.4** のようにすることで、符号付き変数、符号なし変数を 1 つの共用体で保持することができます。

リスト 9.4　共用体で同じメモリを参照する

```
01  #include <stdio.h>
02
03  int main(void)
04  {
05      union
06      {
07          signed char s_val;      // 符号付きchar型
08          unsigned char us_val;   // 符号無しchar型
09      } my_char;
10
11      my_char.s_val = 0xFF;
12
13      printf("signed data --->%d\n", my_char.s_val);
14      printf("unsigned data --->%d\n", my_char.us_val);
15      return 0;
16  }
```

実行結果 9.4　実行結果

```
signed data --->-1
unsigned data --->255
```

　ここでは、共用体のメンバの参照が、常に同じメモリ領域に対して行われることを利用しています。`s_val` と `us_val` は、まったく同じデータ（`0xFF`）を返していますが、`signed` と `unsigned` の違いにより `printf` で出力される内容が異なります（13 行目、14 行目）。

　共用体をうまく活用するには、データがメモリ上でどのようにふるまうかをよく理解していることが不可欠です。この意味では、共用体の活用はやや高度なテクニックであるといえます。

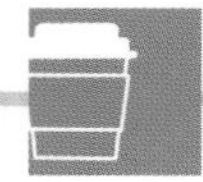

Coffee Break 9.3　組み込みシステムでは共用体が重要

　現在のパソコンには、メモリ（RAM）が豊富に搭載されています。また、OS によってはさらに仮想記憶などの機能も提供されるため、通常のプログラミングにおいて、メモリ使用量をそれほど気にする必要はありません。しかしパソコン以外の環境では、メモリに関して特別な配慮が必要になる場合もあります。

いわゆる、**組み込みシステム**（embeded system）とよばれる分野は、その代表例といえるでしょう。組み込みシステムはおもに**マイクロプロセッサ**を用いたシステムで、さまざまな家電や工業製品に組み込まれ、そのハードウェア制御などを行うものです。

ハードウェアの制御は製品ごとに異なるため、その製品に特化したプログラムがあらかじめインプットされています。そして、このような組み込みシステムのプログラムも、C 言語で開発されることが多いのです[*a]。一般的には、マイクロプロセッサに応じた専用の C コンパイラ[*b]を用いて、できあがったプログラムを ROM などに記憶させ、実際の製品に組み込みます。

このようなプログラミング環境においては、プログラムが利用できるメモリに限りがあります。そのため、共用体などを積極的に用いて、少しでもメモリの使用量を減らすことが重要になってきます。

また、組み込みシステムにおいて共用体がよく利用されるということは、メモリ節約のほかにもう 1 つ理由があります。

ハードウェア制御を行う場合、制御する装置に直結されたアドレス上のデータを、バイト単位とビット単位で操作したいことが頻繁にあります。char 型などのメンバと**ビットフィールド**（応用編参照）のメンバをもつ共用体を宣言し、このアドレスに対して定義するとこのような操作が容易にできるようになるのです。これは、リスト 9.4 で説明したような、違った型のメンバで同じデータにアクセスするテクニックの応用例といえます。

---

*a　C 言語のほかに、アセンブラや Java で開発する場合もあります。
*b　このように、ほかの処理系のためのプログラムを生成するコンパイラを、**クロスコンパイラ**といいます。

9.3 構造体と共用体の初期化

構造体や共用体も、これを定義するときに初期化することができます。

9.3.1 構造体の初期化

roll 型構造体を初期化してみましょう。

```
struct roll my_data =
{
    "Hinako",                      // 名前
    19890225,                      // 生年月日
    1234567,                       // 郵便番号
    "Yokohama-shi, Kanagawa pref.", // 住所
    "045-123-4567",                // 電話番号
};
```

等号（=）のあとの、中括弧{と}で囲まれた部分を**初期化リスト**といいます。初期化するメンバの初期値を、コンマ（,）で区切って記述します。

初期化リストの最後のコンマは、文法的には付けても付けなくても変わりありません。しかし、あとからメンバを追加するときに最後のコンマがないと間違いやすく、トラブルの原因となるので、必ずコンマを付けるように心がけましょう。

初期化リストは構造体に限った概念ではなく、ほかの変数定義でも初期化リストを記述できます。実は、3 章で述べた変数の初期化の仕方は、初期化リストの中括弧{}が省略された形式です。構造体においては省略できないため、初期化リストは必ず中括弧で囲まなければなりません。

ネストされた構造体の初期化は、次のように行います。

```
struct roll2 my_data =
{
    "Hinako",                   // 名前
    19890225,                   // 生年月日
    {
        1234567,                // 郵便番号
        "Yokohama-shi, Kanagawa pref.", // 住所
        "045-123-4567",                 // 電話番号
    },
};
```

初期化リストの内部に中括弧を用いて、構造体がネストになっていることを明示的に示しましょう。

また、配列の初期化と同様にすべてのメンバの初期化リストを記述しない場合、残りのフィールド[*16]は「0」に初期化されます。しかし、わかりやすさのため、また、あとのトラブルを避けるためにも全メンバの初期値を書き上げた方がよいでしょう。

指示初期化子

いままで説明してきた構造体の初期化では、宣言されたメンバ順に初期値を記述する必要がありました。C99 以降では、メンバ名を指定することによって、必要なメンバのみを初期化できるようになりました。標準ライブラリで提供される時間を管理する **tm 構造体**[*17]を考えてみましょう。

tm 構造体は、先頭から順に時刻に関するメンバと日付に関するメンバをもっています。作成するプログラムが日付のみを使用する場合、時刻に関する部分は必要ありません。そこで、次のようにメンバ名の前にピリオド（.）を付けて必要な項目を記述すると、部分的に初期化することができます。これを**指示初期化子**（**designated initializer**）とよびます。記述しなかったメンバは、0 で初期化されます。

*16　変数に割り当てられるメモリ領域のことを指します。
*17　応用編で詳しく説明します。

```
struct tm epoch =
{
    .tm_year = 2020-1900,   // 1900からの年数
    .tm_mon = 6,            // 1月からの月数[0-11]
    .tm_mday = 24,          // 1月内の日数[1-31]
};
```

複合リテラル

次の記述は、上記の右辺に (struct tm) が付いているだけですが、意味合いは大きく異なります。右辺値が構造体を表しており、右辺の構造体を左辺の構造体に代入しています。

```
struct tm epoch =   (struct tm)
                    {
                        .tm_year = 2020-1900,   // 1900からの年数
                        .tm_mon = 6,            // 1月からの月数[0-11]
                        .tm_mday = 24,          // 1月内の日数[1-31]
                    };
```

右辺値は (struct tm) のように、括弧の中に構造体の型名を記述します。続く中括弧{ }の中に、初期化リストを記述することによって、名前のない構造体 (struct tm) を定義しています。中括弧{ }の中には、上記のように指示初期化子でメンバを指定してもいいですし、値を列挙してもかまいません。

この「**(型名){初期化子リスト}**」で定義されるオブジェクトを**複合リテラル**（**compound literal**）といい、配列型、構造体型、または共用体型で記述できます。

9.3.2 共用体の初期化

共用体は１つのフィールドを複数のメンバで共用するので、「初期化する」という概念はわかりにくいかもしれません。共用体を初期化する場合、共用体宣言の先頭メンバでだけ初期化できます。次の例では、tag1 は int 型変数 x で、tag2 では char 型配列の変数 s を初期化することができます。

```
union tag1
{
    int     x;
    char    s[10];
} u1 = {10};
```

```
union tag2
{
    char    s[10];
    int     x;
} u2 = { "HELLO" };
```

共用体では、初期化リストの値は 1 つだけです。構造体と同様、初期化リストの中括弧{ }の省略は許されていないことに注意してください。

落とし穴 9.1　初期化の最後に「,」を忘れると......

配列の初期化は、次のようにしました。

```
char str[6] = {'H', 'E', 'L', 'L', 'O', '\0'};
```

初期化の最後の項目は'\0'ですが、「,」がついていません。これは、本来記述すべきです。しかし、横に 1 行で書いているので項目を追加しても「,」の付け忘れは少ないでしょう。

では、構造体の場合はどうでしょう。

```
struct roll my_data =
{
    "Hinako",                          // 名前
    19890225,                          // 生年月日
    1234567,                           // 郵便番号
    "Yokohama-shi, Kanagawa pref."     // 住所
};
```

初期化はこのように書けます。このような構造体に電話番号のメンバを追加してみましょう。

```
struct roll my_data =
{
    "Hinako",                          // 名前
    19890225,                          // 生年月日
    1234567,                           // 郵便番号
    "Yokohama-shi, Kanagawa pref."     // 住所
    "045-123-4567"                     // 電話番号
}
```

どうでしょう。これで OK でしょうか。うっかり住所の初期値に「,」を付け忘れてしまいました。この場合、2 つの文字列のあいだの「,」が抜けていますが、これは文法エラーになりません。しかし、大きく意味が異なります。文字列定数がなんの区切りもなしに連続して現れた場合、そ

れらを連結する規則になっているからです。したがって、住所に対して、

```
Yokohama-shi, Kanagawa pref. 045-123-4567
```

という初期値が設定されてしまいます。このようなミスを防ぐために、初期化の最後の項目には必ず「,」を付けるべきです。上記の例では文字列が連結されてしまうという結果になりましたが、このように、コンパイルを潜り抜ける間違いは大変危険で、稼働中のシステムを大事故に導く恐れがあります。初期化リストの最後の項目に「,」を付けることは、このような事故を防ぐ保険であるといえるでしょう。

9.4 構造体の活用

名前の例で見たように、複数のデータをまとめる手法は現実の世の中を表すのに非常に適しています。このため、多くのデータを扱うプログラムを作成するときは、構造体が非常に重要な役割を果たします。しかし、これまで見てきたような単独の構造体では、多くのデータを効率的に扱うことができません。構造体は配列やポインタと組み合わせることで、より効率的に利用することができます。

9.4.1 構造体の配列

6 章で述べた文房具のストックについて、もう一度考えてみましょう。

■表 9.1 文房具のストック

番号	1	2	3	4	5
内容	消しゴム	クリップ	のり	鉛筆	付箋紙
数量	15	200	18	55	30

引き出しの各段のデータには、数量のデータのほかに内容物の名前がありました。これらのデータを格納する構造体を定義すると、次のようになります。

```
struct stationery_stock
{
    int     quantity;       // 数量
    char    name[20];       // 名前
};
```

数量と名前を格納するためのメンバが定義してあります。名前は 19 文字までで格納できるサイズを確保しています。**表 9.1** のような 5 段のデータを格納するためには、構造体変数を配列として定義します。

```
struct stationery_stock tray[5];
```

このため、構造体に名前のデータを格納するには、メンバへの参照を使って次のようになります。

```
strcpy( tray[0].name, "消しゴム" );
strcpy( tray[1].name, "クリップ" );
strcpy( tray[2].name, "のり" );
strcpy( tray[3].name, "鉛筆" );
strcpy( tray[4].name, "付箋紙" );
```

構造体の配列の場合、配列名 [i] で i 番目の構造体そのものを表します。これとピリオド（.）による構造体メンバの参照を組み合わせると、次の形式になります。

```
配列名[添字].メンバ名
```

これは、角括弧 [] の式の優先順位がピリオド（.）よりも高い[*18]ので、

```
(配列名[添字]).メンバ名
```

と同じ意味です。一般に、括弧を付けたほうが、よりわかりやすいです。しかし、単純な構造体配列の場合、括弧を付けずに前者の形で記述します。

このようにして作った構造体配列を用いると、ループを用いてデータを処理することができるので非常に便利です。たとえば、各段のすべてのデータを表示するには次のようにします。

```
for( i=0; i<5; i++)
{
    printf("%s = %d\n", stationery[i].quantity);
}
```

もう 1 つ、構造体と配列を組み合わせたプログラムを紹介します。

6 章の最も離れた席を探すプログラム（リスト 6.14 (p.259)）を、構造体を使って書き換えたものが **リスト 9.5** (p.335)です。

*18　優先順位については 3.2.5 項を参照してください。

リスト 9.5　最も離れた席を探す（構造体配列版）

```
#include <math.h>
#include <stdio.h>

#define MAX_SEAT 10 // 空席の数

int main(void)
{
    struct seat_position
    {
        int no;   // 座席番号
        double x; // x座標
        double y; // y座標
    } seat[MAX_SEAT];
    double x_dis, y_dis;  // x, y方向の距離
    double dis;           // 2つの空席の距離
    double max_dis = 0.0; // 最も離れた空席の距離
    int max_dis_seat[2];  // 最も離れた空席の番号
    int i, j;

    for (i = 0; i < MAX_SEAT; i++)
    {
        scanf("%d %lf %lf", &seat[i].no, &(seat[i].x), &(seat[i].y));
    }

    for (i = 0; i < MAX_SEAT; i++)
    {
        for (j = 0; j < MAX_SEAT; j++)
        {
            x_dis = seat[i].x - seat[j].x;
            y_dis = seat[i].y - seat[j].y;
            dis = sqrt(x_dis * x_dis + y_dis * y_dis); // 距離の計算
            if (max_dis < dis)
            {
                max_dis = dis;
                max_dis_seat[0] = seat[i].no;
                max_dis_seat[1] = seat[j].no;
            }
        }
    }
    printf("最も離れた座席は %d と %d です (距離 %f)\n",
            max_dis_seat[0], max_dis_seat[1], max_dis);

    return 0;
}
```

9.4.2 構造体へのポインタ

構造体へのポインタは、メンバの参照の仕方に特徴があります。これを見るために、まず次のような構造体を定義してみましょう。

```
struct tag
{
    int x;
    double  y;
} sample;
```

構造体へのポインタは次のように定義します。

```
struct tag  *p;
p = &sample;
```

ここでは、アドレス演算子「&」を使って構造体変数 sample のアドレスを取得し、定義した構造体へのポインタへ代入していきます。さて、メンバの参照の仕方ですが、**矢印演算子**（**arrow operation**：->）*19を用いて行います。

```
p->x
p->y
```

「->」が矢印演算子です。もちろん、これらは次の記述と同じ値を参照します。

```
(*p).x
(*p).y
```

「*」が間接演算子であることを思い出してください。(*p) は構造体 sample そのものを示しているので、メンバをピリオド（.）で参照することができます。ただし、*p.x、*p.y と記述することはできません。なぜなら、間接演算子よりもピリオドの優先順位が高いからです。つまり、*p.x は*(p.x) と等価になります。これは、p が構造体変数であり、メンバ x がポインタであるときは正当な記述ですが、上記の例では誤りです。

C では構造体をポインタで間接参照することが多いため、それを明示的に示す専用の矢印演算子が用意されています。矢印演算子は、文字どおりのポインタがメンバを矢印で指している形なので、視覚的にも理解しやすいでしょう。

構造体をポインタにより間接参照する例を、**リスト 9.6** (p.337)に示します。

---

*19　「->」はキーボードのマイナス記号「-」と大なり記号「>」の 2 文字で表現します。

リスト 9.6　構造体のメンバをポインタを使って参照する

```
01  #include <stdio.h>
02  
03  #define MAX_SEAT 10 // 空席の数
04  
05  int main(void)
06  {
07      struct tag
08      {
09          int x;
10          double y;
11      } sample;
12      struct tag *p; // tag構造体へのポインタ
13  
14      p = &sample; // ポインタの初期化
15      p->x = 10;   // 矢印演算子を使用したメンバxの参照
16      p->y = 20.0; // 矢印演算子を使用したメンバyの参照
17  
18      printf("x=%d y=%e\n", p->x, p->y);
19  
20      return 0;
21  }
```

さて、構造体へのポインタを利用する上で、もう１つ気をつけなければならない点があります。間接演算子（*）と矢印演算子（->）の優先順位についてはすでに述べましたが、アドレス演算子（&）とピリオド（.）についても同じような問題が発生します。アドレス演算子よりもピリオドの方が式の優先順位が高いことを踏まえて、次の記述が正しいかどうか考えてみてください。

```
struct tag *p;
p = &sample.x;
```

これは誤りです。優先順位を明示的に示すと、`&(sample.x)` となります。構造体へのポインタ p に、メンバ（x）である int 型変数のポインタを代入しようとしています。この例では、コンパイル時にエラーとなるでしょう。正しくは次のように記述します。

```
struct tag *p;
int *pp;
p   = &sample;     // pに構造体sampleのアドレスを代入
pp  = &sample.x;   // ppに構造体sampleのメンバxのアドレスを代入
```

p は構造体 sample の先頭を指し示すポインタで、pp は最初のメンバ x を指し示すポインタです。p と pp は同じアドレスを指しますが、まったく性質の違うポインタであることを覚えておいてください[20]。

また、共用体へのポインタも構造体へのポインタとまったく同じ方法で定義、および参照が可能です。

9.4.3 構造体と関数

構造体は、関数の戻り値の型や引数としても利用できます。

たとえば、住所情報を出力する関数は、引数に構造体変数を用いて次のようにすることが可能です。

```
struct address
{
    int     zip;            // 郵便番号
    char    address[82];    // 住所
    char    tel[20];        // 電話番号
};
void print_address( struct address addr )
{
    printf( "address:%s\n", addr.address );
    printf( "     zip:%l\n", addr.zip );
    printf( "     tel:%s\n", addr.tel );
}
```

構造体を関数の引数にするメリットはなんでしょうか。構造体が複数のデータをより自然な形でまとめることができることはすでに学びました。関数の利用でも同じことがいえるでしょう。

関数に対して多くのデータを渡す必要がある場合、構造体にまとめてしまえば、1 つの引数で済んでしまいます。これは、OS の API[21]でもよく利用されている手法です。たとえば、シリアル通信[22]の環境設定をする関数では、通信速度やパリティなど通信に関するすべてのパラメータを構造体にまとめて関数引数としています。

また、関数を呼び出す側だけでなく、関数の中でも構造体という形で複数のデータをまとめて扱えるので便利です。さらに、構造体の配列へのポインタを引数として受け取るなどのバリエーションも考えられます[23]。構造体配列の整列を行う関数を考える場合などに利用できるでしょう[24]。

---

*20　つまり、p と pp はアドレスとしてはメモリ上の同じ位置を指しますが、*p は構造体データとして扱われ、*pp は int 型データとして扱われます。

*21　**Application Programming Interface** の略で、OS（オペレーティングシステム）がもつ機能をプログラムから利用できるように、OS 側で用意している関数群のことです。**システムコール**ともよばれます。

*22　シリアル通信は複数の端末を接続したり、端末と周辺機器を接続したりする通信方式の 1 つです。代表的なものに RS-232C などの規格があり、コンピュータとモデムとの接続に利用されます。通信を行うためには、通信速度やパリティなどの条件を接続する双方で一致させておく必要があります。

*23　このような構造体の活用は応用編で紹介します。

*24　stdlib ライブラリの qsort 関数は、このような形式になっています。

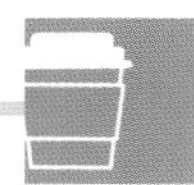

Coffee Break 9.4　関数と構造体からオブジェクト指向へ

関数と構造体の関係には注目すべき点があります。それは、オブジェクト指向との関連性です。

たとえば、double 型のメンバ x,y,z をもつ構造体 coordinate を考えます。目的とするプログラムで、原点から座標の距離を求める必要があるとしましょう。また、このプログラムでは座標を x 軸や y 軸を中心に回転させる必要があるとします。これらを関数として洗い出すと、次のようになりました。

x,y,zの原点からの距離を求める関数
x,y,zをx軸の周りに回転させる関数
x,y,zをy軸の周りに回転させる関数
x,y,zをz軸の周りに回転させる関数

これらの関数は、構造体 coordinate を引数とする形で定義できます。意味的には、すべて構造体 coordinate を対象とする関数であるといえます。これらの「構造体と関数」をまとめて取り扱うことができないか……というのが、**オブジェクト指向プログラミング**の始まりになりました。

C が複数のデータを構造体という形でまとめたように、C++ や Java に代表されるオブジェクト指向プログラミング言語は「構造体と関数」をクラスという自然な形でまとめられるようになっています。自然な形というのは、言語として容易に記述できるということもありますが、世の中にあるもののようすとふるまいをより自然な形でプログラムに移し変えることができるという意味です。

9.5　ユーザ定義型

ここではユーザ定義型について説明します。**ユーザ定義型**とは、プログラマが自ら定義できる型です。たとえば構造体を宣言すると、その構造体タグを使った変数定義が可能になります。これは、構造体タグで示される新たなデータ型を作り出していることにほかなりません。ユーザ定義型に対して、int や char などのあらかじめ用意されている型のことを**基本型**とよぶこともあります。

ユーザ定義型は、共用体と構造体のほかに、typedef と**列挙**によって作ることができます。本節では、これらについて説明していきます。

9.5.1　typedef

構造体は複数のデータを組み合わせて新たな型を作り出すものでしたが、typedef は既存のデータに別名を付ける機能をもっています。別名ですから、実質的に新たな型を作り出すわけではありませんが、typedef 宣言された型は独立した新しい型として利用することができます。ちなみに、

typedefとは型名（type name）を定義（define）するという意味です。

それではtypedefを用いて、使用する言語を格納するlanguage_t型を作成してみましょう。ここでは、int型をベースに宣言します。

```
#define JAPANESE    0   // 日本語
#define ENGLISH     1   // 英語

typedef int language_t; // language_tという新しい型を定義する
language_t  selected;

if( 条件 == 英語 )
{
    selected = ENGLISH;
}
else
{
    selected = JAPANESE;
}
```

typedefとは直接関係ありませんが、language_tに格納する値として、JAPANESEとENGLISHを#defineで定義しています。これらの値は、language_t型がint型をベースにすることを考慮して、ここでは数値の0と1にしています。使い勝手のよい値を割り当てるとよいでしょう。

typedef宣言は、次のような構文形式をもちます[25]。

```
typedef　すでに宣言されている型名　新しく付ける型名
```

新しく宣言された型は、ベースにした型の性質を引き継ぎます。つまり、language_t型はint型とまったく同様に変数定義や型変換ができるのです[26]。上の例では、typedef宣言のあと、language_t型の変数selectedを定義（5行目）して、その後のプログラムで利用しています。

typedefにおいて注意しなければならないのは、宣言された型名はあくまで別名であり、メモリ上の大きさや演算の規則などはもとの型と同じだということです。別名を付けることは#defineでもできますが、いろいろな場面を考慮すると、typedefの方が有利な点が多いようです。

また、typedefで作る型名には、上記のように末尾に_tを付けることが慣習になっています。この命名規則にこだわる必要はありませんが、誰かほかの人が作成したプログラムで末尾に_tがきたら、typedef宣言されていると考えてよいでしょう。

*25　正式にはtypedefはもう少し複雑な構文をもちますが、これについては応用編で説明します。
*26　intがなくなってlanguage_tになったのではありません。intはintとして通常どおり使用できます。

Coffee Break 9.5　typedefが有効な局面（その1）

#define より typedef が優れている例を紹介しましょう。次のような char 型のポインタを考えてみます。

```
#define STRING char *
STRING s1, s2;
```

#define は単なる置換であるため、プリプロセッサにより次のように展開されます。

```
char *s1, s2;
```

つまり、変数 s1 は char 型のポインタですが、s2 は char 型の変数となってしまいます。typedef を使えば、

```
typedef char *string_t;
string_t s1, s2;
```

となります。これは char *s1, *s2; と等価です。したがって、変数 s1、s2 はどちらも char 型のポインタとなることが保証されます。

typedefの利点

typedef は、型に別名を付ける機能です。では、なんのために typedef を行うのでしょうか。typedef の利点は3つあります。

第1に、プログラムの中での変数の役割を明確にするということがあります。language_t 型の例の場合、int selected; にするよりも、language_t selected; とする方が、変数 selected の意味がより明確になります。つまり、language_t で定義されているため、使用する言語（selected）は日本語か英語の2とおりしかないことがわかります。int 型では、このような意味まで読み取ることはできません。

第2の利点は、記述を簡単にするということです。次のように構造体を typedef 宣言しておくと、いちいち長い構造体タグを書かなくてもよいので便利です。

```
typedef struct roll
{
    char    name[32];       // 名前
    int     birth;          // 生年月日
    int     zip;            // 郵便番号
```

```
    char    address[82];    // 住所
    char    tel[20];        // 電話番号
} roll_t;
```

このように、構造体宣言と typedef 宣言を同時に行うのが常套手段となっています。宣言した roll_t 型を使うと、変数やポインタを簡潔に定義することができます。

```
roll_t my_data;
roll_t *p;
```

第 3 の利点は、**移植性**[*27]を高めることです。たとえば、int 型を 2 バイトと想定したプログラムがあるとしましょう。このプログラムを int 型が 4 バイト、short 型が 2 バイトのマシンに移植したいとき、int 型を short 型に変えなければなりません。このような場合、int 型を直接使用せずに typedef 宣言して別名を使用しておけばよいのです。typedef 宣言の修正だけで移植ができるようになり、プログラムのいろいろな箇所を修正する必要がなくなります[*28]。

Coffee Break 9.6　typedef が有効な局面（その 2）

#define より typedef が優れている例をもう 1 つ紹介しましょう。たとえば、

```
struct
{
    int x;
    int y;
};
```

という構造体タグを省略した構造体があるとして、構造体の代入を考えてみましょう。

```
#define XY struct{ int x; int y;}
XY coordinate1, coordinate2;
XY coordinate3;

coordinate1 = coordinate2;  // 正しい代入
coordinate1 = coordinate3;  // これは誤り
```

なぜ 2 番目の代入が誤りなのでしょうか？

*27　**移植**とは、あるコンピュータで動作するプログラムを別のコンピュータで動作するようにすることです。コンピュータにはそれぞれ相違点があるので（たとえば、int のサイズが違うなど）、通常はプログラムになんらかの修正を加えることが必要になります。このような修正が少なくても済むようなプログラムを**移植性が高い**といいます。

*28　移植時に問題となるような機種依存の整数を標準ヘッダファイル stddef.h の中で typedef 宣言しています。たとえば、sizeof 演算子などで返すサイズは size_t、ポインタ変数の差を十分に確保できる大きさとして ptrdiff_t などがあります。

#define はプリプロセッサにより置換されるため、構造体宣言がそのまま XY の場所に展開されることになります。つまり、構造体タグを省略した構造体宣言を 2 回（XY の数）行うことになります。さらに、構造体タグを省略した場合は、コンパイラが重複しない不明な名前を与えることになっています。そのため、coordinate1 と coordinate3 は違う不明な名前をもつことになります。

これを typedef を使って書き直してみましょう。

```
typedef struct
{
    int x;
    int y;
} xy_t;
xy_t coordinate1, coordinate2;
xy_t coordinate3;

coordinate1 = coordinate2;  // 正しい代入
coordinate1 = coordinate3;  // これも正しい代入
```

これはどちらもうまくいきます。xy_t は、構造体の名前は不明でも、ある 1 つの型の別名なので、当然といえます。

9.5.2 列挙（enumeration）

前項で作成した language_t 型の変数 selected は、JAPANESE または ENGLISH を値として取ります。しかし、selected=-1; としたり、selected='E'; とすることも文法上問題ありません。「language_t 型の変数には JAPANESE と ENGLISH しか代入しない」ということは、プログラミングの前提としてプログラマが勝手に決めた規則でしかありません。**列挙**（enumeration）を用いると、このような規則を明示的に示すことができます。

language_t を**列挙型**（enumeration type）として定義するには、次のようにします。

```
enum language_t { JAPANESE, ENGLISH } selected;
```

先頭の enum は列挙型を示すキーワードです。そのあとに、この列挙型の名前を示す識別子 language_t が続いています。そのあとの中括弧{ }に囲まれた部分が、**列挙子リスト**（enumerator-list）とよばれるもので、この列挙が取りうる値、すなわち**列挙子**（enumerator）の集合です。最後の selected は、この列挙型で定義された**列挙変数**です。

```
enum language_t { JAPANESE, ENGLISH } selected;
if( 条件 == 英語 )
{
    selected = ENGLISH;
}
else
{
    selected = JAPANESE;
}
```

これで、列挙変数 selected が JAPANESE と ENGLISH しか取らないことを、文法的にきちんと宣言したことになります。ところが、ここまで宣言したにもかかわらず、selected への代入は、JAPANESE と ENGLISH 以外でも許されるのです。列挙変数には、列挙子以外の値が代入されてもかまわないことになっているからです。これでは、せっかくの列挙型その効果が半減してしまいますので、コンパイラによってはこのような代入をコンパイルエラーとするものもあります。そのようなコンパイラを利用すれば、厳密に列挙型変数の取りうる値を制限することができます。

Coffee Break 9.7　列挙型の識別子の省略

列挙型で識別子を省略した場合は、どうなるでしょう。

```
enum {TRUE, FALSE};
```

識別子を省略した場合、その宣言のもつ列挙定数を#define の代用として使用するしかありません。この場合、TRUE と FALSE は定数として利用できますが、変数定義はできません。なぜなら、識別子を省略した場合、コンパイラがほかの列挙型とぶつからないように、ある不明な識別子を暗黙に与えるからです。この暗黙の識別子をプログラマは知ることができません。識別子は型の名前（型名）なので、これがわからなければ変数定義はできないのです。

しかし、定数として TRUE、FALSE だけを使用するなら、これで十分でしょう。コンパイラによっては「識別子がない」という警告を表示するものもあります。プログラマが意図的に識別子を省略したのなら無視してかまいません。

列挙型宣言と変数定義を同時に行う場合は、識別子を省略しても変数定義で可能です。

```
enum { TRUE, FALSE } result;
```

ここで定義された変数 result は、ある不明でユニーク[*a]な識別子、つまり型名をもつ列挙型変数となるわけです。

---

*a　unique は「**重複しない唯一の**」という意味です。

列挙子の値

さて、列挙子 JAPANESE と ENGLISH はどのような値をもっているのでしょう。

列挙子は、int 型の名前付き定数として扱われます。この定数を**列挙定数** とよんでいます。列挙定数は、列挙子リストの書かれた順に 0 から始まる**順序数（ordinal number）**となります。

```
enum language_t { JAPANESE, ENGLISH } selected;
                       ↓         ↓
                       0         1
```

つまり、JAPANESE は 0、ENGLISH は 1 になります。列挙定数の値は、次のように列挙子ごとに指定することもできます。

```
enum dayofweek { Mon = 1, Tue = 2, Wed = 3, Thu= 4, Fri = 5, Sat = 6, Sun = 7 };
```

定数値を指定しない場合は、前の列挙子の値をもとに順序数が生成されるため、列挙型 dayofweek は次のようにも記述できます。

```
enum dayofweek { Mon = 1, Tue, Wed, Thu, Fri, Sat, Sun };
```

変数名に名前を付けることは#define にもできますが、列挙定数とはどのような違いがあるのでしょうか。

#define はプリプロセッサで処理されますが、列挙定数はコンパイラによって処理されます。ここから、いくつかの違いが生じます。#define は**通用範囲（スコープ）**の規則とは直接関係ありませんが、列挙定数は通用範囲の規則が有効です。また、デバッガを用いてデバッグするときに、直接定数の名前が見えるという点でも列挙定数が有利です。#define で定義された定数は、プリプロセッサで 0 や 1 など値に置き換えられてしまうため、デバッグを行うときに 0 や 1 の値しか表示されません。列挙定数にしておけば、変数の中身を宣言した名前（たとえば JAPANESE や ENGLISH など）で確認することが可能です。

Coffee Break 9.8　列挙変数の大きさは？

列挙型変数の大きさは、明確には決められていません。しかし、列挙定数は int 型の整数定数として評価されます。一般には列挙型は int と同じ大きさを取りますが、中には short int 型を取るものもあります。

ご使用のコンパイラが、列挙型にどのような大きさを与えているか、**sizeof 演算子**で調べてみましょう。

```
printf( "enumerated type size = %d (bytes)\n", sizeof(enum dayofweek) );
```

9.5.3 宣言と定義

ユーザ定義型として、**構造体**、**共用体**、typedef、**列挙型**を見てきましたが、これらは文法上共通する規則があります。それは、宣言と定義という 2 つの手続きが必要であるということです。なぜ、2 つの手続きが必要かを調べる前に、まず宣言と定義の違いをはっきりさせておきましょう。

まず、**定義**とはなんでしょう。「定義」とは、ある変数に実際のメモリを割り当てる[29]ことをいいます。よく「実体を取る」とか「領域を確保する」などというのは「定義」を指しています。

一方、**宣言**とは、ある変数をどのような型で使用するかをコンパイラに知らせるだけで、実際にメモリは割り当てられません。

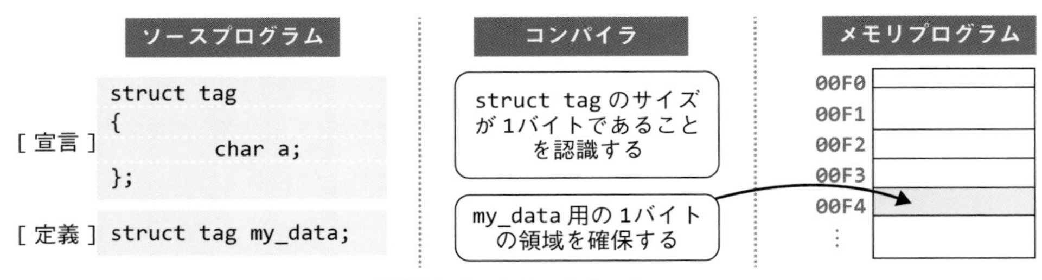

■図 9.7　宣言と定義の違い

宣言と定義を同時に行えば、型の情報がコンパイラに伝わると同時に、変数の領域がメモリ上に確保されます。しかし、前述のように、宣言しただけでは変数のための領域はメモリ上のどこにも確保されないのです。プログラムの世界では変数の居場所はメモリ（レジスタも含む）上にしかありません。すなわち、宣言されただけの変数は、実体がないということです。

さて、ユーザ定義型に話を戻しましょう。ユーザ定義型では、宣言と定義の手続きがはっきり分かれていました。ユーザ定義型はプログラマが自由に作成する型なので、コンパイラはユーザが定義した新しい型についての情報（たとえば、それがどのくらいのメモリを必要とするのか）をはじめからもっているわけではありません。そこで、ユーザ定義型では「宣言」としての型の詳細をコンパイラに示さなければなりません。これは、ユーザ定義型において明示的な宣言が必要であることの理由です。

ユーザ定義型に限らず、C において宣言と定義の違いを理解することは非常に重要です。しかし、文脈によっては宣言と定義を明確に分離して記述できない場合があります。本書の中でも、これらの用語は完全には使い分けられてはいません。また、多くの C に関する書籍でも「変数宣言」や「変数は使用する前に必ず宣言すべき」という具合に書かれています。ここで学んでいただきたいことは、「宣言」と「定義」に違いがあることと、実際のプログラムを読んで「宣言」と「定義」を読み分けることが重要であるということです。

*29　自動変数は、実行時にスタックやレジスタに変数を確保しますが、ここではそれらを含めて「**メモリを割り当てる**」と表現します。

ファイル

本章では、データファイルの操作の仕方について述べています。本章の内容は、ファイルを扱うプログラムを作成するためには必須の知識です。ファイルを扱うことによって、ファイルに書かれているデータを読み出すことや、データを書き込んで保存することが可能になります。

10.1 ファイルの概念

これまでのデータ入力は、キーボードから行う場合に限定してきました。しかし、入力データが大量になると、その作業は大変なものとなります。**リスト 10.1** は、キーボードからデータを入力し、その合計と平均値を求めるプログラムです。0 を入力すると、データの終わりとみなしてプログラムを終了します。もちろん、最後の 0 はデータとしては数えません。

リスト 10.1　データの集計（手で入力作業をする版）

```
01  #include <stdio.h>
02
03  int main(void)
04  {
05      int val;
06      int sum = 0;
07      int cnt;
08
09      for (cnt = 0;; cnt++) // データの入力ループ
10      {
11          printf("データを入力>>>");
12          scanf("%d", &val);
13          if (val == 0)   // 入力したデータが0なら
14          {
15              break;      // 入力作業を終了
16          }
17          sum += val;
18      }
19
20      if (cnt > 0) // 合計・平均値の表示
21      {
22          printf("合計=%d 平均値=%g\n", sum, (double)sum / cnt);
23      }
24
25      return 0;
26  }
```

実行結果 10.1 に実行結果を示します。「データを入力>>>」の右に書いてある数字は、人間がキーボードから入力したデータです。

実行結果 10.1　実行結果

```
データを入力>>>150
データを入力>>>164
データを入力>>>153
```

```
データを入力>>>174
データを入力>>>189
データを入力>>>185
データを入力>>>168
データを入力>>>156
データを入力>>>155
データを入力>>>174    <--- もし、ここまでデータを入力した時点で
データを入力>>>173         1つ前の入力データ155が152の誤りだったと
データを入力>>>169         気付いても、もう修正することはできない。
データを入力>>>0
合計=2010 平均値=167.5
```

このプログラムでは、データ入力を間違えることは絶対にできません。なぜならば、すでにキーボードから入力したデータは、もう修正（つまり、入力し直すこと）ができないからです。正しい結果を得るには、プログラムを中断させ、もう一度プログラムを実行し、最初からデータを入れ直す必要があります。

しかし、間違えるたびにプログラムを再実行し、データを最初から入力し直すのでは大変です[*1]。そこで、キーボードからいちいち入力しないで、あらかじめ用意した正しいデータを入力する方法があります。データは、**ファイル**（file）に格納することができます。ファイルとは、データを記憶するノートのようなものです。たとえば、さきほどのプログラムに対して、**図 10.1** のようなデータファイルをプログラムの実行に先立ち作成しておきます。データファイルには、名前を付けて保存します。図 10.1 のファイルには、indata.dat という名前を付けることにしましょう。

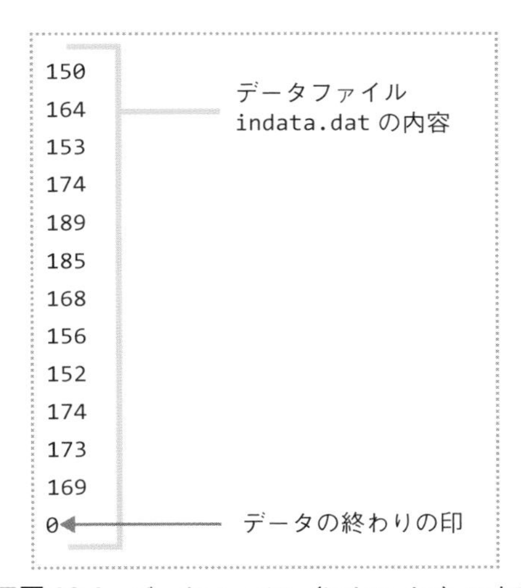

図 10.1　データファイル（indata.dat）の内容

このファイルは、**エディタ**（editor）を用いて作成したり、その内容を修正することができま

*1　そもそも、データの件数が 1,000 件、10,000 件と増えていった場合、数値を一つひとつキーボードから入力するというのは困難です。

す[*2]。つまり、いままでエディタを用いてプログラムテキストを作成してきたように、エディタを用いてデータを入力してデータファイルを作るわけです。したがって、プログラムの実行に先立ち、正確なデータファイルを容易に用意することができます[*3]。それでは、この indata.dat データファイルから、データを入力するプログラムを作ってみましょう。データファイルをプログラムで入力するにはどうしたらよいのでしょうか。

ファイルを取り扱うには、さまざまな初期準備のための処理が必要となります。この処理を**オープン**（**open**）[*4]とよびます。

オープンの内部処理はかなり複雑な作業です。しかし、ファイルからデータを入力する場合でも、ファイルにデータを出力する場合でも、C では **fopen 関数**を使って簡単にファイルをオープンすることができます。

入力の場合の fopen 関数は、次のように用います。

プログラムの形式：入力の場合の fopen の一般形

```
FILE *fp;

fp = fopen( "indata.dat", "r" );
```

fopen 関数の第 1 引数としてオープンしたいファイル名、第 2 引数としてこの場合「読み込み」という意味の文字列"r"を指定します。fopen 関数は、FILE 型[*5]のポインタを返します。そのため、その値を格納する変数 fp を FILE 型のポインタとして定義していることに注意してください。なお、これを**ストリームポインタ**[*6]といいます。FILE と書いてストリームというのも変な感じですが、本書ではこの FILE 型で定義される値をすべてストリームポインタとよぶことにします。

ファイルをオープンするときには、注意しなければならない大事な点があります。それは、オープンしたいファイルが存在しなかった場合です。存在しないファイル[*7]からは入力を行うことができません。ファイルを扱うプログラムは、このチェックを行う義務があります。fopen 関数は、もしそのファイルが存在しなかった場合には、戻り値として NULL を返します。したがって、C で fopen 関数を使ってファイルをオープンするときには次のような処理を行います。ここで、**exit** はプログラムを終了させる<stdlib.h>の標準関数です。

```
if( (fp = fopen("indata.dat", "r")) == NULL )
{
  printf( "ファイルが見つかりません。 --- indata.dat\n" );
  exit( 1 );    // エラーが発生したため、プログラムを強制終了させる
}
```

*2　テキストファイルの修正は、エディタ以外にも表計算ソフトなどさまざまなアプリケーションで行うことができます。
*3　たとえば、データファイル作成用のプログラムを用意して、大量のデータを格納したファイルを作成するということも可能です。
*4　日本語では、ファイルをオープンすることを**「ファイルを開く」**といいます。
*5　FILE 型とは、ファイル処理に関する情報をまとめた構造体です。定義は、共通ヘッダファイル stdio.h の中に記述されています。
*6　ストリームポインタは、**ファイルポインタ**とよばれることがあります。しかし、UNIX の世界では、ファイルポインタという言葉を別の意味で使うことがあり、紛らわしいので、本書ではストリームポインタで統一します。
*7　ファイルからデータを入力する場合の話であり、ファイルへデータを出力する場合は、そのファイルがなくてもかまいません。詳細は 10.3.2 項を参照してください。

なお、exit の第 1 引数には、プログラムの終了コードを入れるのが普通です。そのプログラムが正常終了する場合は終了コードを 0 に、エラーで終了する場合には 1 にするのが一般的です。しかし、エラーで終了する場合、<stdlib.h>で定義されているマクロ EXIT_FAILURE を指定すると、より汎用的になります。なお、正常終了に対するマクロとして EXIT_SUCCESS が定義されています。

```
#include <stdlib.h>
if( (fp = fopen("indata.dat", "r")) == NULL )
{
  printf( "ファイルが見つかりません。 --- indata.dat\n" );
  exit( EXIT_FAILURE );
}
```

10.2 ファイルからの入力

10.2.1 ファイルからの入力の例

fopen 関数を使ってファイルをオープンすると、ファイルからデータを入力することができるようになります。C ではデータを入力するために、さまざまな関数が用意されていますが、ここではまず **fscanf 関数**を紹介しましょう。

プログラムの形式：fscanf の一般形

```
int s;

fscanf( fp, "%d", &s ); // fpから1行入力し、それをstringにセット
```

fscanf 関数の第 1 引数には、fopen 関数の戻り値である、ストリームポインタを指定します。第 2 引数には入力したい文字の書式、第 3 引数には入力したい変数のポインタを指定します。fscanf 関数は、戻り値として、入力に成功した変数の個数を返します[*8]。ストリームポインタとファイル、そして fscanf 関数との関係を次の **図 10.2** に示します。

fscanf 関数がファイルの内容を直接入力しているのではなく、ストリームポインタを介して入力しています。fscanf 関数以外にもファイルへの操作を行う関数は多数あるのですが、基本的にストリームポインタを介して fopen で指定したファイルにアクセスします。

*8　たとえば、fscanf(fp, "%d", &s); でファイルから変数 s に数値を入力した場合は 1 が返ります。

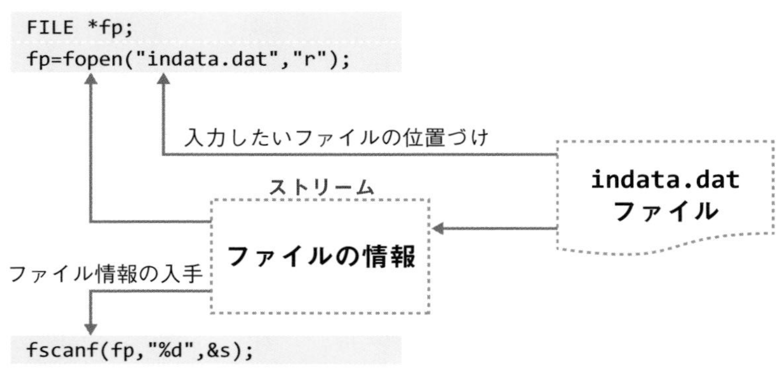

■図 10.2　fopen と fscanf の関係

fscanf 関数は、ストリームポインタの示すファイルから、指定されたフォーマット（この例では %d）に従ってデータを入力します。これは、ちょうどキーボードから scanf 関数を用いてデータを入力したのと同じような扱いになります。

fscanf 関数は scanf 関数のファイル版です。fscanf 関数の先頭の f は、ファイルを扱うという意味です。C では、ファイルに関する関数には先頭に f が付くことが多いようです。fscanf 関数を用いると、ファイルからの入力を自分の好きな書式で読み込むことができます。

これで、実際にテキストファイルよりデータを取り込む方法がわかりました。そして入力データが 0 になった、すなわち、もうこれ以上データを取り込んで計算する必要がなくなれば、後始末のための処理を実行します。それは、**ファイルを閉じる（クローズ、close）**[*9]という処理です。これには **fclose 関数**を用います。第 1 引数には、fopen 関数の戻り値であるストリームポインタを指定します。また、fclose 関数はファイルのクローズに成功すると 0 を返します。失敗した場合は、EOF という特別な値を返しますが、詳細については後述します。

プログラムの形式：fclose の一般形

```
fclose( fp );
```

それでは、ファイルを用いて入力ファイルからデータを読み込み、合計とその平均値を求めるプログラム（**リスト 10.2**）を紹介しましょう。

リスト 10.2　データの集計（入力ファイルからデータを読み込む）

```
01  #include <stdio.h>
02  #include <stdlib.h>
03
04  int main(void)
05  {
06      int val;
```

*9　ファイルの**オープン**（open）、または**クローズ**（close）の必要性については、**Coffee Break 10.1** （p.357）を参照してください。

```
    int sum = 0;
    int cnt;
    FILE *fp;

    if ((fp = fopen("indata.dat", "r")) == NULL) // 入力ファイルのオープン
    {
        printf("ファイルが見つかりません。 --- indata.dat\n");
        exit(EXIT_FAILURE); // プログラムはエラーで終了
    }

    for (cnt = 0;; cnt++) // データの入力
    {
        fscanf(fp, "%d", &val);
        if (val == 0)      // データが0なら
        {
            break;         // 入力を終了する
        }
        sum += val;
    }

    if (cnt > 0) // 合計・平均値の表示
    {
        printf("合計=%d 平均値=%g\n", sum, (double)sum / cnt);
    }

    fclose(fp);             // ファイルのクローズ

    return EXIT_SUCCESS;    // プログラムは正常に終了
}
```

<stdlib.h>をインクルード（2行目）している理由は、exit関数（14行目）のプロトタイプ宣言が標準ヘッダファイル<stdlib.h>の中に記述されているためです。

なお、プログラムが正常終了する場合、前述のように<stdlib.h>で定義されているマクロEXIT_SUCCESSを使用します（34行目）。もちろん、この部分は「0」でもよいのですが、EXIT_SUCCESSを使った方が正常に終了したというイメージがわきます。

データをテキストファイルから入力する手順を以下にまとめました。

■ (1) 準備：ファイルのオープン（最初に一度だけ）

```
FILE *fp;
fp = fopen("indata.dat", "r");
fp == NULLなら「ファイルがない」というチェックを行う。
```

■ (2) 読み込み（必要な回数実行する）

```
int s;
fscanf( fp, "%d", &s );
```

■ (3) 後処理：ファイルのクローズ（最後に一度だけ）

```
fclose(fp);
```

10.2.2 ファイル名を指定した入力

前回のプログラムでは、入力できるファイルは indata.dat に限られていました。しかし、プログラムを工夫すると、データファイルの名前をキーボードから入力することができます。データファイル名の入力が可能になると、たとえばプログラムを変更せずに異なる名前のファイル名を扱うことができるようになります。**fopen 関数**で指定するファイル名の部分は、文字配列でも使用できます[*10]。

```
char filename[ 16 ];
```

この変数 filename にファイル名をセットします。ファイル名は、配列で直接、

```
char filename[ 16 ] = "indata.dat";
```

としてもよいし、入力文で、

```
scanf( "%s", filename );
```

とすることもできます。ここでは、ファイル名を格納する文字配列の大きさを 16 文字と決めました。しかし、一般的にファイル名はもっと長い文字を入力することが可能です。では、文字配列は、どれくらいの大きさにすればよいでしょうか。

ファイル名の最大の長さは、処理系によって異なります。そこで、C では<stdio.h>にファイル名の最大の長さを FILENAME_MAX というマクロで定義しています。したがって、文字配列の大きさを FILENAME_MAX にすると、その処理系で扱える最も長いファイル名に対応することができます[*11]。

*10　この例では、入力できるファイル名は 15 文字までです。filename[16] となっているのは、文字列の最後の\0 を入れるためです。
*11　文字配列の大きさを FILENAME_MAX としても、scanf 関数では FILENAME_MAX 以上の大きさの文字列を入力すると、正常に動作しません。

```
char    filename[ FILENAME_MAX ];
```

さて、それではファイル名をキーボードから入力するプログラムを考えてみましょう。いままでと同様に、`scanf` **関数**を使用することも可能です。しかし、プログラムを実行するときにコマンドライン[12]からパラメータを与えることができるとより便利です。このパラメータのことを**コマンドライン引数**といいます。

具体例を説明します。ここまで、プログラム実行時には、以下のようにコマンドを入力してきました[13]。

```
$ a.out
```

プログラムを修正すると、以下のようにパラメータを渡すことができます。

```
$ a.out param1 param2
```

このとき、param1 と param2 がコマンドライン引数です。それでは、このようなパラメータは、C で記述されたプログラムにどのように伝わるのでしょうか。実は、C では main 関数は特別な機能をもちます。main 関数ではコマンドラインからの情報を文字列として取得することができるのです。ここまでは、main 関数を次のように記述していました。

プログラムの形式：パラメータなし main 関数

```
int main( void )
{
  // プログラム
}
```

ところが、次のようにすると、コマンドラインからの情報を文字列として取得することができるようになります。

プログラムの形式：パラメータあり main 関数

```
int main( int argc, char *argv[ ] )
{
  // プログラム
}
```

この使い方では、main は、ほかから呼び出された関数であるかのように引数をもちます。

---

*12 **コマンドライン**とは、プロンプトのあとにプログラムを実行したときのその行のことです。たとえば、`$ cat test.c` のようにコマンドを入力したときの `cat test.c` のことをいいます。

*13 Linux や WSL の場合です。Windows の場合は"`$ a.exe`"のように入力します。

argc は int 型で、パラメータの個数[*14]がセットされます。それでは、argv とはいったいなんでしょうか。ここでは、以下のように考えてください

```
argv[i]と記述すると第i番目の文字列が格納された「文字配列」である。
```

たとえば、1 番目のパラメータを表示する場合は、

```
printf( "パラメータは%sです。\n", argv[1] );
```

とします。2 番目のパラメータを文字配列 param にコピーする場合は、

```
char param[100];
strcpy( param, argv[2] );
```

のようにできます[*15]。

これにより、コマンドラインからの情報を main 関数のパラメータとして受け取ることができます。

それでは、コマンドラインからパラメータを指定するプログラムの例を見てみましょう。**リスト 10.3** は、入力ファイルをコマンドライン引数で指定するプログラムです。

リスト 10.3　データの集計（データファイル名の入力）

```
01  #include <stdio.h>
02  #include <stdlib.h>
03  #include <string.h>
04
05  int main(int argc, char *argv[])
06  {
07      int val;         // 入力データ
08      int sum = 0;     // 合計値
09      int cnt;         // 入力データ数
10      char filename[FILENAME_MAX];  // 入力ファイル名
11      FILE *fp;        // 入力ストリームポインタ
12
13      strcpy( filename, argv[1] ); // filenameにコマンドラインから与えたファイル名を代入
14
15      if ((fp = fopen(filename, "r")) == NULL) // 入力ファイルのオープン
16      {
17          printf("ファイルが見つかりません。 --- %s\n", filename);
```

*14　パラメータの個数には実行ファイル名そのものも含まれます。たとえば、プログラムを$ a.out param1 param2 というコマンドで実行した場合、"a.out", "param1", "param2"がパラメータとなり、argc = 3 となります。

*15　$ a.out param1 param2 というコマンドで実行した場合、argv[0] には"a.out"が入ります。

```
        exit(EXIT_FAILURE);     // エラーによる強制終了
    }

    for (cnt = 0;; cnt++)       // データの入力
    {
        fscanf(fp, "%d", &val); // データ入力
        if (val == 0)           // 入力したデータが0なら
        {
            break;              // 入力ループを終了する
        }
        sum += val;             // 合計値の算出
    }

    if (cnt > 0)                // 合計・平均値の表示
    {
        printf("合計=%d 平均値=%g\n", sum, (double)sum / cnt);
    }

    fclose(fp);                 // ファイルのクローズ

    return EXIT_SUCCESS;
}
```

リスト10.3 (p.356)は、以下のように実行します。

実行方法（Linux, WSL の場合）

```
$ a.out indata.dat
```

実行方法（Windows(exe) の場合）

```
> a.exe indata.dat
```

Coffee Break 10.1　ファイルのオープン・クローズについて

なぜファイルをオープンする必要があるのか？

Cでデータファイル操作を行うときには、**fopen 関数**を用いてデータファイルのオープンをまず行います。そして、fopen関数の戻り値である**ストリームポインタ**を用いて、以後のファイル操作を行います。なぜ、こんな面倒なことをしなければならないのでしょうか。

実は、fopen関数の役割は、ファイル処理に関する情報を格納する**FILE 構造体**をコンピュータ内部のメモリに用意することにあります。そして、ストリームポインタの正体は、そのFILE構造

体を参照するポインタです。それでは、FILE 構造体とはいったい何者でしょうか。

fopen 関数では、第 1 引数としてオープンしたいファイル名、第 2 引数としてファイルに対して行いたい操作（読む、書く、読み書きするなど）を指定します。そのとき、コンピュータ内部では、

- 第 1 引数に指定されたファイルを探す
- 第 2 引数が"r"または"w"ならファイルの先頭を、"a"[*a]ならばファイルの最後を見つける
- アクセス権があるかどうかをチェックする

という処理が行われ、

- どのファイルの
- どの位置から
- 読む、書く、あるいは読み書きする

といった情報を記憶しておく必要があります。こういった情報を管理しているのが FILE 構造体というわけです。

なぜファイルをクローズする必要があるのか？

メモリに記憶できる情報量には限りがあるので、データファイルを無制限にオープンすることはできません。したがって、必要のなくなった FILE 構造体に使用されているメモリは解放、つまりほかのことに利用可能な状態にする必要があります。しかし、コンピュータにはどのファイルの情報が不要なものかがわかりません（使っているのは人間ですので）。そこで、fclose 関数にオープンしているファイルのストリームポインタを渡してデータファイルのクローズを行います。この操作によって、先に述べた FILE 構造体のメモリが解放されることになります。

データファイルをクローズするのにはもう 1 つの、そして最も重要となる理由があります。

コンピュータは、データファイルを読み込むときには、ディスク装置から物理的にまとまった単位でデータをメモリ内に転送します。そして、プログラムから要求された分だけ、メモリ内にすでに読み込んだデータから切り取って渡します。このようにして、メモリ内の残りのデータ量が要求されたデータ量よりも多いかぎり、ディスク装置へのアクセスは行われません。

データファイルに書き込むときには、逆の手順を行います。つまり、プログラムから渡されたデータを一度メモリ内に蓄え、まとまった単位を超過したタイミングでディスク装置に転送します。この動作のことを、**フラッシュ** といいます。

1 つ気になることはありませんか。

そうです。プログラムでは、データをすべて書き込んだと思っていても、それらのデータが本当にディスク装置に書き込まれているかどうかは保証されていないのです。最後のデータの書き込みでフラッシュが行われていなければ、まだ実際には書き込まれていないはずです。fclose 関数の最も重要な役割は、このフラッシュを行うということにあります。つまり、最後に fclose 関数を用いることによって、すべてのデータが正確にディスク装置に書き込まれるのです[*b]。

また、標準関数の **fflush** を用いて、意図的にフラッシュを行うことも可能です。fflush 関数は、データが正しく書き込まれた場合に 0 を返し、書き込めなかった場合には EOF（後述）を返し

ます。fflush 関数の引数には、フラッシュするファイルのストリームポインタを指定します。

```
fflush( FILE *fp );
```

*a "a"というのは、append（追加）の略です。"r"は read、"w"は write の略です。
*b プログラムが終了すれば、クローズを行っていないファイルも自動的にクローズされます。しかし、暴走などの理由によりプログラムが正常に終了できなかった場合には、書き込みを行ったデータファイルの内容は保証されません。fclose 関数を用いるのを忘れないように心がけましょう。

10.2.3 入力データの終わりの判定

いままではデータの終わりの印としてデータファイルの最後に 0 を入れてきましたが、これは、あまりよい方法ではありません[16]。C では、データをすべて読み終わってしまったかどうかを判定する別の方法があります。

fscanf 関数では、ファイルからすべて読み終わってしまった場合の戻り値として、**EOF（End of File）** を返します。C での入力データの終わりの判定には、おもにこの EOF が使われます。EOF を用いたプログラムの例を下に示します。EOF の定義は標準ヘッダファイル<stdio.h>の中に記述されており、負の整数でたいていの場合は、-1 と定義されています。

```
while( fscanf( fp, "%d", &val ) != EOF )    // データが終了するまで入力する
{
    データの入力と処理
}
```

それでは、次の **図 10.3** のように、データの終わりに印のないファイルを読み込んで、ファイルの終わりを検出し、合計、平均値を求めるプログラム (**リスト 10.4** (p.360)) を紹介しましょう。

図 10.3 indata.dat の内容（終わりの印のゼロがない）

*16 0 をターミネータとして使うと、データに「0」を含めることができなくなります。また、ファイルを作成するとき、最後に 0 を入れるのを忘れてしまうこともあります。

リスト 10.4　データの集計 (データの終わりを判定する)

```
01 #include <stdio.h>
02 #include <stdlib.h>
03 #include <string.h>
04 
05 int main(int argc, char *argv[])
06 {
07     int val;        // 入力データ
08     int sum = 0;    // 合計値
09     int cnt;        // 入力データ数
10     char filename[FILENAME_MAX];    // 入力ファイル名
11     FILE *fp;       // 入力ストリームポインタ
12 
13     strcpy( filename, argv[1] ); // filenameにコマンドラインから与えたファイル名を代入
14 
15     if ((fp = fopen(filename, "r")) == NULL)    // 入力ファイルのオープン
16     {
17         printf("ファイルが見つかりません。 --- %s\n", filename);
18         exit(EXIT_FAILURE); // エラーによる強制終了
19     }
20 
21     cnt = 0; // 入力データ数を0にリセット
22     while (fscanf(fp, "%d", &val) != EOF)   // データが終了するまで入力する
23     {
24         sum += val; // データの合計値を求める
25         cnt++;      // 入力データ数をカウントアップ
26     }
27 
28     if (cnt > 0) // 合計・平均値の表示
29     {
30         printf("合計=%d 平均値=%g\n", sum, (double)sum / cnt);
31     }
32 
33     fclose(fp);             // ファイルのクローズ
34 
35     return EXIT_SUCCESS;    // 正常終了
36 }
```

Coffee Break 10.2　ファイル名について

変数に付ける変数名に制約があったように、ファイル名にも**命名規則**があり、使用可能なファイル名とそうでないファイル名が存在します。ファイル名の命名規則は、**ファイルシステム**[*a]によって異なります。

おもなファイルシステムと、それぞれのファイル名の命名規則について説明します。

ext4 ファイルシステム

Linux で採用されているファイルシステムです。ファイル名の長さとして 255 文字までをサポートしています。ファイルの名前として、アルファベット、数字、スラッシュ（/）以外の記号による任意の文字列を使うことが可能です。ただし、記号の中には、アスタリスク（*）や疑問符（?）のように、特殊な意味をもつものがあるため、記号を含んだ文字列は避けた方がよいでしょう。

FAT ファイルシステム

MS-DOS オペレーティングシステムで採用されたファイルシステムです。Windows95 以降は、FAT16 または FAT32 とよばれる FAT ファイルシステムを拡張したファイルシステムが採用されていました。Windows Vista SP1 以降では exFAT とよばれるファイルシステムも使用可能になっています[*b]。

FAT ファイルシステムでは、ファイル名の長さとして 255 文字までをサポートしています。また、いくつかの記号（/ ? " \ < > * | : ^）は使うことができませんが、それ以外の任意の文字を使用することが可能です（FAT16 や FAT32、exFAT でも共通）。

最近の Windows では後述する NTFS ファイルシステムがより広く使用されるようになっていますが、USB メモリや SD カードといったリムーバブルディスクでは現在でも FAT ファイルシステムが使用されることが多いです。

NTFS ファイルシステム

Windows2000 以降の Windows オペレーティングシステムで採用されているファイルシステムです。256 文字までのファイル名をサポートし、いくつかの記号（/ ? " \ < > * | :）は使うことができませんが、それ以外の任意の文字を使用することが可能です。

それぞれのファイルシステムでは、ファイルの命名規則が異なりますので注意が必要です。とくに、ext4 ファイルシステムを始めとした Linux 系のファイルシステムの多くは、ファイル名の大文字と小文字の区別を行います。そのため、**“File.txt”** と **“file.txt”** は違うファイルとして区別されます。しかし、FAT ファイルシステムや NTFS ファイルシステムでは、大文字と小文字の区別を行いません。すなわち、**“File.txt”** と **“file.txt”** は同じファイル名として認識されます。実際に ext4 ファイルシステムでは、違うファイル名として保存されていたものが、Windows では、同一ファイル名として保存されていたといったことがありますので、注意が必要です。

また、日本語を含んだファイル名は、環境によってコード体系が異なりますので注意が必要です。

---

*a　**ファイルシステム**とは、ファイルの管理方式のことです。このファイルシステムによって、ディスク内でファイルがどのように管理されるかが決定されます。ファイルシステムは OS によって異なっているのが一般的です。

*b　もともとは、**Windows Embedded CE** という組込み機器向けの OS に導入されたファイルシステムですが、そのあとにデスクトップ版の Windows でも使用できるようになりました。

10.2.4 複数のファイルから入力するには

複数のファイルからデータを入力するには、ストリームポインタを必要な個数分だけ宣言します。

```
FILE   *fp1, *fp2, *fp3;
```

そして、それぞれに対して、fopen を行います[*17]。

```
fp1 = fopen( "test1.dat", "r" );
fp2 = fopen( "test2.dat", "r" );
fp3 = fopen( "test3.dat", "r" );
```

さらに、それぞれのファイルに対して、データの読み込みを行います。ファイルをオープンしようとしたときにエラーが生じると、fopen 関数はそのエラーに対応したエラーコードを返します。ファイルを入出力するプログラムを作成しようとするときには、エラーが起こった場合の処理も考慮する必要があります。これは、fopen 関数に限らず、ファイルを読むときや書くときにも常に考慮しなければいけないことです。なお、ファイルを読み込もうとしたときのエラーに対処する方法については、10.4 節で説明します。

ところで、ファイルはいくつまで同時に開くことができるのでしょうか。ファイル名の最大の長さと同様に、C では<stdio.h>に同時に開くことのできる個数をマクロ FOPEN_MAX で定義しています。

10.3 ファイルへの出力

10.3.1 ファイルへの出力の例

いままでは、ファイルからデータを入力する方法を学んできましたが、今度は逆に、ファイルにデータを出力する方法について勉強しましょう。ファイルへデータを出力するには、次の作業が必要です[*18]。

*17　もちろん、fopen のあと fp1、fp2、fp3 の各値が NULL でないことをチェックする必要がありますが、ここでは省略します。

*18　実際には、fp が NULL でないことをチェックする必要があります。ファイルのオープンに失敗して、fp の値が NULL になる場合は、(a) 書き込み権限がない場合、(b) ファイル名が命名規則に違反している場合（**Coffee Break 10.2** (p.360)参照）、(c) ディスク容量が不足している場合です。

■ (1) ファイルを読む場合と同じように、ファイルをオープンする

```
FILE   *fp;

fp = fopen( "indata.dat", "w" );
```

ファイルのオープンは、入力のときと同様に fopen 関数を用います。書き込みのときには、fopen 関数の第 2 引数に「書き込み」という意味の"w"を指定します。ただし、"w"を指定して fopen を行った場合、もしそのファイルが存在すると、そのファイルのそれまでの内容が、失われてしまう（上書きされる）ので注意してください。ファイルに追加したい場合は、10.3.2 節で説明します。

■ (2) ファイルにデータを出力する（fprintf 関数）

ファイルにデータを出力するために、C ではさまざまな関数が用意されていますが、ここでは **fprintf 関数**を紹介します。

プログラムの形式：fprintf の一般形

```
FILE  *fp;
int     s;

// sに数値を入力する処理

fprintf( fp, "%d\n", s );   // ストリームポインタfpにint型変数sの値を出力する
```

fprintf 関数は、出力したい変数の内容をフォーマットに従ってファイルに出力します。fprintf の第 1 引数には、ストリームポインタを指定します。第 2 引数にはフォーマットを、第 3 引数には出力したい変数を指定します。fprintf 関数は、ファイルに書き出された文字数を返します。また、書き込みに失敗した場合は負の数を返します。なお、fprintf 関数は printf 関数のファイル版です。したがって、基本的な規則は printf 関数と同じです。

■ (3) ファイルをクローズする

```
fclose( fp );
```

入力のときと同様に、ファイルをクローズします。データを出力する場合、ファイルをクローズする処理を忘れると、出力したデータが実際には書き出されていない場合があります。データを出力する際のクローズ処理はとくに重要です。この理由は、 Coffee Break 10.1 (p.357)を参照してください。

それでは、 **リスト 10.5** (p.364)を紹介しましょう[*19]。これは indata.dat というファイルからデータを入力し、そのデータを、「入力データ>>>」という見出しを付けて、outdata.dat という出力ファイルに書き出すプログラムです。このプログラムが正常に動作した場合に、画面に表示され

*19　本来は、エラーチェックとして fprintf 関数の出力が負の値でないことを確認する必要がありますが、ここでは省略します（25 行目）。

る情報は、次の 1 行だけです。これ以外の出力は、すべて出力ファイルに対してなされます。

```
合計=2007 平均値=167.25
```

リスト 10.5 データファイルへの出力

```
01 #include <stdio.h>
02 #include <stdlib.h>
03 
04 int main(void)
05 {
06     int val;              // 入力データ
07     int sum = 0;          // 合計値
08     int cnt = 0;          // 入力データ数
09     FILE *fpin, *fpout; // fpinは入力ファイル、fpoutは出力ファイル のストリームポインタ
10 
11     if ((fpin = fopen("indata.dat", "r")) == NULL)      // 入力ファイルのオープン
12     {
13         printf("ファイルが見つかりません。 --- indata.dat\n");
14         exit(EXIT_FAILURE);
15     }
16     if ((fpout = fopen("outdata.dat", "w")) == NULL)    // 出力ファイルのオープン
17     {
18         printf("ファイルが見つかりません。 --- outdata.dat\n");
19         fclose(fpin);        // 入力ファイルをクローズする
20         exit(EXIT_FAILURE); // エラーによる強制終了
21     }
22 
23     while (fscanf(fpin, "%d", &val) != EOF) // データの入力
24     {
25         fprintf(fpout, "入力データ>>> %d\n", val);   // 出力ファイルにデータを出力
26         sum += val; // データの合計値を求める
27         cnt++;      // 入力データ数をカウントアップ
28     }
29 
30     if (cnt > 0) // 合計・平均値の表示
31     {
32         printf("合計=%d 平均値=%g\n", sum, (double)sum / cnt);
33     }
34 
35     fclose(fpin);            // ファイルのクローズ
36     fclose(fpout);
37 
38     return EXIT_SUCCESS;     // 正常終了
39 }
```

出力された outdata.dat ファイルの内容を以下に示します。データの出力されたテキストファイルは、エディタを用いれば容易に修正が可能です。

```
入力データ >>> 150
入力データ >>> 164
入力データ >>> 153
入力データ >>> 174
入力データ >>> 189
入力データ >>> 185
入力データ >>> 168
入力データ >>> 156
入力データ >>> 152
入力データ >>> 174
入力データ >>> 173
入力データ >>> 169
```

■図 10.4　outdata.dat の内容

このファイルを出力する際の fprintf 関数のフォーマットで、最後に記述してある\n に注目してください。もし、この指定をしないと、出力される個々のデータは改行されないので、テキストファイルに個々の入力データがすべてつながって、次のように 1 行で出力されてしまいます。

\n を fprintf 関数に記述しないでデータを出力した場合の outdata.dat ファイルの内容

```
入力データ>>>150入力データ>>>164 …… 入力データ>>>169
```

10.3.2 ファイルの追加出力

10.3.1 項では、まったく新しいファイルが作成され、そこにデータを出力する方法を学びました。本節では、既存のファイルのデータのあとに、新たにデータを書き込む方法を学習します。たとえば、すでにプログラムの実行に先立ち、次の内容をもった sample.dat というファイルがあったとします。

sample.dat の内容

```
C言語の勉強は難しいなあ。
```

このファイルに次の2行を追加します。

sample.dat に追加する文

```
でもきっとなんとかなりますよ。
諦めずに頑張りましょう。
```

追加された sample.dat の内容

```
C言語の勉強は難しいなあ。
でもきっとなんとかなりますよ。
諦めずに頑張りましょう。
```

この処理を行うには、ファイルをオープンする際に、fopen 関数の第2引数に"w"ではなく、ファイルに「データを追加する」という意味の"a"を用います。プログラムの残りの部分は、ファイルにデータを出力する場合とまったく同じになります。**リスト 10.6** に、この処理を行うプログラムを示します。

リスト 10.6 データの追加

```
01  #include <stdio.h>
02  #include <stdlib.h>
03
04  int main(void)
05  {
06      FILE *fp;   // 追加出力するファイル名
07
08      if ((fp = fopen("sample.dat", "a")) == NULL)    // 追加モードでファイルをオープン
09      {
10          printf("ファイルが作成できません。 --- sample.dat\n");
11          exit(EXIT_FAILURE); // エラーによる強制終了
12      }
13
14      fprintf(fp, "でもきっとなんとかなりますよ。\n");    // 追加モードで出力
15      fprintf(fp, "諦めずに頑張りましょう。\n");        // 追加モードで出力
16
17      fclose(fp);               // 追加出力ファイルのクローズ
18
19      return EXIT_SUCCESS;     // 正常終了
20  }
```

ところで、ファイルを追加モードでオープンしようとしたときに、もしそのファイルが存在しなかったらどうなるでしょうか。ファイルを追加出力する場合に、オープンしたいファイルが存在しなかった場合には、そのファイルが自動的に作成されます。これは、ファイルにデータを新規に出

力する場合も同じです。

10.4 エラー発生時の対処

実際にファイル入出力を行う際には、その処理の過程で不都合が発生した場合の対処、すなわち**エラー処理**が必要になります。また、エラーが発生する条件がわかっている場合には、可能なかぎり、それを未然に防ぐための手だてを用意するべきです。とくに、ファイル入出力の場合にはトラブルが多いので[*20]、エラー対策は重要です。

10.4.1 エラーを未然に防ぐ

たとえば、リスト 10.1 (p.348)の場合、平均値を求める際に、

```
if( cnt > 0 )
{
    …
}
```

として、入力データ総数を示す cnt の値が 0 のときには、sum/cnt の計算を行わないようにしています（0 による除算を未然に防ぐ役割を果たしています）。このような事前のチェックは、ファイル操作を行う場合にも必要となります。リスト 10.2 (p.352)では、ファイルをオープンするときに、

```
if( ( fp = fopen( "indata.dat", "r" ) ) == NULL )
{
  …
}
```

という条件文を記述しています。これは、目的のファイルが存在しなかったときに、あとの処理を実行しないようにするためです。この条件文がないと fp の値は NULL となり、以後のファイル操作関数にストリームポインタとして NULL が渡されることになります。これは大変危険なことで、プログラムの動作が保証されなくなるため、とくに注意が必要です[*21]。

---

*20　ファイル入出力の処理は、プログラム内部の変数や制御文と違いプログラムが完全にコントロールできない部分が多いため、予期せぬトラブルが発生しやすくなります。

*21　一般的に、「**プログラムの動作が保証されない**」とは、**予測不能な事態が発生すること**を指します。しかし、UNIX の場合、このエラーをある程度認識でき、**コアダンプ**というエラー情報を含むファイルを作成してくれます。

10.4.2 エラーチェック

無事にファイルのオープンが成功したとしても、まだ安心はできません。つまり、これから先に行われる入出力操作に、誤りが発生するかもしれません。この誤りは、プログラムの問題ではなく、ハードウェアの問題（故障やディスクの容量不足など）やファイルそのものの問題（データ書き込み中にファイルが削除されてしまうなど）によって発生するものです。そのため、ファイル操作を行う際には、その関数の戻り値をチェックする必要があります。ファイルの終端やエラーを検出すると、多くのファイル操作関数は **EOF** を関数の戻り値として返します。しかし、EOF が返されても、それだけではファイルの終端かエラーかを判断できないのです。これを判断するための関数として、以下の 2 つの関数が用意されています。

1. **ファイルの終端を判断する関数 feof(fp)**
2. **エラーの発生を判断する関数 ferror(fp)**

たとえば、ファイルから 1 文字入力するために、**fgetc 関数**を用いたときのエラーチェックは、以下のように記述することができます。

```
if( ( c = fgetc( fp ) ) == EOF )    // fpから文字を1文字入力してcにセット。それがEOFか？
{
    if ( feof( fp ) )   // ファイルの終端か
    {
        printf( "ファイルの終端です。\n" );
    }
    if( ferror( fp ) )  // 読み込みエラーか
    {
        printf( "読み込みエラーです。\n" );
    }
}
```

また、ファイルに対する書き込みを行うときにも同様のチェックが必要となりますが、読み込み時とは異なり、EOF が返されたときにはエラーの発生を意味します。たとえば、ファイルに 1 文字書き込むために fputc 関数を用いたときのエラーチェックは、以下のように記述することができます。

```
if( fputc( c, fp ) == EOF ) // fpに文字cを出力。その結果、EOFが返ってきたか？
{
    printf( "書き込みエラーです。\n" )
}
```

10.4.3 fscanf関数の危険性

いままでは、読み込むファイルが正常であることを前提として、fscanf 関数を用いてきました。しかし、間違ったデータが書き込まれたファイルを読み込んだ場合は、fscanf 関数はプログラムにとっては都合の悪い動作をします。

たとえば、リスト 10.4 (p.360)のプログラムに対して、数値ではなく文字列を格納したファイルを読み込むと、無限ループに陥ってプログラムは永久に終了しなくなってしまいます。なぜ、永久に終わらないのでしょうか。

リスト 10.4 (p.360)では、fscanf 関数を用いて、ファイルから読み込んだ文字列を数値に変換しています。実際に読み込んだ文字列が数値である場合は、正しく変換されて、その結果が val に格納されます。しかし、実際に読み込んだ文字列が数値ではない場合（たとえば"abcded"）は、文字列の変換に失敗します。文字列の変換に失敗すると、ファイルの読み込み処理が失敗します。ここで、ファイルの読み込み処理が失敗すると、次に fscanf 関数で読み込みを行う場合、前回と同じ文字列（"abcdef"）を再度読み込もうとします[22]。こうして、常に同じ文字列を読み込もうとしては、失敗する処理を繰り返し、プログラムは永久に終了しません。

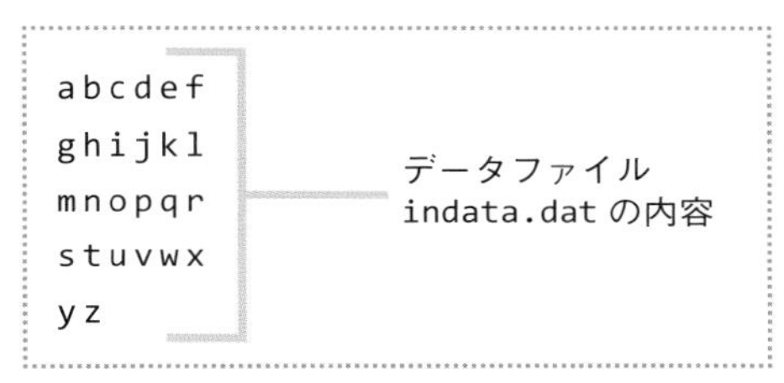

■図 10.5　indata.dat の内容（数字以外の内容）

このようなエラーに正しく対処してファイルから読み込むためには、**fgets 関数**を使用し、いったんデータを文字列として入力します。そして、それに対して **sscanf 関数**[23]を用いて、数値に変換します。

プログラムの形式：fgets の一般形

```
char  string[ STRING_SIZE ];          // (STRING_SIZE-1)文字を格納する文字配列
FILE  *fp;

fgets(string, STRING_SIZE, fp );      // ストリームポインタfpから1行入力し、それをstringにセット
ト
```

fgets 関数は、第 3 引数で指定したファイルから文字列を読み込んで、第 1 引数の文字列に格納します。fgets による文字の読み出しは、

[22] これは、fscanf 関数や scanf 関数の仕様であり、これらの関数を用いるかぎりここで述べているエラーは回避できません。

[23] **sscanf 関数**は、scanf 関数の文字列版です。第 1 引数に文字列（文字配列、あるいは文字列へのポインタ（*char））を取り、これを第 2 引数のフォーマットに従って数値へ変換します。

- 最初の改行記号（'\n'）が現れる
- ファイルの終端に達する
- 読み込んだ文字数が（第 2 引数で指定した数値-1）になる

のいずれかの条件を満たすまで文字列を読み込みます。結果は string に格納され、末尾に NULL 文字（'\0'）が追加されます。ファイルの終端に達すると、fgets 関数は NULL を返します。fscanf 関数の EOF とは異なりますので戻り値に注意してください。

リスト 10.4 (p.360)のプログラムを fgets 関数に置き換えたプログラム（**リスト 10.7**）を紹介しましょう。sscanf 関数（27 行目）は、第 2 引数のフォーマットに従って変換ができなかった場合に 0 を返します。つまり、 **図 10.5** のようなファイルから 1 行目を読み込んだ場合は、fgets は"abcdef"という文字列を入力し（25 行目）、これは数値ではないために 0 が返却されます。以下の部分では、数値に変換できなかった行を無視して次の行の処理に移るために、continue 文（31 行目）を使用しています。

```
if (sscanf( string, "%d", &val ) == 0)
{
  continue; // ループ（while文、for文）などを継続する
}
```

この処理がないと、未初期化で意味のない値の入った val や直前に入力に成功した val を加算してしまい、正しい結果を得ることができなくなります。29 行目では、エラーのある行（数値ではない行）をエラーとして表示しています。

リスト 10.7　**fgets 関数を使用した例**

```
01  #include <stdio.h>
02  #include <stdlib.h>
03  #include <string.h>
04
05  #define STRING_SIZE 200 // 入力する1行分の文字数+1
06
07  int main(int argc, char *argv[])
08  {
09      int val;          // 入力データ
10      int sum = 0;      // 合計値
11      int cnt;          // 入力データ数
12      char filename[FILENAME_MAX];     // 入力ファイル名
13      char string[STRING_SIZE];        // 入力する1行分の文字配列
14      FILE *fp;         // 入力ストリームポインタ
15
16      strcpy(filename, argv[1]); // filenameにコマンドラインから与えたファイル名を代入
17
18      if ((fp = fopen(filename, "r")) == NULL)     // 入力ファイルのオープン
```

```
        {
            printf("ファイルが見つかりません。 --- %s\n", filename);
            exit(EXIT_FAILURE); // エラーによる強制終了
        }

        cnt = 0; // 入力データ数を0にリセット
        while (fgets(string, STRING_SIZE, fp))    // データを1行文字列として入力
        {
            if (sscanf(string, "%d", &val) == 0)  // 入力した文字列からint型データを読む
            {
                printf("データエラー(%d行目):%s\n", cut+1, string); // エラーの行を表示する
                // 読み込んだ文字列が数値に変換できないので無視して次の行へ
                continue;   // 次の行へ（whileループの継続）
            }
            sum += val;       // 合計値の算出
            cnt++;            // 入力データ数にカウントアップ
        }

        if (cnt > 0) // 合計・平均値の表示
        {
            printf("合計=%d 平均値=%g\n", sum, (double)sum / cnt);
        }

        fclose(fp);               // ファイルのクローズ

        return EXIT_SUCCESS;      // 正常終了
    }
```

10.4.4 fclose関数のチェック

ファイルを閉じる fclose 関数の戻り値をチェックすることで、正常にクローズできたかどうかをチェックすることができます。正常にクローズできた場合は 0（真偽値では**偽**）を返し、失敗した場合は EOF（真偽値では**真**）を返します。

```
if( fclose( stream ) )  // streamをクローズする。結果がEOF（真）か
{
    printf( "ファイルのクローズに失敗しました。\n" );
}
```

ファイルのクローズに失敗する原因として、ファイル書き込み時のディスクの容量不足が考えら

れます[*24]。ファイルのクローズに失敗すると、正常なファイルの書き込みは保証されません。
fclose 関数をチェックして、万全なプログラムを心がけましょう。

Coffee Break 10.3　ファイルと制御コード

次のようなテキストファイルがあるとします。

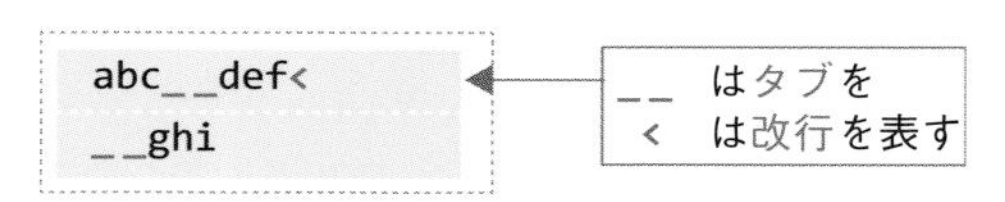

■図 10.6　テキストファイルの例

エディタを使ってテキストファイルを見ると、abc ____ def が 1 行目に、____ ghi は 2 行目に表示されます。また、タブ (____) の部分は空白のように見えるでしょう。しかし、実際には 1 つのファイルは、連続したひとかたまりのデータとなっていて、イメージ的には次のようになっています。

```
abc____def<____ghi
```

a や b や c の部分には、それに対応する**文字コード**（a なら 0x61）が入っています。____の部分にはタブを意味するコードが（0x09）、<の部分には改行を意味するコード（0x0A）が入っています。もし、ファイルに格納されているデータが上のデータだけなら、i の後ろにデータの最後を示すコード 0x1A が入っている場合もあります[*a]。では、なぜエディタで見ると 2 行に分かれるのでしょうか。

これは、エディタがファイルの内容を表示するときに、改行コードがあれば次の行にそれ以降のデータを表示したり、タブを示すコードがあったら、表示位置を合わせるなどの操作を行っているからなのです。このように、改行やタブなどある特殊な意味をもったコードを**制御コード**[*b]とよびます。

*a　Windows 系のファイルシステムの場合です。
*b　制御コードは、直接テキストファイルで表現することができません。制御コードを C で表現するには、**エスケープシーケンス**を使用します。エスケープシーケンスは、付録 3 を参照してください。

10.4.5　例外処理で有効な goto 文

ファイル処理の例外処理に、**goto 文**が有効な場合があります。たとえば、ある関数 sample で 3 つのファイル（sample1.txt, sample2.txt, sample3.txt）をオープンして、もし 3 つのファイル

*24　詳しくは、Coffee Break 10.1 (p.357)を参照してください。

を正常にオープンすることができたら0を返し、1つでも失敗したら残りのファイルはオープンせず、-1を返す関数を考えてみましょう。

ファイル処理の操作で大切なことは、オープンしたファイルは必ずクローズしなければならないことです。たとえば、1つめのファイルのオープンに成功して2つめのファイルのオープンに失敗したとしましょう。その場合は、ファイルのオープンに成功した1つめのファイルをクローズしてから関数を抜ける必要があります。同様に、3つめのファイルのオープンに失敗した場合も、そのように考える必要があります。こういった処理をいちいち失敗したif文の中で行うのはミスしやすく、プログラムも複雑になってしまいます。

このようにファイルをオープンしてその後クローズしなければならないようなケースは、Cではgoto文を使用して、すっきりした処理を行うことができます。goto文を使用した例を**リスト10.8**に示します。

リスト10.8 例外処理でgoto文が有効な例

```
01  int sample()
02  {
03      FILE *fp1 = NULL;
04      FILE *fp2 = NULL;
05      FILE *fp3 = NULL;
06      int ret = -1;    // 関数sampleの戻り値：エラー状態にしておく
07
08      if (fp1 = fopen("sample1.txt", "r")) == NULL ) goto ERROR;
09      if (fp2 = fopen("sample2.txt", "r")) == NULL ) goto ERROR;
10      if (fp3 = fopen("sample3.txt", "r")) == NULL ) goto ERROR;
11
12      // ここでファイルの読み込み処理を行う
13
14      ret = 0;         // 関数sampleの戻り値を正常状態にする
15
16  ERROR:
17      if (fp1 != NULL)
18          fclose(fp1);
19      if (fp2 != NULL)
20          fclose(fp2);
21      if (fp3 != NULL)
22          fclose(fp3);
23
24      return ret;
25  }
```

リスト10.8のプログラムが有効であることを説明するために、**リスト10.9**(p.374)にgoto文を使わない例を示します。上でも述べたとおり、2つめのファイルのオープンに失敗した場合は、プログラムを終了する前に1つめのファイルをクローズする必要があります。また、3つめのファイルのオープンに失敗した場合は、1つめのファイルと2つめのファイルをクローズしなければなりません。

加えて、プログラムが正常に終了した場合はすべてのファイルのクローズ処理を行う必要があり、プログラムの複数の場所に同じファイルのクローズ処理が書かれることになります。その結果、プログラム全体が冗長になってしまいます。

さらに、もう少しプログラムが大規模になり扱うファイルが増えてくると、エラーが発生したときにどのファイルがオープンされているかの管理が複雑になり、ファイルのクローズ漏れが発生しやすくなる恐れもあります。 リスト 10.8 (p.373)のように goto 文を使用すれば、ファイルのクローズ処理を 1 か所にまとめることができ、クローズ漏れも防ぎやすくなるため、プログラムの見通しが非常によくなります。

リスト 10.9　goto 文を使用しない例

```
01  int sample()
02  {
03      FILE *fp1 = NULL;
04      FILE *fp2 = NULL;
05      FILE *fp3 = NULL;
06      int ret = -1;    // 関数sampleの戻り値：エラー状態にしておく
07
08      if (fp1 = fopen("sample1.txt", "r")) == NULL )
09      {
10              return ret;
11      }
12      if (fp2 = fopen("sample2.txt", "r")) == NULL )
13      {
14              fclose(fp1);
15              return ret;
16      }
17      if (fp3 = fopen("sample3.txt", "r")) == NULL )
18      {
19              fclose(fp1);
20              fclose(fp2);
21              return ret;
22      }
23
24      // ここでファイルの読み込み処理を行う
25
26      ret = 0;         // 関数sampleの戻り値を正常状態にする
27      fclose(fp1);
28      fclose(fp2);
29      fclose(fp3);
30
31      return ret;
32  }
```

10.5 ファイルと入出力

本節では、C で標準的に用意されている入出力ファイルについて説明します。まず、通常のファイル入出力について見てみましょう。**リスト 10.10** は、ファイル indata.dat から 1 行入力して、outdata.dat にそのまま出力するプログラムです。データの出力には、**fputs 関数**を用いています。

プログラムの形式：fputs の一般形

```
FILE  *fp;
char  s[128];

// sに文字列を代入する処理

fputs( s, fp );
```

fputs 関数は、第 1 引数に出力したい文字列の先頭ポインタを指定します。第 2 引数には、出力したいファイルストリームのポインタを指定します。fputs 関数は、データの出力に成功した場合には**負でない値**[*25]を、失敗した場合には EOF を出力します。

リスト 10.10 ファイル入出力サンプル

```
01  #include <stdio.h>
02  #include <stdlib.h>
03  
04  #define MAX_STR_LEN 80
05  
06  int main(void)
07  {
08      FILE *fpin, *fpout;
09      char s[MAX_STR_LEN];
10  
11      if ((fpin = fopen("indata.dat", "r")) == NULL) // 入力ファイルのオープン
12      {
13          printf("ファイルが見つかりません。--- indata.dat\n");
14          exit(EXIT_FAILURE); // エラーによるプログラムの終了
15      }
16  
17      if ((fpout = fopen("outdata.dat", "w")) == NULL) // 出力ファイルのオープン
18      {
19          printf("ファイルが作成できません。 --- outdata.dat\n ");
20          fclose(fpin);
21          exit(EXIT_FAILURE); // エラーによるプログラムの終了
```

*25　この値は意味のある値というわけではありません。単純に、fputs 関数でエラーが発生していないということを保証するものです。

```
    }

    if (fgets(s, MAX_STR_LEN, fpin) != NULL) // 入力ファイルにデータがあれば
    {                                        // 出力ファイルに書き込む
        fputs(s, fpout);
    }

    fclose(fpin);           // 入力ファイルのクローズ
    fclose(fpout);          // 出力ファイルのクローズ

    return EXIT_SUCCESS;    // プログラムの正常終了
}
```

これを図示すると、次のようになります。

■図 10.7　ファイル入出力のイメージ

さて、それでは次のプログラムはどうでしょうか。

リスト 10.11　画面入出力サンプル

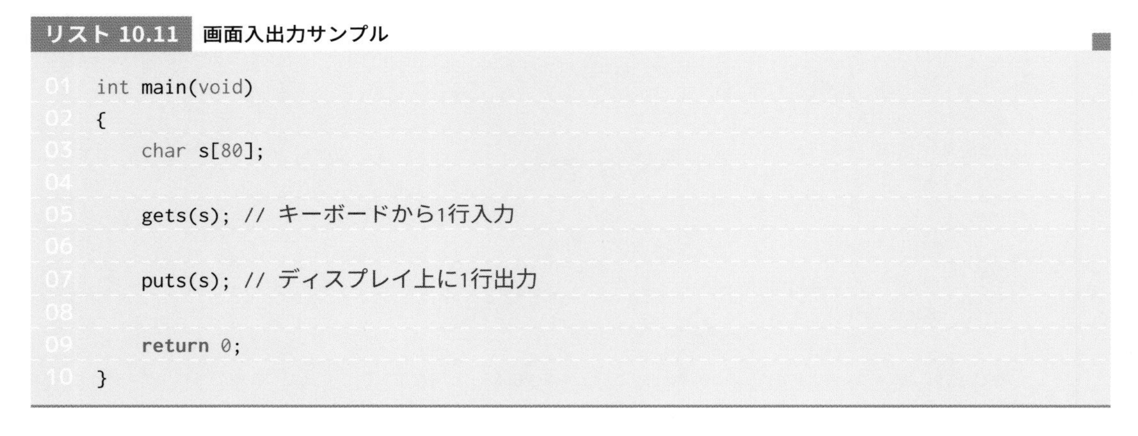

```
int main(void)
{
    char s[80];

    gets(s); // キーボードから1行入力

    puts(s); // ディスプレイ上に1行出力

    return 0;
}
```

これは、キーボードから文字列を入力して、ディスプレイに表示するプログラムです。これを リスト 10.10 (p.375) と同じように図示すると、

■図 10.8　キーボード入力とディスプレイ出力のイメージ

となります。こう見ると、キーボードやディスプレイもデータの入出力を行うという点で、一種のファイルといえます。もちろん、CD-R やハードディスクの上に作成されるファイルとは異なる点

も多くあります。たとえば、ディスプレイ上に表示されたデータは、別のデータがそこに表示されてしまえば消えてしまいます。しかし、データを入力したり出力したりするというデータの流れの上から、一般に最近のコンピュータでは、キーボードやディスプレイをファイルとして捉えています。

さて、C言語では**標準入力**、**標準出力**、**標準エラー出力**の3つのファイルがあらかじめ定義されています。これらに対応するストリームポインタは、`stdin`、`stdout`、`stderr`とよばれ、<stdio.h>で宣言されています。標準入力はキーボードに、標準出力と標準エラー出力はディスプレイに割り当てられています。これら3つのファイルはプログラムの始まりとともに自動的にオープンされ、終わりとともにクローズされるので、利用者がオープン、クローズを行う必要はありません。

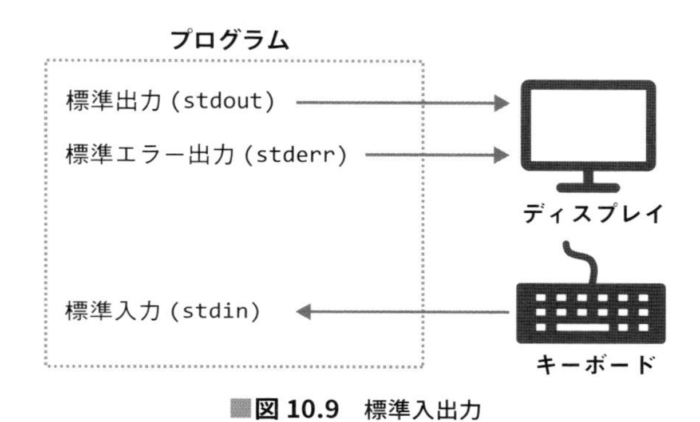

図 10.9　標準入出力

なお、stderrは、一般的にリダイレクションの対象にはなりません[*26]。また、stderrは、具体的にはファイルのオープンやクローズに失敗した場合などのエラー発生時の処理で使用されます。リスト10.10 (p.375)のエラー発生部分をstderrに置き換えたプログラムを**リスト 10.12**に示します。

リスト 10.12　stderrに置き換えたファイル入出力サンプル

```
01  #include <stdio.h>
02  #include <stdlib.h>
03
04  #define MAX_STR_LEN 80
05
06  int main(void)
07  {
08      FILE *fpin, *fpout;
09      char s[MAX_STR_LEN];
10
11      if ((fpin = fopen("indata.dat", "r")) == NULL) // 入力ファイルのオープン
12      {
13          fprintf(stderr, "ファイルが見つかりません。--- indata.dat\n");
```

*26　>& **"ファイル名"**とすると、リダイレクトできる処理系もあります。

```
14          exit(EXIT_FAILURE); // エラーによるプログラムの終了
15      }
16
17      if ((fpout = fopen("outdata.dat", "w")) == NULL) // 出力ファイルのオープン
18      {
19          fprintf(stderr, "ファイルが作成できません。 --- outdata.dat\n");
20          fclose(fpin);
21          exit(EXIT_FAILURE); // エラーによるプログラムの終了
22      }
23
24      if (fgets(s, MAX_STR_LEN, fpin) != NULL) // 入力ファイルにデータがあれば
25      {                                        // 出力ファイルに書き込む
26          fputs(s, fpout);
27      }
28
29      fclose(fpin);           // 入力ファイルのクローズ
30      fclose(fpout);          // 出力ファイルのクローズ
31
32      return EXIT_SUCCESS;    // プログラムの正常終了
33  }
```

Coffee Break 10.4　ファイルと改行コード

UNIX が管理するフォルダに Windows からアクセスしてエディタでファイルを開くと、改行が正しく認識されずに、正しく表示されないことがあります。なぜ、このような現象が起きてしまうのでしょうか。

Coffee Break 10.3 (p.372)では、エディタで改行を意味する**制御コード**があると書きましたが、厳密には環境によって改行を意味する制御コードは異なります。具体的な改行コードは、UNIX では `LF`（`0x0A`）ですが、Windows では `CR`（`0x0D`）+ `LF`（`0x0A`）です。また、Macintosh では macOS バージョン 9 より前には `CR`（`0x0D`）が使用されていたのですが、macOS バージョン 9 以降では UNIX と同じく `LF`（`0x0A`）が使用されています。このため、C で表現する改行（`\n`）と実際のファイルの制御コードが環境によって異なってしまいます。この問題は、異なるファイルシステム間でファイルを扱う場合にやっかいな問題です。できれば、異なるファイルシステムで管理されていたファイルを C で扱うことは避けた方が無難でしょう。

11 実用的なプログラムへの応用

本章では、これまでに学習したことを踏まえて、実用的なプログラムを作成してみます。C の文法や関数を組み合わせて、なにかを成し遂げるプログラムを作る方法について体験してみましょう。

11.1 気象データ集計「夏日カウント」プログラム

まずはじめに、どのようなプログラムを作っていくかを決めましょう。今回は、気象データの集計作業を題材として取り上げます。夏日、真夏日、猛暑日といういい方がありますが、以下のように定義されており、日に対する気象的判別基準として、一般に暑さの目安として使われています。

- 夏日： 最高気温が 25 ℃以上の日
- 真夏日： 最高気温が 30 ℃以上の日
- 猛暑日： 最高気温が 35 ℃以上の日

今回作成するのは、1 年分の最高気温のデータから、これらの「暑い日」が月に何日あったのかを数えて出力するプログラムです。気温区分 3 種類の日数をカウントするものですが、名称としては、そのうちの 1 つである夏日で代表し**「夏日カウント」プログラム**とよぶことにします。出力された結果をグラフ化して、その年がどれだけ暑い夏だったのかを可視化するところまでやってみましょう。昔の気象データと現在の気象データのグラフを比較すると、気候変動の一端を見ることができるかもしれませんね。

ここで作成するプログラムは、日別の最高気温と最低気温の測定データをインプットとし、1 月から 12 月までそれぞれの月ごとに夏日、真夏日、猛暑日が何日あったかを集計してアウトプットするものです。

図 11.1　今回開発するプログラムの形式

「1 つのファイルからデータを入力し、データ処理を行い、1 つのファイルにその結果をアウトプットする」という、実用的なものとしてはよくあるプログラム形式です。このような問題の場合、インプットとアウトプットのデータ形式が重要です。

まずインプットのデータは、次のような形で日ごとの最高気温、最低気温を格納したコンマ区切りのファイルとします[*1]。

インプットデータの形式

```
日付(YYYY/MM/DD形式),最高気温,最低気温
```

*1　データとデータのあいだはコンマのみで、スペースやタブ等空白は含まない形式です。

インプットデータの例

```
…中略…
2020/08/01,26.2,33.4    <--- 365行で1年分のデータが格納されている
…中略…
```

このようなコンマ区切りの形式を、**CSV 形式**といいます。CSV ファイルは、CSV 形式のデータが改行により複数行記載されたもので、データファイルとしてよく用いられます[*2]。

次にアウトプットですが、こちらも CSV 形式としましょう。

アウトプットの形式

```
月,夏日の日数,真夏日の日数,猛暑日の日数
```

こちらは月単位の**レコード**[*3]なので、1 年分として 1 月から 12 月までの 12 行のデータが出力されることになります。

インプットとアウトプットの形式を **表 11.1** にまとめておきます。ちなみに、インプットの最低気温は、今回のプログラムでは使用しませんが、あとの演習用に含めておくことにしましょう。

■表 11.1　インプットとアウトプットの形式

列No.	データ項目	説明
入力ファイル	**CSV形式の日別気温データ。1年分365行（うるう年の場合は366行）。**	
1	日付	YYYY/MM/DD 形式
2	最高気温	最高気温の実数測定値。単位（℃）は除く。
3	最低気温	最低気温の実数測定値。単位（℃）は除く。
出力ファイル	**CSV形式の月別集計データ。1年分12行。**	
1	月	月を示す整数値。1〜12。
2	夏日の日数	日数の集計値を示す整数値。0〜31。
3	真夏日の日数	日数の集計値を示す整数値。0〜31。
4	猛暑日の日数	日数の集計値を示す整数値。0〜31。

*2　**CSV** は、**Commma separated value** のことです。CSV ファイルはテキストファイルの一種なので、エディタで内容が確認できます。また、表計算ソフトなどでもそのまま開けるため、プログラム間でデータを受け渡す場合にもよく使われます。通常.csv という拡張子のファイル名が用いられます。

*3　たくさんのデータが集まったデータファイルにおいて、意味のあるまとまったデータのひとかたまりを**レコード**といいます。レコードは、データファイルにおける繰り返しの単位となります。決まったサイズでデータを区切っていく形式もありますが、ここでは改行でそれぞれのデータ単位が分けられているため、1 レコード＝ 1 行です。

11.2 プログラムの設計

ここまでで、プログラムがなにをすべきかのあらましは定まりました。ソフトウェア開発の世界では、このなにをすべきかということを**要件**といいます。プログラムの目的、なにを求められているか、ということです。改めてそれを書き下してみましょう。

- 入力ファイルを読み込み
- 各日について夏日／真夏日／猛暑日を判定し、それぞれカウント
- 月ごとに集計して、出力ファイルに書き出す

この要件を実現するために、今度はどのようなプログラムを作ったらよいのかを考えます。この過程がいわゆる**設計**の作業です。

設計の基本は、問題を分割していくことです。要件として定められた「なすべきこと」は、どんなに複雑なものでも分割していくと、一つひとつの処理は単純なレベルまでかみ砕いていくことができます[*4]。このようにどんどん細かく分割していく厳格なミクロな視点と、本来の要件像を見失わないよう全体をとらえる緩いマクロな視点を自在に往き来できることが、実は設計のコツです。では、実際に今回の要件としてなすべきことを、もう少しかみ砕いてみましょう。

入力ファイルの読み込みに関しては、1 レコード（＝ 1 行）ずつ読み込んで順次処理するパターンが定石なので、これを前提として考えてみます。つまり、1 年分 365 レコードのファイルに対して、1 レコードずつ 365 回ループを回す繰り返し処理になります[*5]。

■ 要件を書き下した処理

- **手順 1：**1 行分のデータを読み込む（365 回繰り返し）
  - **手順 2：** 1 行分のデータから、日付 (年月日)、最高気温を取り出す
  - **手順 3：** 最高気温をもとに、夏日／真夏日／猛暑日を判別する
  - 夏日／真夏日／猛暑日に該当する場合、
    - **手順 4：** その月の集計数をカウントアップ
- **手順 5：** 各月の集計数を、出力ファイルへ書き出す

この処理の流れから考えて、必要な変数はどういったものが考えられるでしょうか。ポイントは、プログラム全体を通して、**“月の集計数”**を保持しなければならないということです。ここに**構造体**を利用してみましょう。ひと月分の集計結果を保持するために、次のような構造体を考えます。

*4　要件の**ブレークダウン**、**詳細化**などともいいます。
*5　閏年の場合は 366 回のループになります。

集計値構造体

夏日の日数
真夏日の日数
猛暑日の日数

この構造体を12か月分配列として定義しておけば、集計のときに使えますし、その配列を丸ごとファイルに書き出せばアウトプットができあがります。

また、もう1つインプットのレコードに注目すると、ここには3つのデータ、{**日付，最高気温，最低気温**}が含まれます。そのため、これを1日分の測定データとしてまとめて扱えるような構造体も作っておきます。

入力レコード構造体

日付の年
日付の月
日付の日
最高気温
最低気温

日付は年、月、日を個別の変数として格納するようにしました。書き下した処理の「その月の集計数をカウントアップ」というところで、そのレコード（その日）が何月かを見分ける必要があるため、独立した「月」の値として保持しておいた方が便利です。

この2つの構造体宣言は以下のようになります。

構造体宣言の例

```
// 月別集計値構造体
typedef struct MonthlyRecord_T
{
    int summerDay;  // 夏日の日数
    int hotDay;     // 真夏日の日数
    int exHotDay;   // 猛暑日の日数
} MonthlyRecord_t;

// 入力レコード構造体
typedef struct DailyRecord_T
{
    int year;         // 日付:年
    int month;        // 日付:月
    int day;          // 日付:日
    double highestTemp; // 最高気温
    double lowestTemp;  // 最低気温
} DailyRecord_t;
```

11.3 関数の設計

必要な構造体や変数を考えることは、いわゆる**データ設計**とよばれ、プログラムの静的な側面の設計です。次に動的な側面といえる関数の設計を考えてみましょう。関数の設計では書き下した処理の「動詞」に注目します。

■ 要件を書き下した処理

- **手順 1：** 1 行分のデータを**読み込む**（365 回繰り返し）
  - **手順 2：** 1 行分のデータから、日付 (年月日)、最高気温を**取り出す**
  - **手順 3：** 最高気温をもとに、夏日／真夏日／猛暑日を**判別する**
  - 夏日／真夏日／猛暑日に該当する場合、
    - **手順 4：** その月の集計数を**カウントアップ**
- **手順 5：** 各月の集計数を、出力ファイルへ**書き出す**

今回は**【取り出し】**と、**【判別】**&**【カウントアップ】**、**【書き出し】**をそれぞれ関数として実装してみたいと思います。**【読み込み】**は独立した関数にせずに main 関数で行うことにしますが、これを関数としてしまう方法ももちろんあります。また、**【判別】**と**【カウントアップ】**をそれぞれ別の関数にする方法もありますが、こちらは分けてしまうと処理のあいだに条件分岐もあり、かえって煩雑になってしまうかもしれません。このような関数としてのまとまりの感覚、どの動詞を関数として実装するのかは、ある程度経験がないと判断が難しいところです。

そもそも設計には、たった 1 つの正解があるというものでもありません。だからこそ、どの処理を関数として抜き出すかというのは、設計者の力量が問われるところで、設計の醍醐味でもあります。いろいろなプログラムの設計と実装を繰り返すことで、設計の感覚が身についていきます。

関数はその役割に応じて適切な名前を付けることが重要です。より大きなプログラムを作成する場合に、関数の数が増えていくと、それがなんのための、どういう役割のものかが把握しづらくなっていきます。適切な名前を付けておくことで、それが明確になり、**再利用**[*6]する際にも使いやすくなります。今回の 3 つの関数の名称とその役割を **表 11.2** にまとめておきます。

■**表 11.2**　関数の名称と役割

関数名	役割
`getDailyRecord`	入力ファイルの行を分解して構成データを**取り出し**、入力レコード構造体の形で返す
`countup`	夏日／真夏日／猛暑日を**判別**し、該当する区分の日数を**カウントアップ**する
`writeCountFile`	集計結果を出力ファイルに**書き出す**

*6　別のプログラムで似たような処理を実装しなければいけない場合に、既存のコードをもとに修正して流用することを、**再利用**するといいます。

11.4 データの準備

それぞれの関数の実装に入る前に、インプットとなるデータを準備しておきましょう。

今回は、 表 11.1 に示したように、1 年分の最高気温と最低気温が格納された CSV ファイルが必要でした。

現在気象庁では、日本の各観測地点で記録された気象データのダウンロードサービスを提供しています。今回はこれを利用して、**インプットデータ**を作成します。

参考までに入力ファイル作成のための手順を示しますが、これらの方法は現時点での気象庁のサービスに基づいており、サービスがアップデートされた場合には異なったやり方が必要になります。サイトの使い方を確認した上で利用してみてください。

1. 気象庁のダウンローダサイト（https://www.data.jma.go.jp/gmd/risk/obsdl/）にアクセス
2. データの検索条件として、地点/項目/期間を選ぶ
3. CSV ファイルをダウンロード
4. フォーマットの修正

2. のとき、項目としては最高気温と最低気温が必要です。期間はどの年でもかまいませんが、1/1 から 12/31 までの 1 年分としてください。以下に例を示します。

例) 地点＝東京、項目＝最高気温, 最低気温, 期間＝2019/1/1〜2019/12/31

ダウンロードした CSV ファイルには、ヘッダや不要な列がありますので、これらを取り除き、表 11.1 に規定したフォーマットに修正します。**ヘッダ**とは、ファイルの冒頭に記載されている"**日付, 最低気温...**"などの項目説明の行です。また、2020 年秋の時点で、ダウンロードすると観測データの品質情報などの列が付加されていますが、これは使用しないので取り除きます。修正には表計算ソフト等を活用すると効率的です[*7]。

入力ファイルとしてフォーマットが正しい形式になっているか、行数として 1 年分のデータが格納されているか、などが確認ができたら準備は完了です。

11.5 関数の実装

それでは、関数を実装していきましょう。まずは 表 11.2 を参考に、関数のプロトタイプ宣言に必要な情報を決定します。関数がどのような型（戻り値）と引数をとるかによって、呼び出し方＝関数の使い方が左右されるため、これは重要なところです。まずはそれぞれの関数の入力と出力に注目して、どのような関数宣言になるのか考えてみましょう。 **表 11.3** にそれぞれの関数の入出力

*7　このようなフォーマット修正の作業を行うプログラムを自作してもよいでしょう。プログラミングの勉強にもなりますし、数多くのデータをダウンロードするときなどは、単純な繰り返し作業を省く最もよい方法だといえます。

とプロトタイプ宣言を示します。

■表 11.3　関数の入出力

関数名	入出力とプロトタイプ宣言	
getDailyRecord	入力	引数：入力ファイルの 1 行データ char*
	出力	引数：分解した入力レコード DailyRrecord_t *
	void getDailyRecord(DailyRecord_t *rec, char *buf);	
countup	入力	引数：入力レコード DailyRecord_t*
	出力	なし
	void countup(DailyRecord_t *rec);	
writeCountFile	入力	引数：出力ファイル名 char *
	出力	戻り値：処理結果（成功：true　失敗：false）
	bool writeCountFile(char *fileName);	

getDailyRecord **関数**では、第 1 引数を出力、第 2 引数を入力としました。これは標準ライブラリの strcpy などにならった順序ですが、もちろん逆の (**入力**, **出力**) の順序でもかまいません。

countup **関数**は、入力は受け取りますが、引数や戻り値への出力はありません。この関数がカウントアップの結果をどこに出力するのかというと、これは大域変数に保持する値を直接カウントアップする設計とします。このように、関数の入出力は、プロトタイプ宣言の引数と戻り値には必ずしも現れない点に注意が必要です[*8]。プログラミング上級者が大域変数の利用をなるべく減らそうとする理由はここにあります。関数の入出力を引数と戻り値で表現したほうが、プロトタイプ宣言を見たときに関数の役割がよくわかるからです[*9]。

ここで行ったような、関数の入出力を整理し検討する作業を関数の**インタフェース設計**といいます。慣れないうちは、実際に関数定義とその呼び出し部分を実装してから、うまくいかないことに気づき修正することも多いと思います。そういった場合は、プロトタイプ宣言と関数定義どちらかの修正を忘れがちになるので、きちんと合わせておくことに注意しましょう。

main 関数

それでは、いよいよプログラムの実装です。はじめに、プログラムの骨格となる main 関数から実装していきます（**リスト 11.1** (p.387)）。

*8　writeCountFile **関数**は、指定された出力ファイルにデータを書き出しますが、これもプロトタイプ宣言には表れない「出力」といえます。

*9　大域変数をあまり使いすぎないほうがよい理由としては、この変数はその名のとおりプログラムのどこからでも変更が可能なので、変数値が意図しない値になってしまったときに、その原因を探るのが大変になることも挙げられます。

リスト 11.1 main 関数の実装

```
// 定数
#define BUFFER_SIZE 256 // 入力ファイル読込バッファサイズ

// 集計結果保持用の変数定義
static MonthlyRecord_t dayCount[12];

int main(int argc, char *argv[])
{
    FILE *fp;
    char buf[BUFFER_SIZE];
    char *dataFile = NULL;
    char *outputFile = NULL;

    // 手順0: 変数の初期化
    for (int i = 0; i < sizeof(dayCount) / sizeof(MonthlyRecord_t); i++)
    {
        dayCount[i].summerDay = 0;
        dayCount[i].hotDay = 0;
        dayCount[i].exHotDay = 0;
    }
    // 入出力ファイル名の取り出し
    if (argc > 1 && argv[1])
    {
        dataFile = argv[1]; // 入力ファイル名をセット
    }
    else
    {
        fprintf(stderr, "入力ファイルが指定されていません\n");
        exit(EXIT_FAILURE);
    }
    if (argc > 2 && argv[2])
    {
        outputFile = argv[2]; // 出力ファイル名をセット
    }

    // ファイルオープン
    fp = fopen(dataFile, "r");
    if (fp == NULL)
    {
        fprintf(stderr, "入力ファイルオープン失敗 --- %s\n", dataFile);
        exit(EXIT_FAILURE);
    }

    // 手順1: 1行読み込み
    while (fgets(buf, BUFFER_SIZE, fp))
```

```
46      {
47          // 手順2: 気象データの取り出し
48          DailyRecord_t record;
49          getDailyRecord(&record, buf);
50
51          // 手順3&4: 夏日判別とカウントアップ
52          countup(&record);
53      }
54      if (fp)
55      {
56          fclose(fp);
57          fp = NULL;
58      }
59
60      // 手順5: 結果の出力
61      if (outputFile)
62      {
63          if (!writeCountFile(outputFile))
64          {
65              exit(EXIT_FAILURE); // ファイル書き出し時のエラー
66          }
67      }
68
69      return EXIT_SUCCESS;
70  }
```

プログラム全体をとおして集計結果を保持するために、集計値構造体の配列を大域変数 `dayCount[12]` として定義しておきます（5 行目）。配列の大きさは、12 か月分の集計結果をもつことができるよう 12 としています。main 関数の冒頭で、この配列の初期化を忘れずに行います（15〜20 行目）。それから入力ファイルをオープン（37 行目）し、読み込みループの中でデータの取り出し（49 行目）と集計（52 行目）を行います。これらは、それぞれこれから実装する関数を呼び出すだけです。

そして、最後に結果を出力します（63 行目）。エラー処理が入っているので少々長くなっていますが、具体的なデータの処理を個別の関数としているので、全体に見通しのよい形になっています。

次に、個別の関数を実装していきます。

データ取り出し関数 getDailyRecord

`getDailyRecord` 関数は、引数として入力ファイル 1 行分の文字列データを受け取り、それを入力データのフォーマットに従って分解する関数です。今回は簡単に sscanf を用いて実装します。データを読み出すための sscanf の書式指定子は次のようになります。

```
"%[^,], %lf, %lf"
```

日付データ（YYYY/MM/DD）を読み込む部分の `%[^,]` は少々複雑に見えるかもしれません。`%[ ]` は**集合指定子**で、その中に示された文字をデータとして読み込む指示です[*10]。この場合 `[ ]` の中身は `^,` であり、`^` は否定を表すため、結局 `%[^,]` で「**コンマ以外の任意の文字**」を読み出す指示となります。

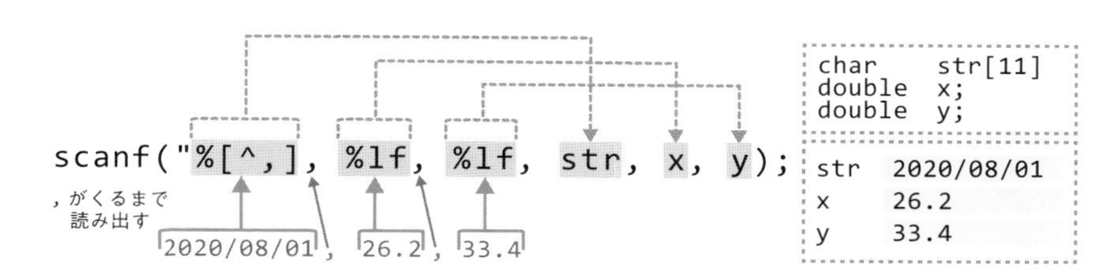

■図 11.2　日付データの読み込み部分

今回は比較的簡単なデータフォーマットなので、書式指定子の組み合わせでデータの取り出しを行うことができます。しかし、各行でデータの欠損がある場合やより複雑なフォーマットには対応が難しいケースがあります。そのような場合は、文字列の解析（parse）処理を個別に実装する必要があります。

リスト 11.2　データ取り出し関数の実装

```
01 void getDailyRecord(DailyRecord_t *rec, char *buf)
02 {
03     char dateString[strlen("yyyy/mm/dd") + 1]; // 日付の長さ+NULL
04 
05     // この↓フォーマットで一行を分解
06     // yyyy/mm/dd,最高気温,最低気温
07     sscanf(buf, "%[^,],%lf,%lf", dateString, &rec->highestTemp, &rec->lowestTemp);
08 
09     // yyyy/mm/ddを分解
10     sscanf(dateString, "%d/%d/%d", &rec->year, &rec->month, &rec->day);
11 }
```

夏日計数関数 countup

夏日計数関数 countup は、1 日分の気象データを入力レコード構造体の形で受け取り、その日の最高気温が夏日（25 ℃以上）／真夏日（30 ℃以上）／猛暑日（35 ℃以上）のどの区分に該当するかを調べます（**リスト 11.3** (p.390)）。気象用語の定義に則ると、これらの区分は重複します。つまり 35 ℃以上の日は、猛暑日であり真夏日であり夏日です。しかし今回のプログラムは、簡単のため、最も高い区分のみをカウントします。つまり、35 ℃以上の日は猛暑日としてのみカウントします。それぞれに該当する場合は、リスト 11.1 (p.387) の 5 行目で、大域変数に定義した集計結果構造体 dayCount のメンバをインクリメントします（8 行目、12 行目、16 行目)。

*10　これは、**正規表現**とよばれる、文字列の集合を一定のルールで表現する方法の 1 つです。

夏日判定は単純な if 文で実装できますが、今回のプログラムにおいて、夏日／真夏日／猛暑日の「意味」を実装している肝の部分でもあります。

リスト 11.3　夏日計数関数の実装

```
01  void countup(DailyRecord_t *rec)
02  {
03      if (1 <= rec->month && rec->month <= 12) // 対象月の確認
04      {
05          MonthlyRecord_t *target = &dayCount[rec->month - 1];
06          if (rec->highestTemp >= 35.0)        // 猛暑日判定
07          {
08              target->exHotDay++;
09          }
10          else if (rec->highestTemp >= 30.0)  // 真夏日判定
11          {
12              target->hotDay++;
13          }
14          else if (rec->highestTemp >= 25.0)  // 夏日判定
15          {
16              target->summerDay++;
17          }
18      }
19  }
```

集計結果出力関数 writeCountFile

集計結果出力関数 writeCountFile は、出力ファイルをオープンし、大域変数 dayCount に保持している集計結果を書き出す関数です。出力先ファイルはプログラム実行時のコマンドラインから指定できるようにしたいので、この関数では出力先ファイル名を引数として受け取るようにしています。

リスト 11.4　集計結果出力関数の実装

```
01  bool writeCountFile(char *fileName)
02  {
03      bool result = false;    // この関数の実行結果。最初はエラーにセットしておく
04      FILE *fp;               // 出力ファイルのストリームポインタ
05
06      fp = fopen(fileName, "w");
07      if (fp)
08      {
09          for (int i = 0; i < sizeof(dayCount) / sizeof(MonthlyRecord_t); i++)
10          {
11              // 出力フォーマット： 月,夏日,真夏日,猛暑日
```

```
            fprintf(fp, "%d,%d,%d,%d\n", i + 1, dayCount[i].summerDay,
                    dayCount[i].hotDay, dayCount[i].exHotDay);
        }
        fclose(fp);
        result = true;  // この関数の実行結果を「正常終了」とする
    }
    else
    {
        fprintf(stderr, "出力ファイルオープン失敗 --- %s\n", fileName);
    }

    return result;
}
```

出力ファイルを操作するためのストリームポインタ fp が、関数のローカル変数として定義されている（4 行目）ことに注目してください。もし、集計結果出力処理を関数化せずに main 関数に直接書いた場合、main 関数の中に入力ストリームポインタと出力ストリームポインタが並んで出てくることになります。ストリームポインタを取り違えたり、クローズするのを忘れたりというミスにつながる可能性があるため、ストリームポインタを関数内部に定義しているということは、一見なんでもないようですが、変数のスコープを限定できておりプログラム全体としてメリットが大きいといえます。関数化の効用の 1 つです。

11.6 実行とデバッグ

夏日判定プログラムの全体を以下に示します。

リスト 11.5　夏日判定プログラム

```
#include <stdbool.h>
#include <stdio.h>
#include <stdlib.h>
#include <string.h>

// 定数
#define BUFFER_SIZE 256 // 入力ファイル読込バッファサイズ

// 月別集計値構造体
typedef struct MonthlyRecord_T
{
    int summerDay;  // 夏日の日数
    int hotDay;     // 真夏日の日数
    int exHotDay;   // 猛暑日の日数
```

```
} MonthlyRecord_t;

// 入力レコード構造体
typedef struct DailyRecord_T
{
    int year;        // 日付:年
    int month;       // 日付:月
    int day;         // 日付:日
    double highestTemp; // 最高気温
    double lowestTemp;  // 最低気温
} DailyRecord_t;

// 集計結果保持用の変数定義
static MonthlyRecord_t dayCount[12];

// 関数プロトタイプ宣言
void getDailyRecord(DailyRecord_t *rec, char *buf);
void countup(DailyRecord_t *rec);
bool writeCountFile(char *fileName);
void displayDayCount();
void dbgLog(DailyRecord_t rec);

int main(int argc, char *argv[])
{
    FILE *fp;
    char buf[BUFFER_SIZE];
    char *dataFile = NULL;
    char *outputFile = NULL;

    // 手順0: 変数の初期化
    for (int i = 0; i < sizeof(dayCount) / sizeof(MonthlyRecord_t); i++)
    {
        dayCount[i].summerDay = 0;
        dayCount[i].hotDay = 0;
        dayCount[i].exHotDay = 0;
    }
    // 入出力ファイル名の取り出し
    if (argc > 1 && argv[1])
    {
        dataFile = argv[1];     // 入力ファイル名をセット
    }
    else
    {
        fprintf(stderr, "入力ファイルが指定されていません\n");
        exit( EXIT_FAILURE );
    }
```

```
    if (argc > 2 && argv[2])
    {
        outputFile = argv[2];   // 出力ファイル名をセット
    }

    // ファイルオープン
    fp = fopen(dataFile, "r");
    if (fp == NULL)
    {
        fprintf(stderr, "入力ファイルオープン失敗 --- %s\n", dataFile);
        exit(EXIT_FAILURE);
    }

    // 手順1: 1行読み込み
    while (fgets(buf, BUFFER_SIZE, fp))
    {
        // 手順2: 気象データの取り出し
        DailyRecord_t record;
        getDailyRecord(&record, buf);
        /* dbgLog(record); */

        // 手順3&4: 夏日判別とカウントアップ
        countup(&record);
    }
    if (fp)
    {
        fclose(fp);
        fp = NULL;
    }

    // 手順5: 結果の出力
    displayDayCount();
    if (outputFile)
    {
        if (!writeCountFile(outputFile))
        {
            exit(EXIT_FAILURE);    // ファイル書き出し時のエラー
        }
    }

    return EXIT_SUCCESS;
}

// データ取り出し関数
void getDailyRecord(DailyRecord_t *rec, char *buf)
{
```

```
107     char dateString[strlen("yyyy/mm/dd") + 1]; // 日付の長さ+NULL
108 
109     // この↓フォーマットで一行を分解
110     // yyyy/mm/dd,最高気温,最低気温
111     sscanf(buf, "%[^,],%lf,%lf", dateString, &rec->highestTemp, &rec->lowestTemp);
112 
113     // yyyy/mm/ddを分解
114     sscanf(dateString, "%d/%d/%d", &rec->year, &rec->month, &rec->day);
115 }
116 
117 // 夏日計数関数
118 void countup(DailyRecord_t *rec)
119 {
120     if (1 <= rec->month && rec->month <= 12) // 対象月の確認
121     {
122         MonthlyRecord_t *target = &dayCount[rec->month - 1];
123         if (rec->highestTemp >= 35.0)      // 猛暑日判定
124         {
125             target->exHotDay++;
126         }
127         else if (rec->highestTemp >= 30.0) // 真夏日判定
128         {
129             target->hotDay++;
130         }
131         else if (rec->highestTemp >= 25.0) // 夏日判定
132         {
133             target->summerDay++;
134         }
135     }
136 }
137 
138 // 集計結果出力関数
139 bool writeCountFile(char *fileName)
140 {
141     bool result = false;    // この関数の実行結果。最初はエラーにセットしておく
142     FILE *fp;               // 出力ファイルのストリームポインタ
143 
144     fp = fopen(fileName, "w");
145     if (fp)
146     {
147         for (int i = 0; i < sizeof(dayCount) / sizeof(MonthlyRecord_t); i++)
148         {
149             // 出力フォーマット： 月,夏日,真夏日,猛暑日
150             fprintf(fp, "%d,%d,%d,%d\n", i + 1, dayCount[i].summerDay,
151                     dayCount[i].hotDay, dayCount[i].exHotDay);
152         }
```

```
        fclose(fp);
        result = true;
    }
    else
    {
        fprintf(stderr, "出力ファイルオープン失敗 --- %s\n", fileName);
    }

    return result;
}

// 集計結果表示関数
void displayDayCount()
{
    for (int i = 0; i < sizeof(dayCount) / sizeof(MonthlyRecord_t); i++)
    {
        fprintf(stdout, "%2d月 夏日:%2d日, 真夏日:%2d日, 猛暑日:%2d日\n",
        i + 1, dayCount[i].summerDay,
                dayCount[i].hotDay, dayCount[i].exHotDay);
    }
}

// 入力レコード表示関数（デバッグ用）
void dbgLog(DailyRecord_t rec)
{
    fprintf(stdout, "DailyRecord{%d/%d/%d - %f, %f}\n",
        rec.year, rec.month, rec.day, rec.lowestTemp, rec.highestTemp);
}
```

リスト 11.5 (p.391)では、前節で説明していない関数を 2 つ加えています。displayDayCount と dbgLog という関数です。

displayDayCount は、集計結果を画面に出力するための関数です。出力ファイルを指定しなくても、プログラムを実行し結果を確認することができるようにしました。

また、dbgLog は読み込んだ入力ファイルのレコードを表示する関数です。これはデバッグ用であるため、呼び出し部分をコメントアウト（80 行目）しており、プログラムが完成した現在は使われていない状態です。

それでは実行してみましょう。

実行結果 11.5 実行結果（Windows WSL 環境）

```
% ./a.out data2019.csv output2019.csv
 1月 夏日: 0日, 真夏日: 0日, 猛暑日: 0日
 2月 夏日: 0日, 真夏日: 0日, 猛暑日: 0日
 3月 夏日: 0日, 真夏日: 0日, 猛暑日: 0日
```

```
 4月 夏日: 1日, 真夏日: 0日, 猛暑日: 0日
 5月 夏日:13日, 真夏日: 4日, 猛暑日: 0日
 6月 夏日:17日, 真夏日: 3日, 猛暑日: 0日
 7月 夏日:10日, 真夏日: 9日, 猛暑日: 0日
 8月 夏日: 6日, 真夏日:15日, 猛暑日:10日
 9月 夏日:15日, 真夏日:10日, 猛暑日: 2日
10月 夏日: 9日, 真夏日: 2日, 猛暑日: 0日
11月 夏日: 0日, 真夏日: 0日, 猛暑日: 0日
12月 夏日: 0日, 真夏日: 0日, 猛暑日: 0日
```

できあがったプログラムの第 1 パラメータに入力ファイル名を、第 2 パラメータに出力ファイル名を指定して実行すると、集計結果が表示され、指定した出力ファイルに結果が書き出されます。

もしもプログラムが期待したとおりに動かない場合、正しくデータが読み込めているかを確認するのが解決への早道です。main 関数の手順 2 でコメントアウトされている dbgLog 関数呼び出し（80 行目）を有効にしてみてください[*11]。データファイルを読み込んだ結果を画面に表示するようになるため、入力ファイルに不備がある場合などは、これで原因がわかります。

プログラムが完成したところで、2019 年のデータと 100 年前の 1919 年のデータで実行した結果をグラフにしてみました。グラフの作成には Microsoft Excel を使用しています。アウトプットの CSV ファイルを直接 Excel で開き「積み上げ縦棒グラフ」でグラフ化したものを、**図 11.3** として示します。

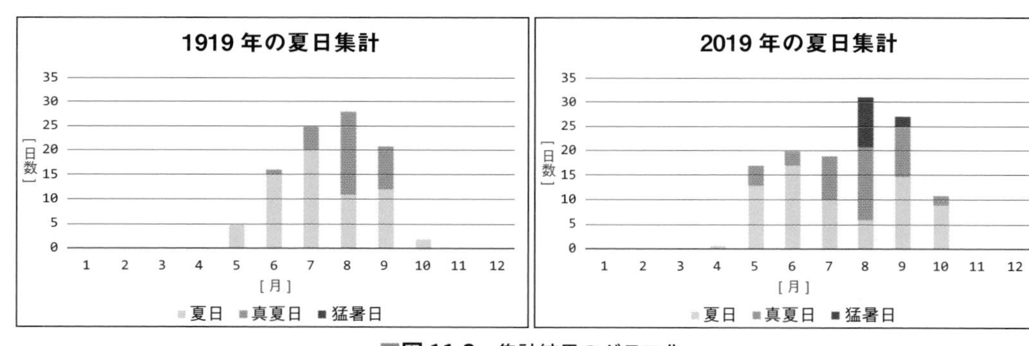

図 11.3　集計結果のグラフ化

それぞれの年の最高気温のようすが視覚化されています。このグラフを見ると、1919 年には猛暑日はありませんでした。気候変動なのか、都市化が進んだ影響なのか、原因についてここではなにもいえませんが、100 年前に比べて 2019 年がずいぶん長く、暑い夏だったことが見て取れます。

今回の出力ファイルの形式は人間が見てわかりやすい形ではありませんが、このようにグラフにしたり、また別の集計プログラムや解析プログラムの入力にしたりしやすい形式になっています。今回は夏日を取り扱いましたが、最低気温をもとに冬日と真冬日の判定機能を付加したり、複数年の出力ファイルを入力として時系列変動のようすを出力したりするなど、課題を自分で考え実装を

11　コメントにしている/ */を外せば、呼び出しが有効になります。

していくとプログラミングのよい演習になるでしょう。

Coffee Break 11.1　データのバリデーション

本章で作成したプログラムに対して、いろいろなデータを入力して動かしていると、集計がずれたり、想定したとおりの結果にならなかったりする場合があるかもしれません。これは、本章で示したプログラムは、インプットが想定したとおり正しく用意されていることを前提としているからです。入力ファイルのフォーマットが正しいことはもちろん、ほかにも以下のような暗黙的な前提があります。

- 1 ファイルの中に 1 年分のデータが過不足なく含まれている
- レコードの各データに欠損がない
- 気温の測定データが正しく、ミスなく記録されている

集計結果の正しさを保証するには、入力データの正しさを確認しなければなりません。より厳密なプログラムでは、レコード数やレコードの順序、データの欠損をチェックする処理を入れる必要があります。このようなデータチェックを**バリデーション**ともよびます。

存在すべきデータが間違いなく存在するか、データの形式があっているか、データの値は取りうる範囲内に収まっているか、という観点で考えると、もれなくバリデーションができます。範囲チェックでは、たとえば、日付として正しくない値（2019/13/1）や、最高気温としてあり得ない値（1031 ℃など）を取り除きます。こうしたチェックを追加していけば、間違ったデータを検出し、正しくない結果を出してしまうことを防ぐことができます。

ただし、バリデーションは厳密にやろうとすればするほど手間がかかり、コードも膨れ上がっていきます。もし、インプットとなるデータがそもそもある程度正しいことが前提とできる場合、それらのバリデーションの処理は無駄になってしまうわけです。

つまり、重要なことは、プログラムに入ってくるデータがどの程度の品質なのかを把握して、設計・実装を行うことです。プログラムに入力される前になんらかの手段で保証されている内容は、チェックしても無駄です。一方で、データ欠損やフォーマットの揺れが想定されるのであれば、チェックするコードを入れて対処すべきです。

プログラムが期待した動作をしない、とくにエラーは出ないものの結果が合わないときに、苦労してデバッグをしていくと、「誤ったデータが入ってきていただけだった」というのはよくある話です。適切なバリデーションのコードを入れておけば、このような苦労をしなくて済みますし、プログラムのバグの早期発見につながる場合もあります。

付　録

付録 1　ASCII コード表

■表 A.1　ASCII コード表

	0	1	2	3	4	5	6	7
0	NUL	DLE	SP	0	@	P	‘	p
1	SOH	DC1	!	1	A	Q	a	q
2	STX	DC2	"	2	B	R	b	r
3	ETX	DC3	#	3	C	S	c	s
4	EOT	DC4	$	4	D	T	d	t
5	ENQ	NAK	%	5	E	U	e	u
6	ACK	SYN	&	6	F	V	f	v
7	BEL	ETB	’	7	G	W	g	w
8	BS	CAN	(	8	H	X	h	x
9	TAB	EN	)	9	I	Y	i	y
A	LF	SUB	*	:	J	Z	j	z
B	VT	ESC	+	;	K	[	k	{
C	FF	FS	,	<	L	\	l	|
D	CR	GS	-	=	M	]	m	}
E	SO	RS	.	>	N	^	n	~
F	SI	US	/	?	O	_	o	DEL

文字	16進数	(10進数)
'0'	0x30	(48)
'9'	0x39	(57)
'A'	0x41	(65)
'Y'	0x59	(89)
'Z'	0x5A	(90)
'a'	0x61	(97)
'y'	0x79	(121)
'z'	0x7A	(122)

表 A.1 の左側の青い表を見てください。上段の数値（0 から 7）は、ASCII コード表を 16 進で表現したときの上位の桁を、左側の数値（0 から F）は ASCII コードを 16 進数で表現したときの下位の桁を表現しています。右側に示す、灰色の表のように対応しています。

表 A.1 の左側 2 列の文字（NUL〜US）と右下の文字（DEL）は制御記号で、特殊な用途に用いられます。

付録 2　キーワード（予約語）一覧

表 A.2　キーワード（予約語）一覧

C89までの予約語			
auto	break	case	char
const	continue	default	do
double	else	enum	extern
float	for	goto	if
int	long	register	return
signed	sizeof	short	static
struct	switch	typedef	union
unsigned	void	volatile	while
C99で追加された予約語			
_Bool	_Complex	_Imaginary	inline
restrict			
C11で追加された予約語			
_Alignas	_Atomic	_Generic	_Noreturn
_Static_assert	_Thread_local	alignof	

付録 3　エスケープシーケンス一覧

表 A.3　エスケープシーケンス一覧

エスケープシーケンス	文字	ASCI（16進数）
\a	警告（ベル）文字	07
\b	バックスペース	08
\f	改ページ（フォームフィード）	0C
\n	改行	0A
\r	復帰	0D
\t	水平タブ	09
\v	垂直タブ	0B
\\	円記号	5C
\?	疑問符	3F
\	シングルクォート	27
\"	ダブルクォート	22
\ooo	3桁の8進数	ooo
\xhh	2桁の16進数	hh

索 引

記号・数字

A

B

C

D

E

F

か

さ

た

な

は

ま

や

ら

〈監修者〉
内田智史（うちだ　さとし）

昭和57年　青山学院大学理工学部経営工学科卒業
昭和59年　青山学院大学大学院修士課程修了
　　　　　工学修士
昭和62年　青山学院大学大学院博士後期課程単位取得済み退学
　　　　　青山学院大学理工学部経営工学科助手
　　　　　神奈川大学工学部経営工学科助手
平成9年　神奈川大学工学部経営工学科専任講師
平成11年　神奈川大学工学部経営工学科助教授
平成19年　神奈川大学工学部情報システム創成学科准教授
　　　　　博士（工学、筑波大学）

●主な著書
『理工系のためのC言語プログラミング入門』科学技術出版
『アセンブラ入門（CASL II）』発行：電子開発学園出版局／発売：SCC
『C言語によるプログラミング－応用編－』（監修）オーム社
『C言語によるプログラミング－スーパーリファレンス編－』（共著）オーム社

●本文デザイン：田中幸穂（画房 雪）

C言語によるプログラミング －基礎編－ 第3版

1991年11月20日　第1版第1刷発行
2001年11月15日　第2版第1刷発行
2020年11月20日　第3版第1刷発行
2023年8月10日　第3版第3刷発行

監修者　内田智史
編　者　株式会社システム計画研究所
発行者　村上和夫
発行所　株式会社 オーム社
　　　　郵便番号　101-8460
　　　　東京都千代田区神田錦町3-1
　　　　電話　03(3233)0641(代表)
　　　　URL https://www.ohmsha.co.jp/

組版　Green Cherry　　印刷・製本　壮光舎印刷
ISBN978-4-274-22606-9　Printed in Japan